国家级职业教育规划教材
对接世界技能大赛技术标准创新系列教材
全国职业院校计算机网络应用专业教材

网络服务器安装与调试

人力资源社会保障部教材办公室　组织编写

中国劳动社会保障出版社

worldskills China

内容简介

本书为对接世界技能大赛技术标准创新系列教材 / 全国职业院校计算机网络应用专业教材，主要内容包括网络中心机房互联网代理服务器的安装与管理、网络中心机房服务器系统的创建与管理、网络中心机房办公系统服务器的安装与配置、网络中心机房 MySQL 数据库服务器的安装与管理四个项目。

本书采用任务驱动编写模式，覆盖了世界技能大赛“网络系统管理”项目 B 模块关于 Windows Server 服务器操作系统考查的知识点，在“工作评价”部分参考了世界技能大赛对选手的评价标准，在教学模式与教学方法改革方面具有一定特色。

图书在版编目（CIP）数据

网络服务器安装与调试 / 人力资源社会保障部教材办公室组织编写 . -- 北京：中国劳动社会保障出版社，2021

对接世界技能大赛技术标准创新系列教材　全国职业院校计算机网络应用专业教材

ISBN 978-7-5167-4839-8

Ⅰ. ①网…　Ⅱ. ①人…　Ⅲ. ①网络服务器－安装－职业教育－教材②网络服务器－调试方法－职业教育－教材　Ⅳ. ①TP368.5

中国版本图书馆 CIP 数据核字（2021）第 050955 号

中国劳动社会保障出版社出版发行

（北京市惠新东街 1 号　邮政编码：100029）

*

北京市白帆印务有限公司印刷装订　新华书店经销

787 毫米 ×1092 毫米　16 开本　16 印张　261 千字

2021 年 5 月第 1 版　　2024 年 11月第 6 次印刷

定价：39.00 元

营销中心电话：400-606-6496

出版社网址：http://www.class.com.cn

http://jg.class.com.cn

对接世界技能大赛技术标准创新系列教材

计算机网络应用专业课程改革工作小组

课改校：广州市工贸技师学院　天津市电子信息高级技术学校
　　　　江苏省常州技师学院　黑龙江技师学院　无锡技师学院
　　　　山西交通技师学院　衡阳技师学院

技术指导：卢　勤

编　辑：伍召莉　王笑尘

本书编审人员

主　编：曾扬朗

副主编：张天贺　吴多万

参　编：陈静君　尹友明　尹鹏飞　周建梅　朱东方　张　帅
　　　　张建村　张　南　沈田予

主　审：李文远

序

世界技能大赛由世界技能组织每两年举办一届，是迄今全球地位最高、规模最大、影响力最广的职业技能竞赛，被誉为“世界技能奥林匹克”。我国于2010年加入世界技能组织，先后参加了五届世界技能大赛，累计取得36金、29银、20铜和58个优胜奖的优异成绩。第46届世界技能大赛将在我国上海举办。2019年9月，习近平总书记对我国选手在第45届世界技能大赛上取得佳绩作出重要指示，并强调，劳动者素质对一个国家、一个民族发展至关重要。技术工人队伍是支撑中国制造、中国创造的重要基础，对推动经济高质量发展具有重要作用。要健全技能人才培养、使用、评价、激励制度，大力发展技工教育，大规模开展职业技能培训，加快培养大批高素质劳动者和技术技能人才。要在全社会弘扬精益求精的工匠精神，激励广大青年走技能成才、技能报国之路。

为充分借鉴世界技能大赛先进理念、技术标准和评价体系，突出“高、精、尖、缺”导向，促进技工教育与世界先进标准接轨，完善我国技能人才培养模式，全面提升技能人才培养质量，人力资源社会保障部于2019年4月启动了世界技能大赛成果转化工作。根据成果转化工作方案，成立了由世界技能大赛中国集训基地、一体化课改学校，以及竞赛项目中国技术指导专家、企业专家、出版集团资深编辑组成的对接世界技能大赛技术标准深化专业课程改革工作小组，按照创新开发新专业、升级改造传统专业、深化一体化专业课程改革三种对接转化原则，以专业培养目标对接职业描述、专业课程对接世界技能标准、课程考核与评价对接评分方案等多种操作模式和路径，同时融入健康与安全、绿色与环保及可持续发展理念，开发与世界技能大赛项目对接的专业人才培养方案、教材及配套教学资源。首批对接 19 个世界技能大赛项目共 12 个专业的成果将于 2020—2021 年陆续出版，主要用于技工院校日常专业教学工作中，充分发挥世界技能大赛成果转化对技工院校技能人才的引领示范作用。在总结经验及调研的基础上选择新的对接项目，陆续启动第二批等世界技能大赛成果转化工作。

希望全国技工院校将对接世界技能大赛技术标准创新系列教材，作为深化专业课程建设、创新人才培养模式、提高人才培养质量的重要抓手，进一步推动教学改革，坚持高端引领，促进内涵发展，提升办学质量，为加快培养高水平的技能人才作出新的更大贡献！

2020 年 11 月

目　录

项目一　网络中心机房互联网代理服务器的安装与管理

项目二　网络中心机房服务器系统的创建与管理

项目三　网络中心机房办公系统服务器的安装与配置

项目四 网络中心机房 MySQL 数据库服务器的安装与管理

项目一
网络中心机房互联网代理服务器的安装与管理

网络代理服务器（Network Proxy Server）是网络信息的中转站，它是介于浏览器和 Web 服务器之间的一台服务器。客户在使用浏览器访问网页时，浏览器不是直接到 Web 服务器去取回网页信息，而是向代理服务器发出请求，由代理服务器取回所需信息并传送到客户浏览器。代理服务器除了具备最基本的连接功能外，还具有安全性、缓存、内容过滤、访问控制管理等功能，因此，使用网络代理服务器可以大大提升网络的安全性。

任务 1
Windows Server 的部署与管理

学习目标

1. 熟悉服务器的组成和分类。
2. 熟悉操作系统的作用与分类。
3. 了解 Windows Server 2012 的版本与特性。
4. 能正确安装 Windows Server 2012 操作系统。
5. 能正确配置 Windows Server 2012 操作系统。

任务描述

某企业为了让员工能访问互联网，保障上网的便利性和安全性，决定让企业内部所有计算机均通过代理服务器访问互联网。考虑到整个网络管理与维护的便利性，网络主管决定部署 Windows Server 2012 服务器用于代理服务，现要求网络管理员完成 Windows Server 2012 的安装与配置，具体要求如下：

1. 选择合适的软、硬件。
2. 使用 CD-ROM 进行 GUI 界面模式安装。
3. 系统分区为 C 盘，容量为 200 GB。
4. 设置账户名为 Administrator，密码为 Server2012。
5. 设置 IP 地址为 192.168.1.10，子网掩码为 255.255.255.0，网关为 192.168.1.254，DNS 为 192.168.10.6。
6. 确保网络服务器与网关的连通性。

相关知识

一、服务器概述

服务器（Server）是在网络环境下为客户机（Client）提供某种服务的专用计算机。服务器需要响应服务请求并进行处理，因此，一般来说，服务器应具备承担服务并且保障服务的能力。

1. 服务器的组成

服务器主要由电源、风扇、CPU、硬盘、内存、网卡、PCI 卡等组成，如图 1-1-1 所示。

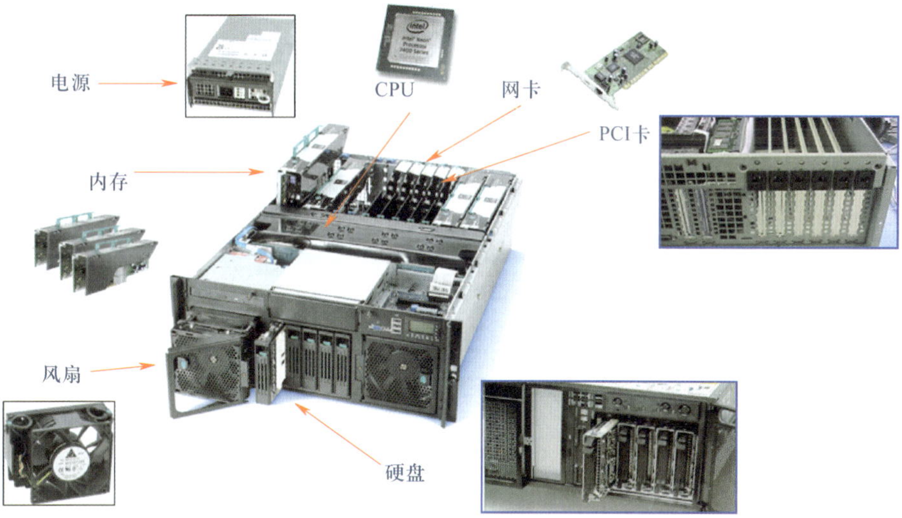

图 1-1-1　服务器的组成

2. 服务器的分类

（1）按照体系架构划分：非 x86 服务器、x86 服务器。

（2）按照应用层次划分：入门级服务器、工作组级服务器、部门级服务器、企业级服务器。

（3）按照应用划分：文件服务器、数据库服务器、应用程序服务器、Web 服务器、域名服务器。

> **小贴士**
>
> 网络代理服务器作为一种既是服务器又是客户机的中间程序，主要用于转发客户系统的网络访问请求，因此，它不在上述服务器分类中。

二、操作系统概述

操作系统是管理计算机硬件与软件资源的计算机程序，操作系统需要处理如管理与配置内存、决定系统资源供需的优先次序、控制输入设备与输出设备、操作网络与管理文件系统等基本事务，操作系统也提供一个让用户与系统交互的操作界面。

计算机可以分为服务器和客户端，服务器的主要功能是管理网络资源和网络设备的共享，并提供安全保护及对数据的完整性进行处理等；客户端负责完成与用户的交互任务，它能接收服务器所传递的数据，将数据进行计算并将结果呈现给用户。

1. 客户端操作系统

客户端操作系统是指在计算机上借助硬件运行并完成计算的软件，在桌面操作系统诞生之前，最有名的操作系统是 DOS，但是 DOS 的操作界面十分不友好，仅仅是代码而已。为此，美国微软公司推出了它们的第一个图形界面操作系统——Windows 1.0，开启了客户端操作平台进行用户图形界面的尝试。

目前，主要的客户端操作系统包括 Windows 操作系统、Mac 操作系统和 Linux 操作系统。

（1）Windows 操作系统

Windows 操作系统是一款由美国微软公司开发的窗口化操作系统，采用了 GUI（Graphical User Interface，图形用户接口）图形化操作模式，比之前的指令操作系统（如 DOS）更为人性化。Windows 操作系统是目前世界上使用最广泛的操作系统。

（2）Mac 操作系统

Mac 操作系统是运行于苹果 Macintosh 系列计算机上的操作系统。

（3）Linux 操作系统

Linux 操作系统是目前世界上最大的一款自由免费软件，其本身是一款功能可与 Windows 相媲美的操作系统，具有完备的网络功能。

2. 服务器操作系统

服务器操作系统是安装在大型计算机上的操作系统，是企业 IT 系统的基础架构平台，如 DHCP（Dynamic Host Configuration Protocol，动态主机配置协议）服务器、Web 服务器和数据库服务器等。相比个人版操作系统，在一个具体的网络中，服务器操作系统要承担额外的管理、配置、稳定、安全等功能，处于每个网络的心脏部位。主要的服务器操作系统如下：

（1）Windows Server

Windows Server 是微软公司在 2003 年推出的 Windows 服务器操作系统，其核心是 Microsoft Windows Server System。Windows 系列操作系统是一种单用户 / 多用户、多任务的操作系统，同一时刻只允许一个用户登录，但允许若干个用户程序并发执行，从而可以有效地改善系统的性能。

Windows Server 的主要版本有 Windows NT Server 4.0、Windows 2000 Server、Windows Server 2003、Windows Server 2008、Windows Server 2012、Windows Server 2016 和 Windows Server 2019。

（2）NetWare

NetWare 操作系统是 Novell 公司于 1981 年推出的高性能局域网络操作系统，其最重要的特征是采用基于基本模块设计思想的开放式系统结构。NetWare 系统为不同的工作平台（如 DOS、Macintosh 等）、不同的网络协议环境以及各种工作站操作系统提供了一致的服务。

NetWare 的主要版本有 Novell 3.11、Novell3.12、Novell4.10 和 Novell5.0 等。

（3）UNIX

UNIX 服务器操作系统由 AT&T 公司和 SCO 公司共同推出，主要支持大型的文件系统服务、数据服务等应用，具有多用户、多任务和便于移植等特点。多用户、多任务是指允许多个用户通过各自的终端使用同一台主机，共享主机系统中的各类资源，而每个用户程序又可以进一步分为几个可并发执行的任务。

UNIX 的主要版本有 SCO SVR、BSD UNIX、SUN Solaris、IBM-AIX、HP-UX 等。

（4）Linux

Linux 网络操作系统的主要特点是源代码开放，可以免费得到许多应用程序。它具有与 UNIX 兼容、高性能和高安全性、便于再开发等优点，这类操作系统目前仍主要应用于中、高档服务器中，是近年来发展速度比较快的、前景非常好的操作系统。

Linux 的主要版本有 Debian、Ubuntu、SuSE、CentOS 等，目前也有中文版本的 Linux，如 Redhat（红帽子）、红旗 Linux 等。

三、Windows Server 2012 概述

Windows Server 2012 是微软的一个服务器操作系统，该操作系统在 2012 年发布。它可以向企业和服务提供商提供可伸缩、动态、支持多租户以及通过云计算得到优化的基础结构。

1. Windows Server 2012 的版本

Windows Server 2012 有四个版本：Foundation（基础版）、Essentials（精华版）、Standard（标准版）和 Data Center（数据中心版）。

（1）Windows Server 2012 基础版仅提供给 OEM 厂商，限定用户 15 位，提供通用服务器功能，不支持虚拟化。

（2）Windows Server 2012 精华版面向中小企业，用户限定在 25 位以内，该版本简化了界面，预先配置云服务连接，不支持虚拟化。

（3）Windows Server 2012 标准版提供完整的 Windows Server 功能，限制使用两台虚拟主机。

（4）Windows Server 2012 数据中心版提供完整的 Windows Server 功能，不限制虚拟主机数量。

各版本的简要信息比较见表 1-1-1。

表 1-1-1　Windows Server 2012 各版本的简要信息比较

版本	Foundation	Essentials	Standard	Data Center
处理器上限	1	2	64	64
授权用户限制	1	25	无限	无限
远程桌面服务连接限制	20	250	无限	无限
虚拟化	无	1 台虚拟机或物理服务器，两者不能同时存在	2 台虚拟机	无限
Active Directory 域服务	有限	有限	有	有
服务器核心模式	无	无	有	有
Hyper-V	无	无	有	有

2. Windows Server 2012 的硬件要求

Windows Server 2012 操作系统本身对硬件的要求并不高，更多的硬件要求来自服务器上托管的应用程序，每种应用程序负载对网络、磁盘 I/O（输入 / 输出）、处理器和内存资源都有独特的需求。在安装 Windows Server 2012 时，计算机需要满足表 1-1-2 的硬件需求。

表 1-1-2　Windows Server 2012 硬件需求

硬件	最低配置
处理器（CPU）	1.4 GHz、64 位
内存（RAM）	512 MB
硬盘	32 GB（如果安装带有桌面体验的操作系统，需要再增加 4 GB）

3. Windows Server 2012 的特性

Windows Server 2012 安装时，可以随意在服务器核心（只有命令提示符）和图形界面之间切换。企业应用中，常选择核心模式，因为在核心模式下，服务器拥有更优秀的性能。但是对于新用户，在对性能不太敏感的情况下，适合选择图形界面，其使用和管理会更加友好。Windows Server 2012 的新特性主要体现在以下几个方面:

（1）用户界面

该版本简化了服务器管理器，采用了 Metro 界面（核心模式除外）。在这个 Windows 系统中，PowerShell 拥有的命令开关超过 2 300 个。

（2）任务管理器

Windows Server 2012 与 Windows 8 一样，拥有全新的任务管理器。在这个版本中，隐藏选项卡的时候默认只显示应用程序。在“进程”选项卡中，以色调来区分资源利用，它列出了应用程序的名称、状态以及 CPU、内存、硬盘和网络的使用情况。

（3）安装选项

1）选择“服务器核心安装”选项。此选项不会安装标准用户界面，需要通过使用命令行、Windows PowerShell 或远程方法来管理服务器。

2）选择“完全安装”选项。此选项将安装标准用户图形界面和所有工具，将通过服务器管理器或其他方法安装服务器角色和功能。

（4）IP 地址管理

Windows Server 2012 有一个 IP 地址管理，其作用是发现、监控、审计和管理在企业网络上使用的 IP 地址空间。

（5）Active Directory

Active Directory 安装向导已经出现在服务器管理器中，并且增加了 Active Directory 的回收站，在同一个域中，密码策略可以更好地进行区分。Windows Server 2012 中的 Active Directory 已经出现了虚拟化技术，虚拟化的服务器可以安全地进行克隆。

（6）Hyper-V

Windows Server 2012 包含一个全新的 Hyper-V，许多功能已经添加到 Hyper-V 中，包括网络虚拟化、多用户、存储资源池、交叉连接和云备份。这个版本中的 Hyper-V 可以访问多达 64 个处理器、1 TB 的内存和 64 TB 的虚拟磁盘空间（仅限 VHDX 格式），最多可以同时管理 1 024 个虚拟主机以及 8 000 个故障转移群集。

此外，Windows Server 2012 中新引入了一个文件系统 ReFS（Resilient File System，弹性文件系统），该文件系统目前只能应用于存储数据，还不能引导系统，并且在移动媒介上还无法使用。

任务实施

一、安装 Windows Server 2012 操作系统

目前，安装 Windows Server 2012 最常见的方法是使用 CD-ROM（Windows Server 2012 操作系统安装盘）引导安装，其操作步骤如下：

1. 将 Windows Server 2012 的安装光盘放入光驱，打开计算机，选择从光驱启动。

小贴士

Windows Server 2012 的安装方式有：

（1）从 CD-ROM 启动开始全新的安装。

（2）在运行 Windows 7 的计算机上安装。

（3）从网络进行安装。

（4）通过远程安装服务进行安装。

（5）无人值守安装。

（6）升级安装。

2. 进入 Windows Server 2012 的启动界面，等待安装程序启动完毕，进入输入语言和其他首选项设置界面，要安装的语言、时间和货币格式都选择“中文（简体，中国）”选项，键盘和输入方法选择“微软拼音”选项，单击“下一步”按钮，如图 1-1-2 所示。

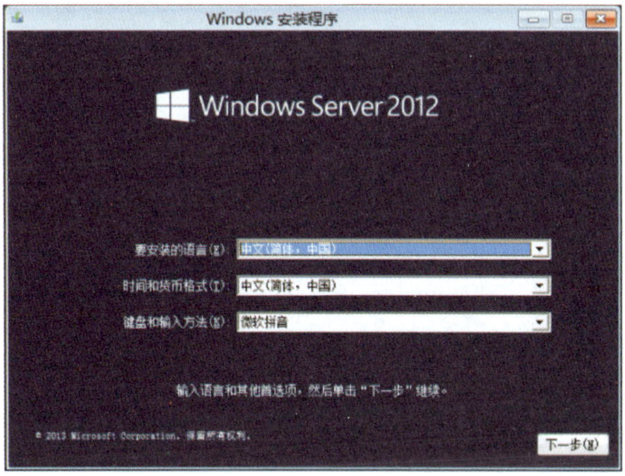

图 1-1-2　安装首选项设置

3. 单击“现在安装”按钮，开始安装操作系统，如图 1-1-3 所示。

图 1-1-3　开始安装

4. 输入产品安装密钥，一般情况下在 Windows 包装盒的背面，每输入 5 个字符之后会自动加上“-”，输入完毕，单击“下一步”按钮，如图 1-1-4 所示。

5. 选择要安装的操作系统版本，这里选择“带有 GUI 的服务器”，单击“下一步”按钮，如图 1-1-5 所示。

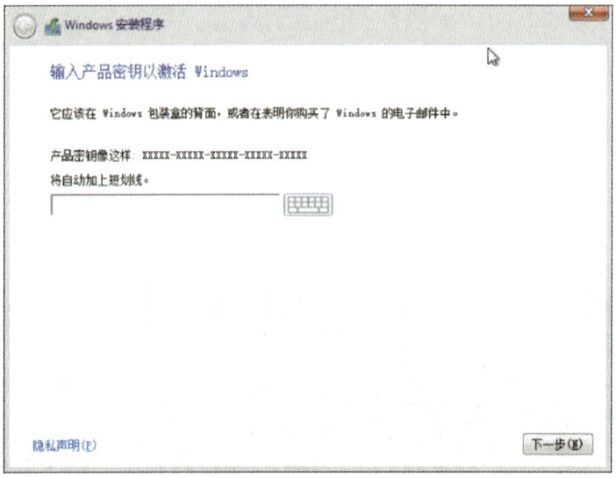

图 1-1-4　输入产品安装密钥

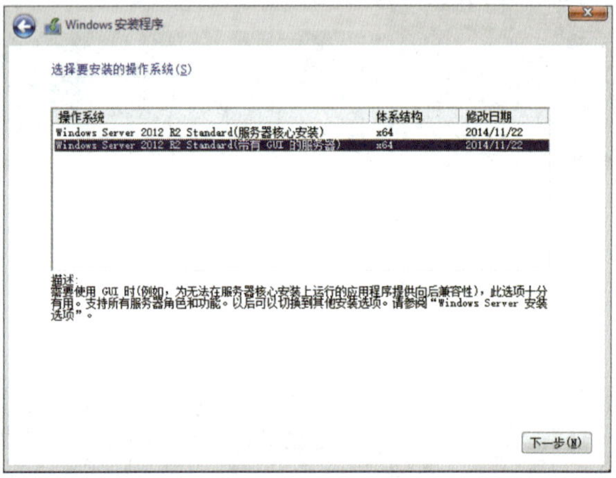

图 1-1-5　选择图形版本安装

小贴士

Windows Server 2012 的安装选项：

安装 Windows Server 2012 时，可以在“服务器核心安装”和“完全安装”之间任选其一。此处选择“完全安装”，即选择“带有 GUI 的服务器”，完全安装中包含的附加用户界面元素和图形管理工具更适合初学者学习。

6. 勾选“我接受许可条款”复选框，单击“下一步”按钮，如图 1-1-6 所示。

7. 在安装类型中选择自定义安装，以便手动给硬盘分区，如图 1-1-7 所示。

8. 选中“驱动器 0 未分配的空间”，单击“新建”，给硬盘分区，此处将系统分区为 C 盘，容量为 200 GB，如图 1-1-8 所示。

图 1-1-6　接受许可条款

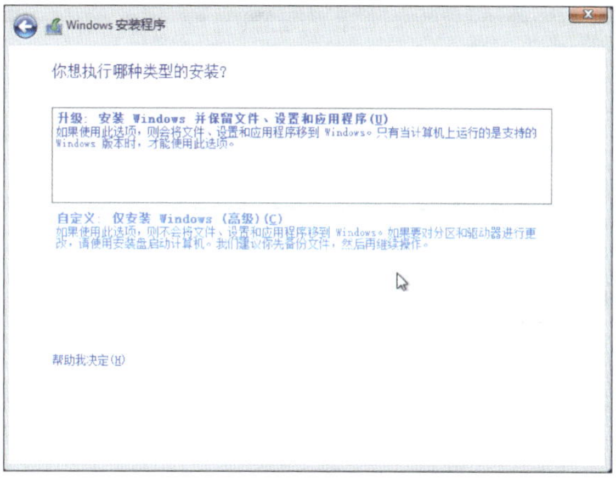

图 1-1-7　选择自定义安装

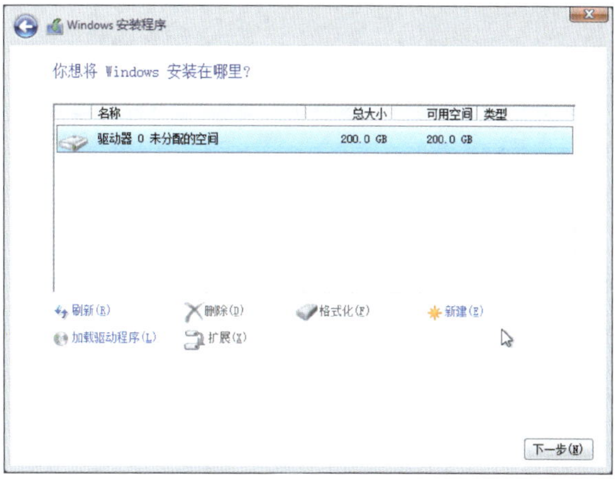

图 1-1-8　硬盘分区

9. 新建分区时，在“大小”编辑框中输入分区大小，单击“应用”按钮，如图 1-1-9 所示。

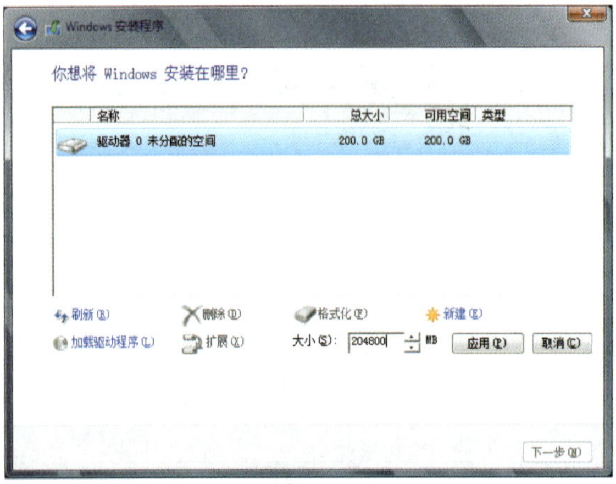

图 1-1-9　设置分区大小

10. Windows Server 2012 会额外创建一个分区，即系统保留分区，来存放 Windows 的启动文件，这里单击“确定”按钮，如图 1-1-10 所示。

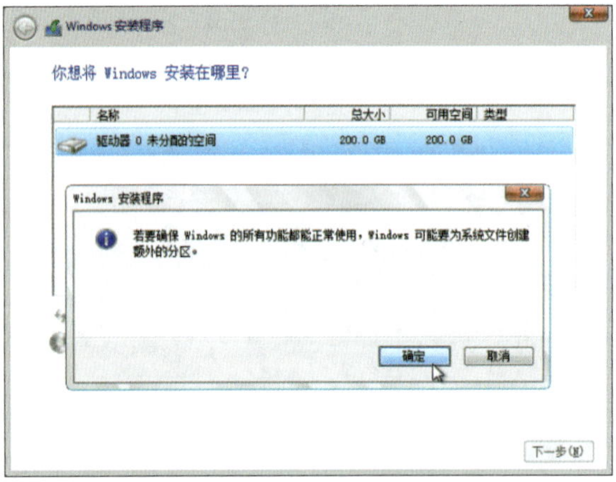

图 1-1-10　额外分区创建提示

11. 选中安装系统的主分区，单击“格式化”进行分区格式化，然后单击“下一步”按钮开始安装，如图 1-1-11 所示。

12. 等待安装程序复制 Windows 文件，安装完成之后系统将自动重启，如图 1-1-12 所示。

13. 第一次重启完成之后系统将自动安装设备，准备就绪之后系统将再次重启，如图 1-1-13 所示。

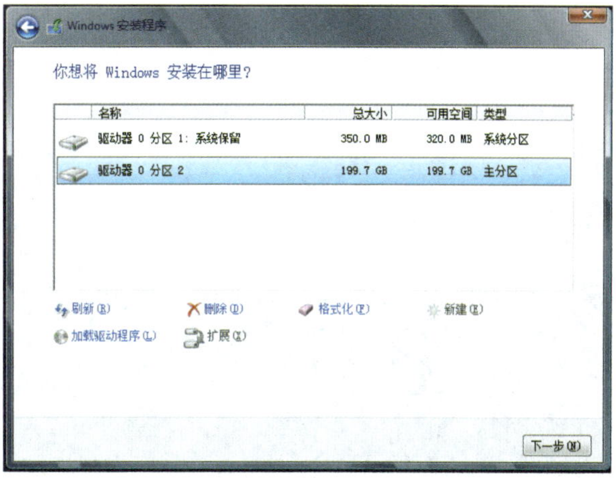

图 1-1-11　选择安装分区并进行分区格式化

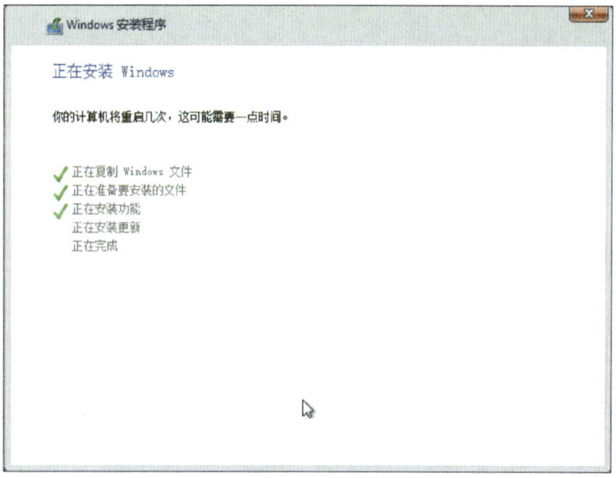

图 1-1-12　安装过程

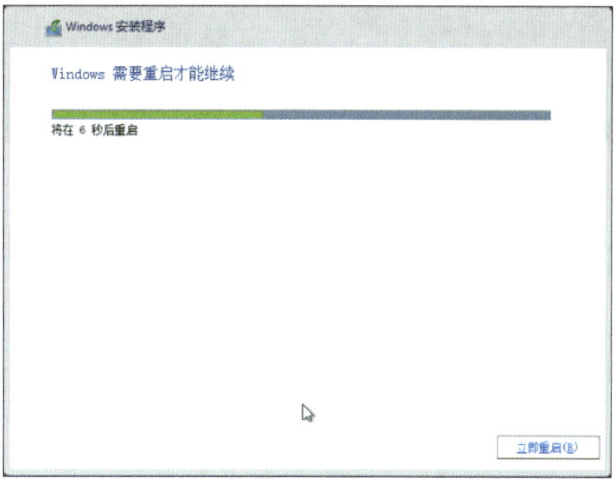

图 1-1-13　第一次重启后安装设备

14. 第二次重启完成之后，将进入设置 Administrator 账户密码的界面，如图 1-1-14 所示。

图 1-1-14　设置管理员密码

15. 设置完密码之后，进入锁屏登录界面，如图 1-1-15 所示。

图 1-1-15　锁屏登录

16. 按【Ctrl+Alt+Delete】组合键后，输入正确的密码即可进入系统，如图 1-1-16 所示。

17. Windows Server 2012 安装结束后，系统进行正常启动，会自动打开服务器管理器，从而可以进行服务器的管理和配置工作，如图 1-1-17 所示。

图 1–1–16　登录界面

图 1–1–17　进入系统后打开的服务器管理器

二、配置 Windows Server 2012 操作系统

Windows Server 2012 操作系统安装完成后的开机界面如图 1–1–18 所示，使用该操作系统前还需对其进行必要的配置。

1. 将“计算机”等图标添加到桌面

（1）按【Windows】键弹出“开始”菜单，单击“控制面板”，打开“桌面图标 - 控制面板”窗口，在“搜索控制面板”编辑框中输入“桌面图标”进行搜索，在显示的搜索结果中单击“显示或隐藏桌面上的通用图标”，如图 1–1–19 所示。

（2）弹出“桌面图标设置”对话框，选择需要添加到桌面的图标，勾选对应的复选框，如“计算机”“网络”等，如图 1–1–20 所示。

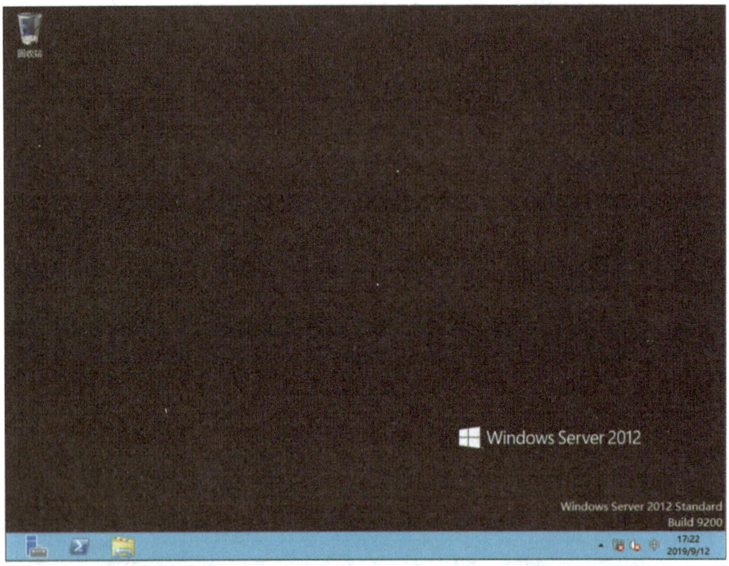

图 1-1-18 Windows Server 2012 操作系统安装完成后的开机界面

图 1-1-19 控制面板

图 1-1-20 桌面图标设置

2. 设置计算机名

（1）打开“我的电脑”，进入“计算机”窗口（图 1-1-21），右击“计算机”，在弹出的菜单中选择“属性”，进入“系统”窗口，如图 1-1-22 所示。

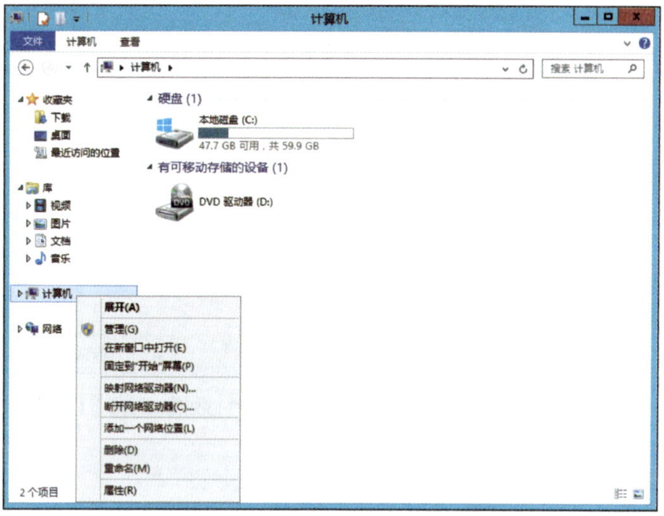

图 1-1-21 “计算机”窗口

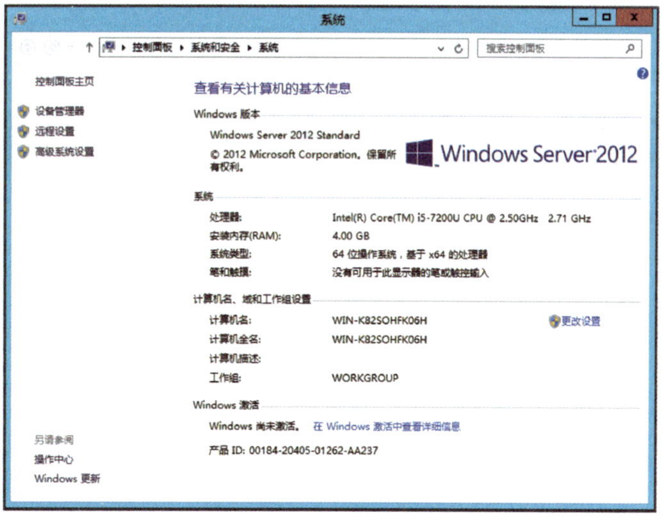

图 1-1-22 “系统”窗口

（2）在“系统”窗口可以看到已有的计算机名和计算机全名，一般只需要修改计算机名，单击“更改设置”，打开“系统属性”对话框，即可修改计算机名，如图 1-1-23 所示。

（3）修改完后，要重启服务器才能生效。

图 1-1-23 “系统属性”对话框

3. 设置和检查 TCP/IP 参数

（1）设置 TCP/IP 参数

1）打开“服务器管理器”，在左侧导航栏中单击“本地服务器”，在右侧窗格中可以看到以太网的网络连接信息，这里显示的是“Ethernet0”，如图 1-1-24 所示。

图 1-1-24 服务器管理器

2）单击“Ethernet0”右侧的信息，进入“网络连接”窗口，如图 1-1-25 所示。右击“本地连接”图标，在弹出的菜单中选择“属性”，打开如图 1-1-26 所示的“本地连接 属性”对话框。Windows Server 2012 中包含 IPv6 和 IPv4 两个版本的 Internet 协议，均默认安装。

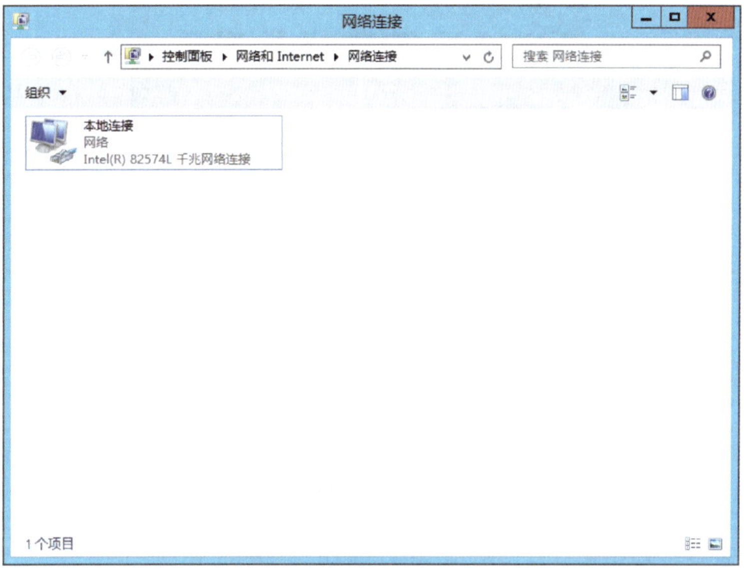

图 1-1-25 “网络连接”窗口

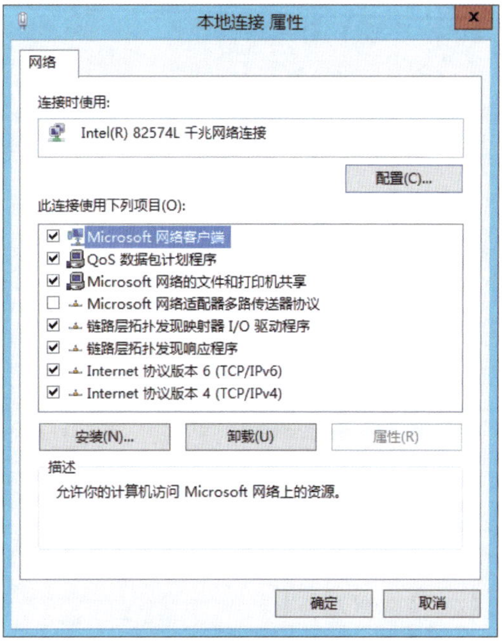

图 1-1-26 “本地连接属性”对话框

3）在“此连接使用下列项目”列表框中选择“Internet 协议版本 4（TCP/IPv4）”，单击“属性”按钮，弹出如图 1-1-27 所示的“Internet 协议版本 4（TCP/IPv4）属性”对话框。

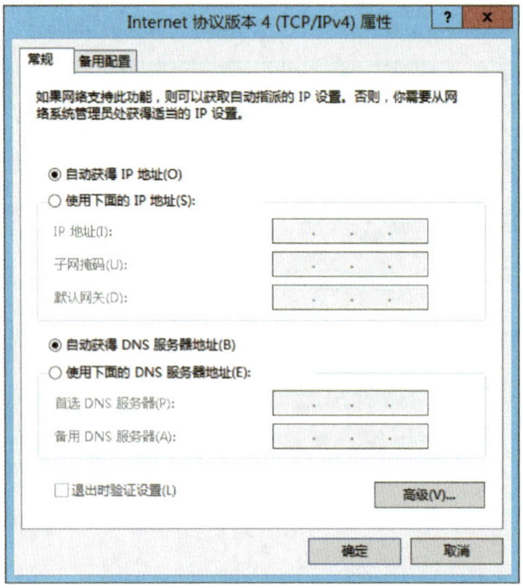

图 1-1-27　“Internet 协议版本 4（TCP/IPv4）属性”对话框

4）Windows Server 安装完成后，默认为自动获取 IP 地址，选中“使用下面的 IP 地址”单选框，分别输入 IP 地址、子网掩码、默认网关和首选 DNS 服务器地址，如图 1-1-28 所示。

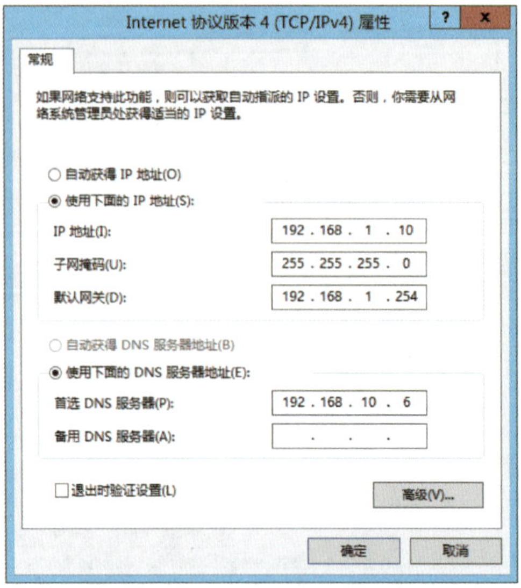

图 1-1-28　设置 IP 地址等信息

5）单击“确定”按钮，完成 TCP/IP 设置。

（2）利用 ipconfig 命令检查 IP 设置

1）使用 ipconfig 命令查看网络基本配置

①按【Windows+R】组合键，在弹出的“运行”对话框中输入“cmd”（图 1-1-29），弹出“命令提示符”窗口。

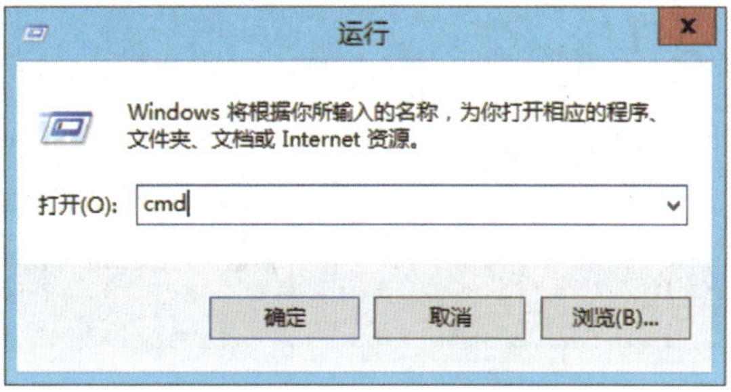

图 1-1-29 “运行”对话框

②在“命令提示符”窗口中输入命令“ipconfig”，即可查看计算机当前的 IP 地址、子网掩码和默认网关等基本网络信息，如图 1-1-30 所示。

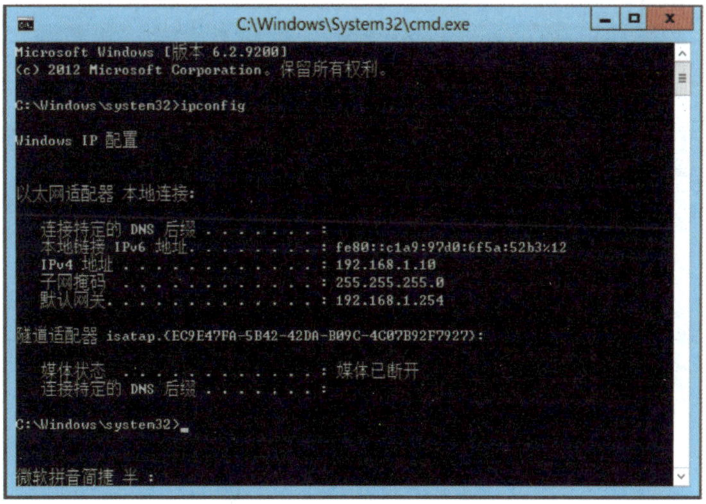

图 1-1-30 查看网络配置

2）使用 ipconfig 命令查看完整的网络配置。在“命令提示符”窗口中输入命令“ipconfig/all”，可查看计算机当前主机名、网卡信息、IP 地址、子网掩码、默认网关、DHCP 和 DNS 等基本网络信息，如图 1-1-31 所示。

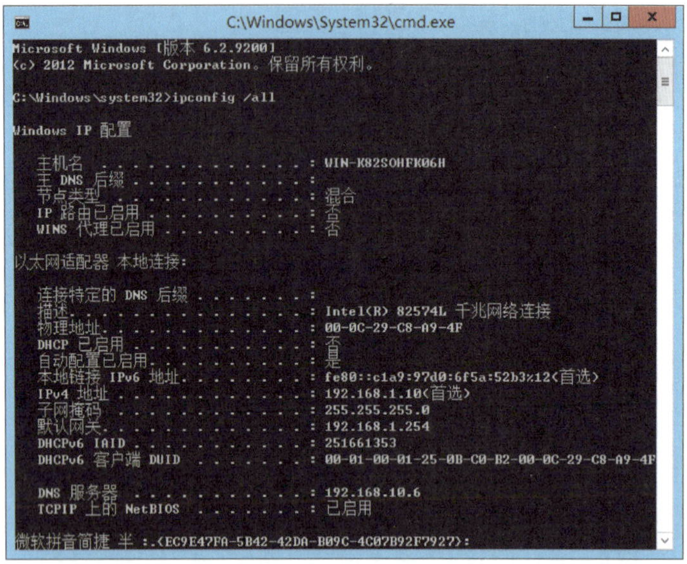

图 1-1-31　查看完整网络配置

3）使用 ipconfig 命令清除 DNS 客户端缓存中的信息。在“命令提示符”窗口中执行命令“ipconfig/flushdns”，即可清除 DNS 缓存的信息，如图 1-1-32 所示。

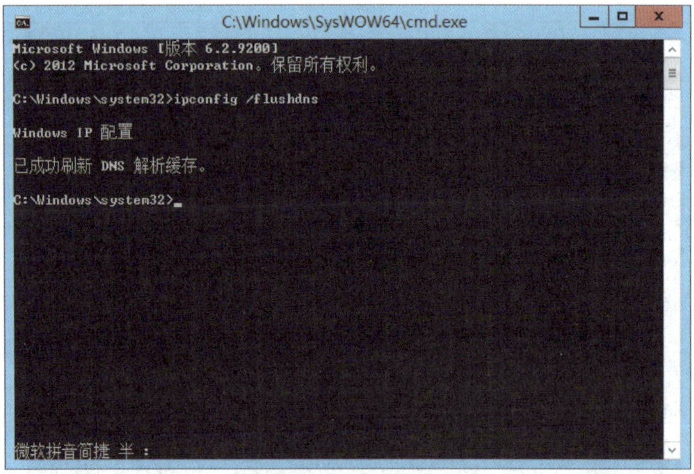

图 1-1-32　清除 DNS 缓存的信息

小贴士

若出现使用域名无法打开网站，但直接使用 IP 地址可以打开网站的情况，很可能是因为用户的 DNS 缓存过期引起的。要解决这类问题，用户可以使用 ipconfig 命令手动清除 DNS 缓存中的信息。

（3）利用 ping 命令检测网络连通性

在“命令提示符”窗口中执行命令“ping 192.168.1.254”（192.168.1.254 为测试连通性的网关的 IP 地址）。按照缺省设置，Windows Server 上运行的 ping 命令发送 4 个数据包，每个数据包大小为 32 字节，如果一切正常，应能得到 4 个回送应答，如图 1-1-33 所示。

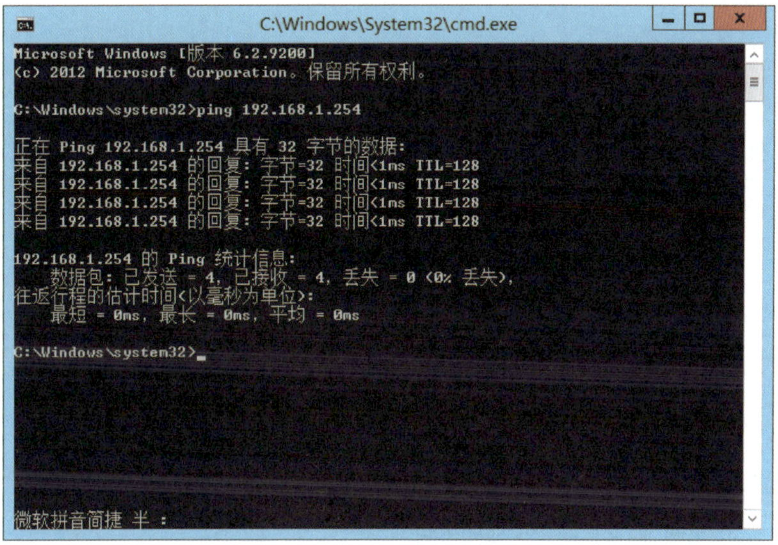

图 1-1-33　测试连通性

小贴士

ping（Packet Internet Groper，因特网包探索器）是测试网络连接状况以及信息包发送和接收状况非常有用的工具，是网络测试最常用的命令。ping 命令向目标主机（地址）发送一个回送请求数据包，要求目标主机收到请求后给予答复，从而判断网络的响应时间和本机是否与目标主机（地址）连通。如果执行 ping 命令不成功，则可以预测故障出现在以下几个方面：网线故障、网络适配器配置不正确、IP 地址不正确。

工作评价

根据任务完成情况，进行学习任务综合评价，见表 1-1-3。

表 1-1-3　学习任务综合评价表

考核项目	评价内容	配分（分）	评价分数		
			自我评价	小组评价	教师评价
职业素养	安全和责任意识强，遵守健康及安全标准	10			
	团队合作意识强，能与同学分享知识及专业资料	10			
	现场管理符合 8S 标准，做好定期整理工作	10			
专业能力	能复述服务器硬件的组成	10			
	能区分客户端操作系统和服务器操作系统	10			
	能复述 Windows Server 2012 操作系统安装所需的硬件条件	10			
	能复述用 ping 命令检测网络连通性的方法	10			
工作成果	能安装 Windows Server 2012 操作系统	10			
	能按要求配置网络操作系统	10			
	能正确进行服务器网络连通性检测	10			
总分		100			
综合评分	综合评分 = 自我评价 ×20%+ 小组评价 ×30%+ 教师评价 ×50%	教师（签名）：			

思考与练习

一、选择题

1．常用的网络操作系统有（　　）操作系统、NetWare 操作系统、UNIX 操作系统和 Linux 操作系统。

A．IOS　　B．Windows Server　　C．Windows XP　　D．Android

2．Windows Server 2012 操作系统的主要版本有 Foundation、Essentials、（　　）和 Data Center。

A．Standard　　B．Home　　C．Professional　　D．Minimalist

3．获取 ping 命令的帮助使用（　　）参数。

A．-t　　B．-n　　C．/？　　D．-l

二、判断题

1．Windows Server 2012 安装的内存最低配置需求是 512 MB。（　　）

2．服务器按照应用层次可划分为入门级服务器、Web 级服务器、部门级服务器和企业级服务器。（　　）

3．安装 Windows Server 2012 时，不可以随意在服务器核心（只有命令提示符）和图形界面之间切换。（　　）

三、简答题

1．什么是服务器？服务器的安装工具有哪些？

2．安装 Windows Server 2012 时，“服务器核心安装”和“完全安装”两者之间有什么区别？

3．如何激活 Windows Server 2012？

任务 2
代理服务器的安装与配置

学习目标

1. 了解网络代理服务的基本概念。
2. 了解常见的代理软件的种类。
3. 熟悉 CCProxy 软件的主要功能。
4. 了解 CCProxy 软件的安装要求及版本。
5. 能正确在 Windows Server 2012 操作系统上安装 CCProxy 软件。
6. 能正确配置 CCProxy 软件服务器端和客户端。

任务描述

在任务 1 中，已经在代理服务器上完成了 Windows Server 2012 的安装与配置，为了让某企业的员工计算机可以通过代理服务器访问互联网，网络主管决定在服务器上安装代理软件，以提供网络代理服务。现要求网络管理员完成代理软件的安装与配置，具体要求如下：

1. 选择适合的代理软件。
2. 下载安装包进行代理软件安装。
3. 检查服务器端及客户端的网络设置和连通性。
4. 进行代理软件端口及局域网等基础设置。
5. 进行账号管理及上网规则设置。
6. 客户端通过代理服务进行上网测试。
7. 进行服务器端监控管理。

相关知识

一、网络代理服务概述

网络代理服务主要用于局域网内共享宽带上网，ADSL 共享、专线代理共享、ISDN 代理共享、蓝牙代理共享、二级代理和 SOCKS 5 代理等共享代理上网。只需要局域网内有一台机器能够上网，其他机器就可以通过这台机器上安装的网络代理服务来共享上网，最大限度地减少了硬件费用和上网费用。只需要在服务器上的网络代理服务中进行账号设置，就可以方便地管理客户端代理上网的权限。在提高员工工作效率和企业信息安全管理方面，网络代理服务充当了重要的角色。

二、代理软件分析及选择

目前，代理服务器软件产品主要有 Microsoft Proxy Server、WinGate、CCProxy 等，而在 UNIX/Linux 系统中主要采用 Squid 服务器软件作为代理。

1. Microsoft Proxy Server

Microsoft Proxy Server 是把对互联网的访问带入一个组织内部每一个桌面上去的一种既简单又安全的方法，它包括 Web Proxy 服务器、Winsock Proxy 服务器和 Socks Proxy 服务器。Web Proxy 为 Cache 类代理软件，Winsock Proxy 通过 Winsock 协议代理使 LAN 内的计算机好像直接连接在上一级网络上一样，实际上是通过代理服务器发送请求，但客户端要安装 Microsoft Winsock Proxy Client 软件。Microsoft Proxy Server 2.0 是 Microsoft Bank Office 其中的一款软件，运行在 Windows NT 或 Windows 2000 环境下。在 Windows NT Server 4.0 上安装时，必须安装 3.0 或更高版本的 IIS（Internet Information Server）及 Windows Service Pack 3 或更高版本的补丁。

2. WinGate

WinGate 是 QBIC 公司的产品，软件分为服务器和客户两部分。服务器可运行于 Windows 98 或 Windows NT 平台，提供用户认证、各种网络应用层协议代理、Internet 访问控制、包过滤等服务；客户部分为一个用户登录程序 Gatekeeper，用户使用它在代理服务器上进行登录，代理服务器将用户的 IP 地址与相应的用户账号绑在一起。如果这一用户是管理员，还可以使用 Gatekeeper 进行远程管理。WinGate 支持双网络接口，一个网络接口通过网络适配器连接内部局域网络，另一个网络接口连接 Internet，两块网卡之间的 IP 转发要禁用，使内部网络与外部网络完全隔开，形成双宿网关防火墙。WinGate 也支持单网卡，在许多校园网中，只允许部分计算机具有 Internet 访问权，利用这些计算机作为代理服务器，为其他的计算机提供服务，只是它不具备防火墙的功能。WinGate 除了提供 FTP Proxy、Telnet Proxy、POP 3 Proxy、RealAudio Proxy、Socks Proxy 代理服务之外，还提供了 DNS、DHCP、拨号管理等丰富的功能。

3. Squid

在 UNIX/Linux 系统中使用的比较优秀的代理服务器软件是 Squid。之所以说它比较优秀，是因为它可以在代理服务器上做一个很大的缓存，可以把常用的网站内容存储到缓存中，当内部网的机器再访问这些网站时，就可以从缓存里直接调用了。这样，一方面可以加快内部网浏览 Internet 的速度，即提高客户机的访问命中率；另一方面，使用 Squid 还可以支持多种协议（Squid 不仅支持 HTTP 协议，还支持 FTP、Gopher、SSL 和 WAIS 等协议）。

考虑到简捷实用的原则，Squid 作为代理服务器不仅性能优异，还详细地记录了各个客户端的访问记录。Squid 是一款缓存 Internet 数据的软件，它接收用户的下载申请，并自动处理所下载的数据。Squid 可以工作在很多操作系统中，如 AIX、FreeBSD、HP-UX、Irix、Linux、NetBSD 等，也有不少人在其他操作系统中重新编译过 Squid。由于它安装简单、使用方便，已经被广泛使用。

4. CCProxy

CCProxy 是一款国产主流代理服务器软件，在具有强大代理、网络管理功能的同时，全中文界面操作和符合中国用户操作习惯的设计思路，是中国用户代理上网首选的代理服务器软件。CCProxy 除了具有共享上网和上网控制两大支柱功能外，还具有很多其他实用性的功能。

（1）共享上网

1）支持代理共享 ISDN、ADSL、DDN、专线、蓝牙、二级代理等访问 Internet。

2）支持 HTTPS、HTTP、FTP、Gopher、Socks4/5、Telnet、News（NNTP）、RTSP、MMS 等代理协议。

3）支持浏览器通过 HTTP/HTTPS/FTP（Web）/Gopher 代理上网。

4）支持通过邮件客户端软件代理收发邮件。

5）支持通过 HTTPS、Socks 5 代理上网。

6）支持主流 FTP 软件通过代理上网。

7）支持主流播放器通过 RTSP 和 MMS 代理接收视频。

8）支持 Telnet 代理上网。

9）支持通过 News 代理连接新闻服务器。

（2）上网控制

1）具有简单实用的账号管理功能，可以针对不同用户定义不同的代理上网限制。

2）账号管理支持 IP 段设置方式和自动扫描账号功能，建立账号更轻松。

3）支持多种方式的代理身份验证方式混合管理，如 IP 地址、MAC 地址、用户名密码、域账号管理等。

4）支持 HTTP 和 Socks 5 用户密码验证。

5）双击界面上的绿色网格可以实时观测代理用户连接信息，强大的日志分析功能（可以分为不同的日志文件、不同的用户、不同的代理协议、过滤项来分析日志，支持分析结果输出）便于了解客户端浏览的网站的大致内容。

6）时间管理功能：可以自由控制不同用户的代理上网时间。

7）网站过滤功能：可以屏蔽特定的网站和内容，也可以限定用户只能上指定的网站。

（3）其他功能

1）支持远程拨号、自动拨号、自动断线、自动关机功能。

2）支持二级代理，可以使代理服务器通过其他代理服务器上网。

3）支持内置域名解析功能（DNS）。

4）支持缓存功能：可以自由设定缓存大小和更新时间，提高访问速度。

5）支持以系统服务方式运行。

6）支持服务器绑定 IP 功能，当服务器有多条线路接入时，可以方便管理员合理分配带宽资源。

7）支持加载代理广告条、启动时拨号、端口映射、流量计费等扩展应用。

CCProxy 和 Squid 是两款比较主流的代理服务器软件，而由于代理服务器系统采用 Windows 平台的操作系统，通常推荐使用 CCProxy 作为代理服务器软件。

三、CCProxy 软件的安装要求及版本

1. 安装 CCProxy 软件的硬件要求

CCProxy 软件本身对硬件的要求并不高，更多的硬件要求来自连接的网卡及客户端的数量。每个客户端的连接负载对网络、磁盘 I/O（输入 / 输出）、处理器和内存资源都有独特的需求。在安装 CCProxy 软件时，客户端（连接数）在 150 以内，计算机需要满足表 1-2-1 的硬件需求。

表 1-2-1　安装 CCProxy 硬件需求表 1

硬件	最低配置
处理器（CPU）	1.7 GHz
内存（RAM）	1 GB
硬盘	40 GB
网卡	100 MB × 2

客户端（连接数）在 500 以上，计算机需要满足表 1-2-2 的硬件需求。

表 1-2-2　安装 CCProxy 硬件需求表 2

硬件	最低配置
处理器（CPU）	双路 1.5 GHz
内存（RAM）	2 GB
硬盘	80 GB
网卡	1 000 MB × 2

2. CCProxy 软件的版本

CCProxy 目前有四种发行版本，分别是试用版、正式版、端口转发专用版和游戏代理专用版，各版本的简要信息比较见表 1-2-3。

表 1-2-3　CCProxy 各版本的简要信息比较

版本	试用版	正式版	端口转发专用版	游戏代理专用版
功能齐全	√	√	√	√
技术支持	×	√	√	√
用户数	3 个连接	无限	无限	无限
定制功能	无	无	端口转发	低延迟

任务实施

一、安装 CCProxy 代理服务器软件

安装 CCProxy 代理服务器软件最常见的方法是登录官网，直接下载安装包进行安装，其操作步骤如下：

1. 登录 CCProxy 官网（http：//www.ccproxy.com），单击“免费下载试用”，即可下载软件的安装文件，如图 1-2-1 所示。

图 1-2-1　CCProxy 官网下载

2. 进入 Windows Server 2012 桌面，双击下载好的“ccproxysetup.exe”安装包，等待安装程序启动完毕之后进入欢迎安装界面，如图 1-2-2 所示。

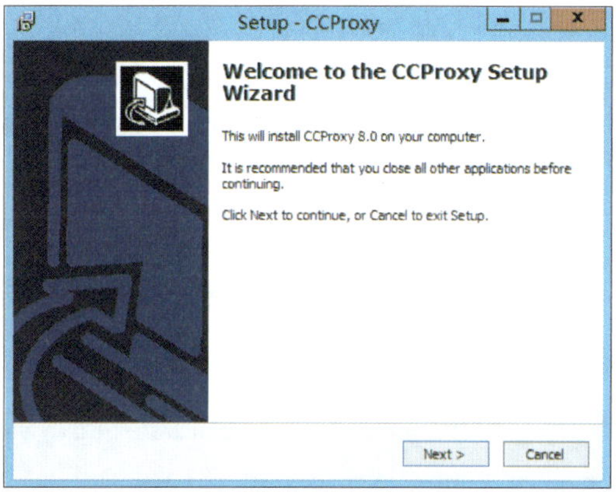

图 1-2-2　欢迎安装界面

3. 单击“Next”按钮，进入指定安装目录界面，为软件指定安装路径，这里推荐使用默认路径，即“C:\CCProxy”为安装路径，如图 1-2-3 所示。

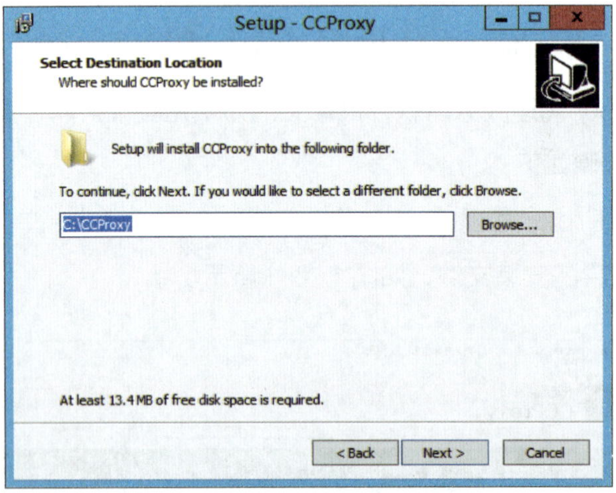

图 1-2-3　指定安装目录界面

4. 单击“Next”按钮，进入指定菜单文件夹名称界面，输入软件在菜单栏的目录文件名（文件名可以自己指定，推荐使用默认的 CCProxy），如图 1-2-4 所示。

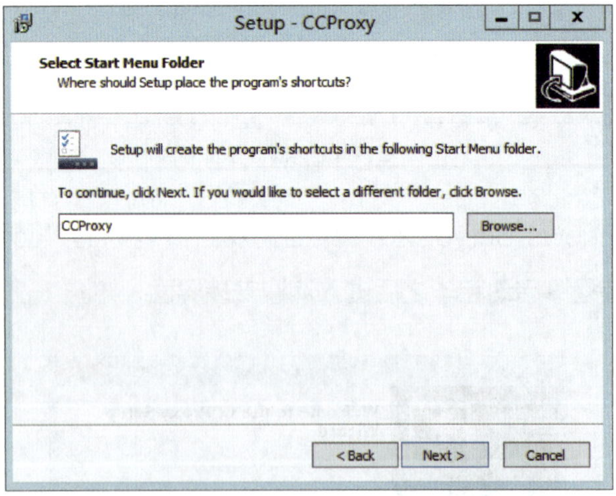

图 1-2-4　指定菜单文件夹名称界面

5. 单击“Next”按钮，进入如图 1-2-5 所示的界面，选择是否要给软件建立一个桌面图标和快速启动图标，这里保持默认勾选即可（也可根据需要自行更改）。

6. 单击“Next”按钮，进入安装配置信息汇总界面，确认信息无误后，单击“Install”按钮继续进行安装，如图 1-2-6 所示。

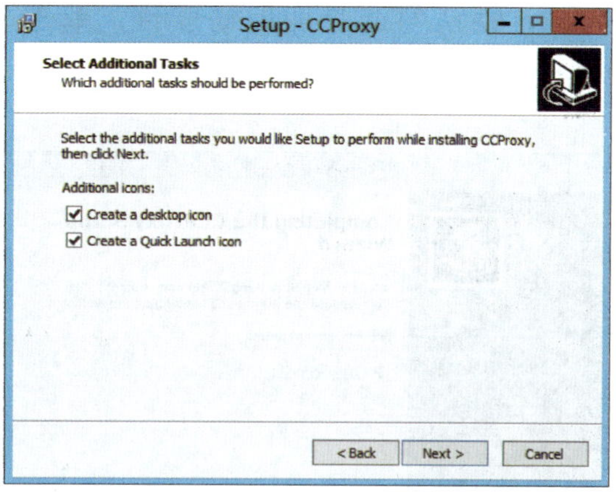

图 1-2-5　勾选桌面图标和快速启动图标复选框

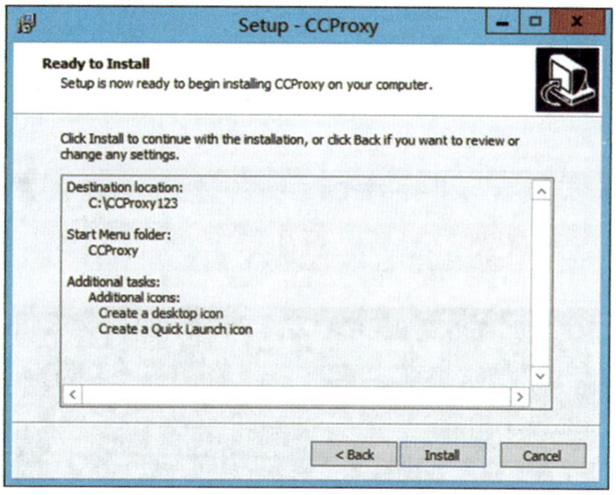

图 1-2-6　安装配置信息汇总界面

7. 进入正在安装界面，进度条显示安装进度，如图 1-2-7 所示。

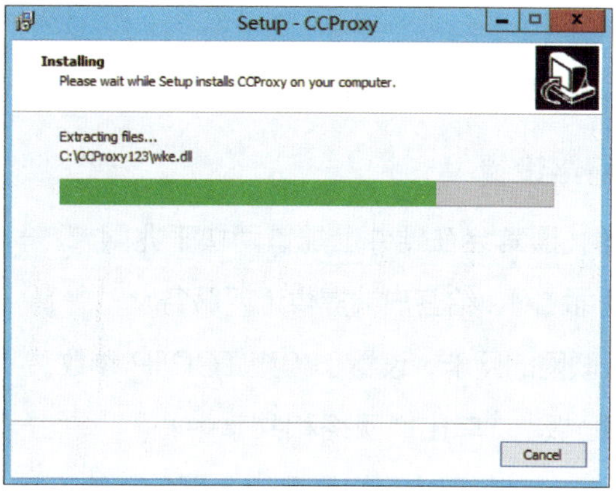

图 1-2-7　正在安装界面

8. 软件安装完成，默认勾选立即启动软件，单击“Finish”按钮，如图 1-2-8 所示。安装完成后的 CCProxy 主界面如图 1-2-9 所示。

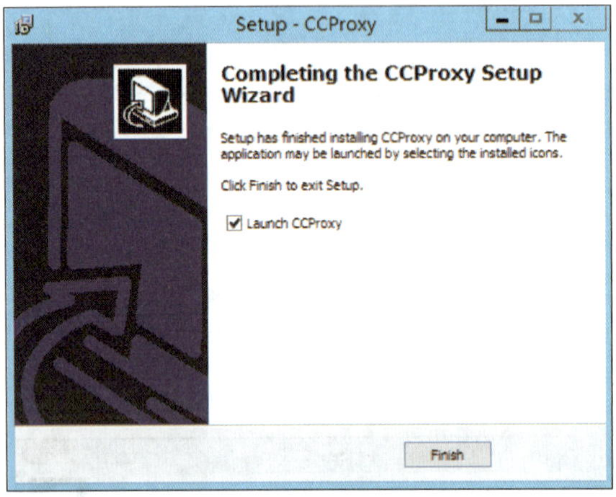

图 1-2-8　安装完成

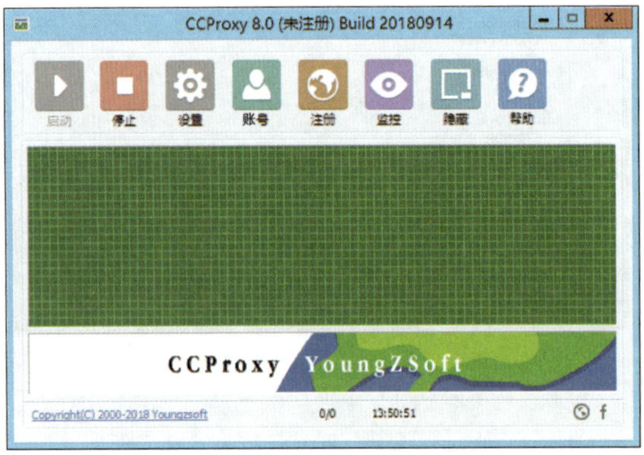

图 1-2-9　CCProxy 主界面

二、服务器端和客户端网络设置

1. 服务器端网络设置

作为代理服务器，通常会在硬件上配置两块千兆网卡，一块用来连接互联网，另一块用来连接本地局域网，给客户端提供上网服务。

（1）配置连接互联网的网卡，设置、检查 TCP/IP 参数。

1）进入“控制面板”，单击“网络和共享中心”，单击“更改适配器设置”，进入“网络连接”窗口，在窗口中可以看到以太网的网络连接信息，这里用来连接互联网的网卡是“Ethernet0”，如图 1-2-10 所示。

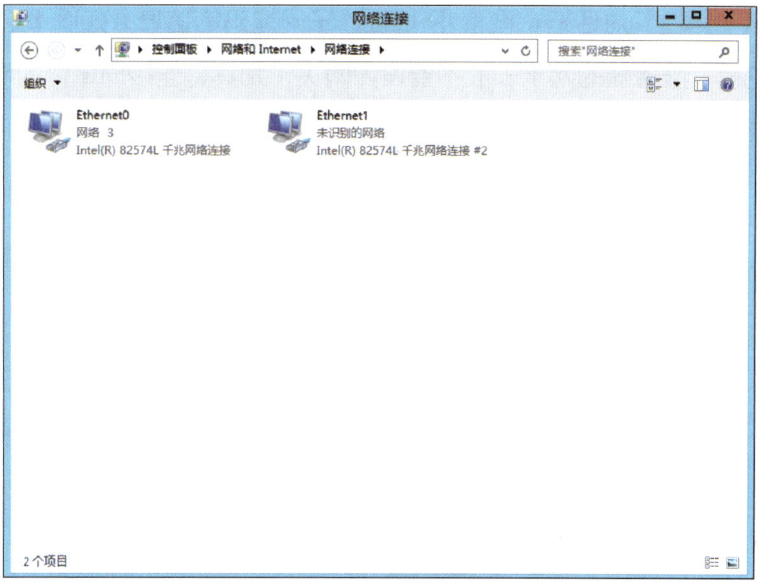

图 1-2-10　网络连接

2）右击“Ethernet0”图标，在弹出的菜单中选择“属性”，弹出如图 1-2-11 所示的“本地连接 属性”对话框。

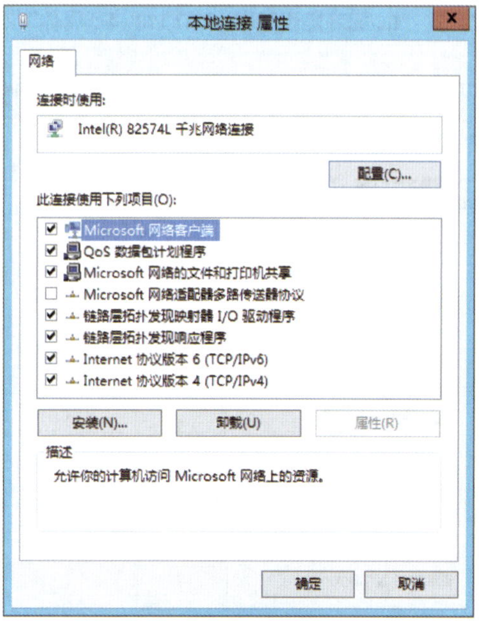

图 1-2-11　“本地连接 属性”对话框

3）在“此连接使用下列项目”列表框中选择“Internet 协议版本 4（TCP/IPv4）”，单击“属性”按钮，弹出如图 1-2-12 所示的“Internet 协议版本 4

（TCP/IPv4）属性”对话框，设置 IP 地址、子网掩码等信息，如图 1-2-13 所示。需要注意的是，服务器的网卡一般不要设置网关，尤其是连接局域网的网卡，否则很容易造成路由冲突。

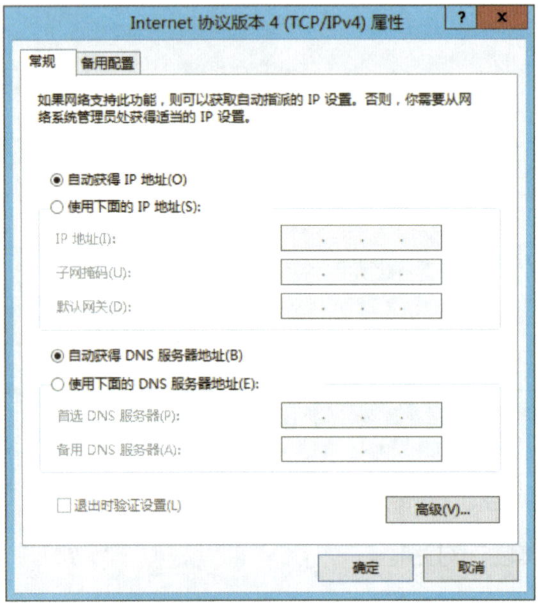

图 1-2-12 “Internet 协议版本 4（TCP/IPv4）属性”对话框

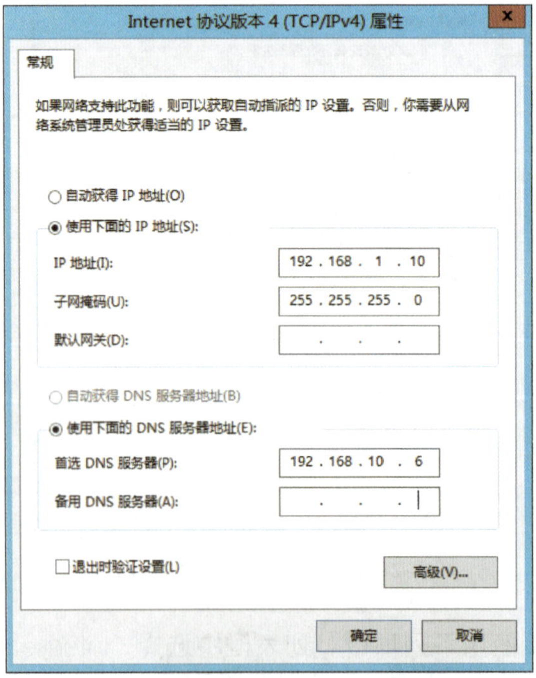

图 1-2-13 设置 IP 地址、子网掩码等信息

（2）采用相同的方法配置接局域网的网卡“Ethernet1”的 TCP/IPv4 属性，如图 1-2-14 所示。打开“管理员：Windows PowerShell”窗口（单击“开始”按钮，然后单击 Windows PowerShell 图标，即可打开其窗口），使用 ipconfig 命令查看两张网卡的配置信息，如图 1-2-15 所示。

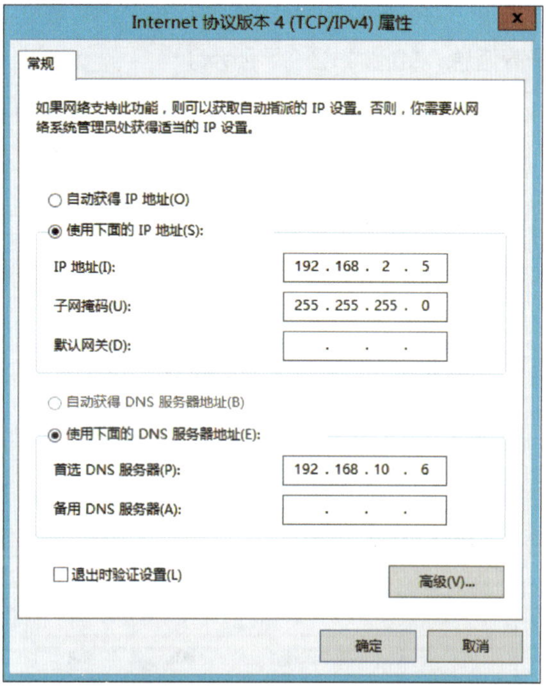

图 1-2-14　设置 TCP/IPv4 属性

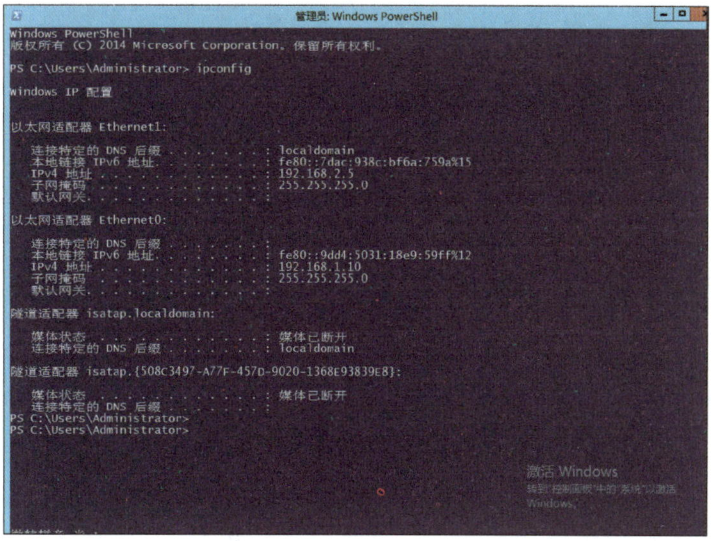

图 1-2-15　使用 ipconfig 命令查看两张网卡的配置信息

2. 客户端网络设置

客户端网络设置较为简单，只需要保证与代理服务器的局域网网卡处于同一网段即可。由于服务器端的局域网网卡的网络设置为 192.168.2.5 的网段，故在客户端上设置 Internet 协议版本 4（TCP/IPv4）属性，将 IP 地址设置为 192.168.2.2，步骤不再赘述，效果如图 1-2-16 所示。设置完成后运行 cmd，使用 ipconfig 命令查看客户机网卡的配置信息，如图 1-2-17 所示。

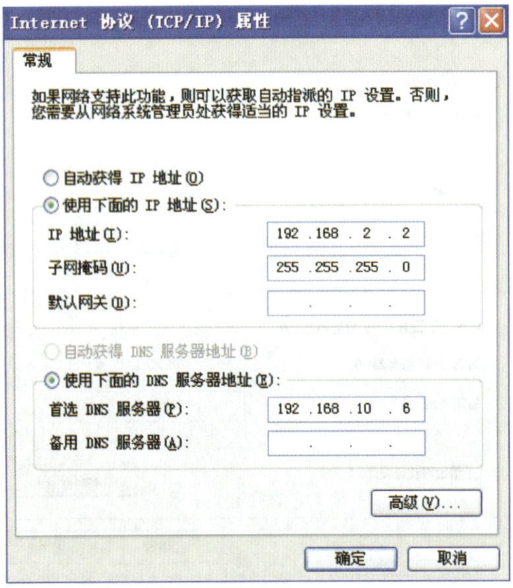

图 1-2-16　设置 TCP/IPv4 属性

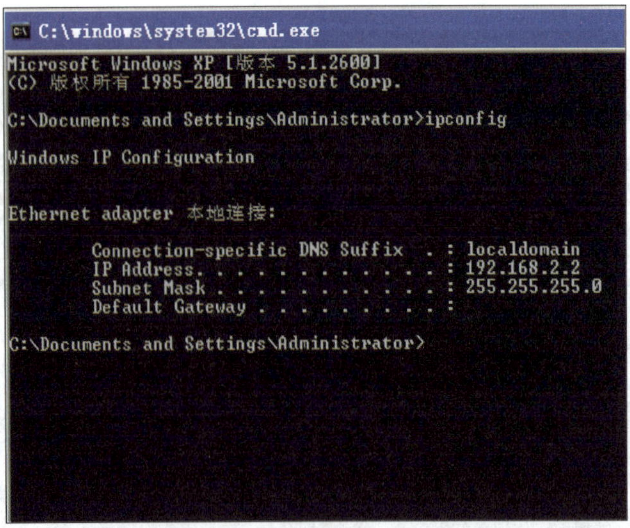

图 1-2-17　使用 ipconfig 命令查看客户机网卡的配置信息

三、客户端浏览器代理设置和网络连通性检测

1. 客户端浏览器代理设置

在 IE 菜单栏中依次单击“工具”→“Internet 选项”，弹出“Internet 选项”对话框，如图 1-2-18 所示。在“连接”选项卡中单击“局域网设置”按钮，弹出“局域网（LAN）设置”对话框，如图 1-2-19 所示。勾选“为 LAN 使用代理服务器”复选框，单击“高级”按钮，在弹出的“代理服务器设置”对话框中填写代理服务器的地址（这里即服务器局域网卡的地址）以及需要的端口号。注意，这里的端口需要

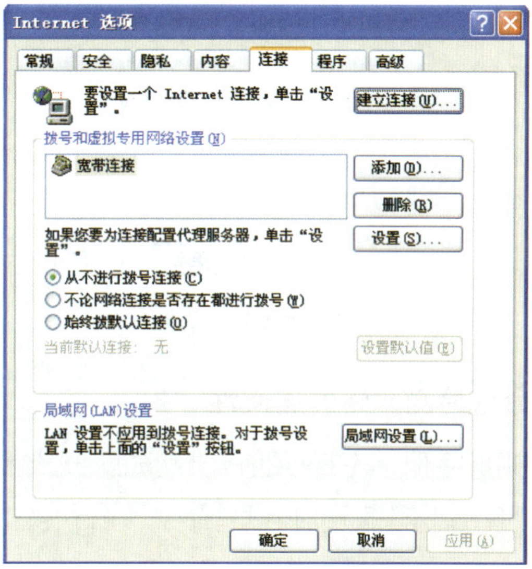

图 1-2-18 “Internet 选项”对话框

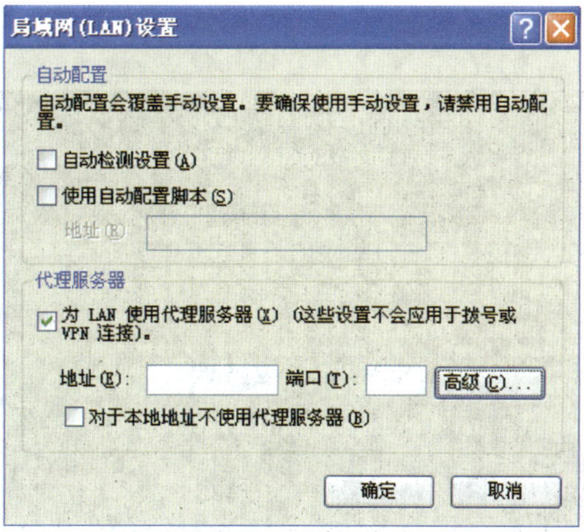

图 1-2-19 “局域网（LAN）设置”对话框

和 CCProxy 中的端口设置相同，这里使用 CCProxy 默认的 808 端口，修改 IE 的代理服务器端口设置，如图 1-2-20 所示。设置完成后单击“确定”按钮。

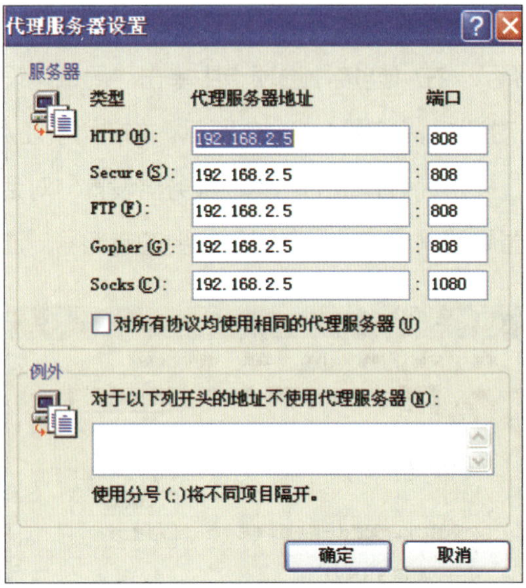

图 1-2-20 “代理服务器设置”对话框

2. 利用 ping 命令检测网络的连通性

根据 CCProxy 的用户手册，其在使用前需要测试服务器端和客户端的连通性。这里以客户端为例，在“命令提示符”窗口中执行命令“ping 192.168.2.5”（服务器局域网端的 IP），按照缺省设置，客户机 cmd 上运行的 ping 命令发送 4 个数据包，每个数据包的大小为 32 字节，如果一切正常，应能得到 4 个回送应答，如图 1-2-21 所示。

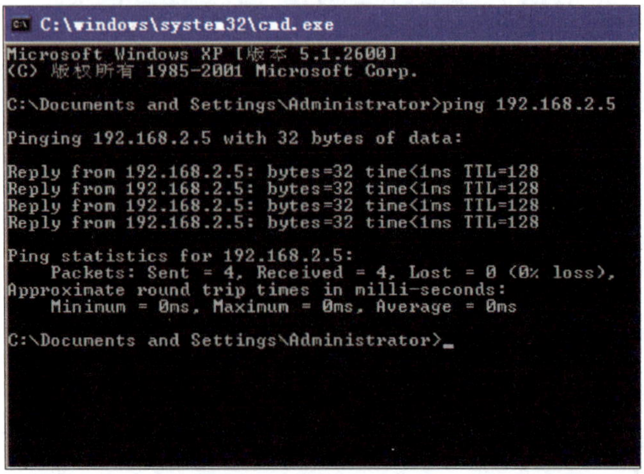

图 1-2-21 测试连通性

小贴士

CCProxy代理服务器软件使用的先决条件是服务器端可以正常连接Internet、客户端可以正常连接服务器的局域网端。无论是局域网还是互联网上的使用，都要确保服务器与客户端之间是可以互相连通的，这一点可以通过ping命令来验证。

四、CCProxy 设置与管理

1. CCProxy 端口及局域网等基础设置

单击主界面中的“设置”按钮（图1-2-22），弹出“设置”对话框，如图1-2-23所示。该对话框参数保持默认设置即可，也可根据自己的需要修改端口名。需要记住各个代理协议所使用的端口，以便在进行客户端设置时录入对应的端口。在“请选择本机局域网 IP 地址”中选择本机属于局域网网段的 IP，这里选择与网卡“Ethernet1”同段的 IP 地址 192.168.2.5。

2. CCProxy 账号设置

单击主界面中的“账号”按钮（图1-2-24），弹出“账号管理”窗口，如图1-2-25所示。用户可以在这里创建并管理账号以及对各个客户端进行上网监控，如进行“网站过滤”、设置各个账号的上网时间段（即“时间安排”）、进行流量统计以及一些其他功能。这里根据任务要求，需要设置对账号的上网行为管理。

图 1-2-22　单击主界面中的“设置”按钮

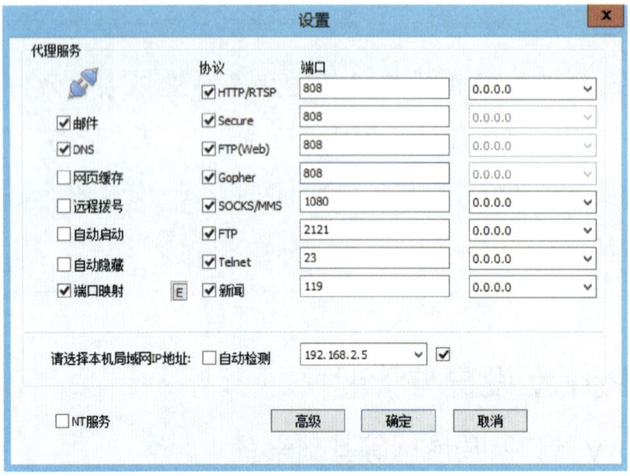

图 1-2-23 “设置”对话框

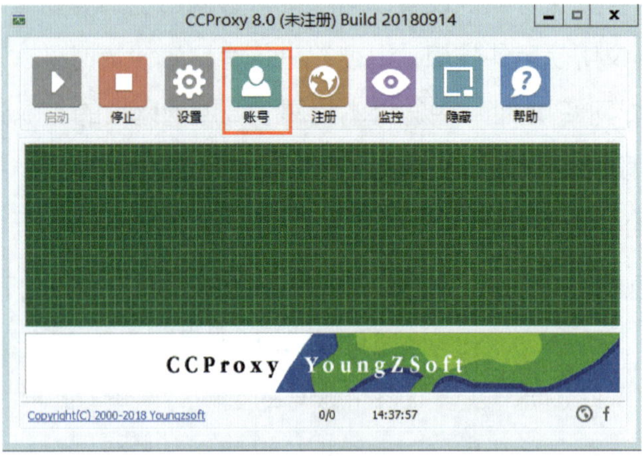

图 1-2-24 单击主界面中的“账号”按钮

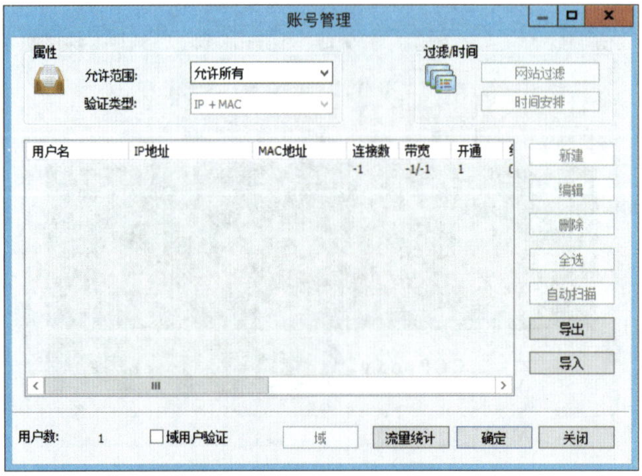

图 1-2-25 “账号管理”窗口

在图 1-2-25 中的“允许范围”部分有两个选择：“允许所有”和“允许部分”。如果选择“允许所有”，那么意味着不对客户端的访问进行限制，只要是能够与 CCProxy 服务器正常连通的客户端，就可以通过 CCProxy 进行代理上网，这种模式虽然非常简单、省事，但无法对账号进行有效的管理与控制，因此，建议采用“允许部分”模式。

在“允许部分”模式下，必须先建立账号，客户端才可以通过 CCProxy 服务器代理上网。建立账号之前，还必须先确认账号的“验证类型”，系统提供了“IP 地址”“MAC 地址”“用户 / 密码”“用户 / 密码 + IP 地址”“用户 / 密码 + MAC 地址”以及“IP + MAC”共 6 种验证方式，可以根据需要自行选择。关于这几种验证类型的说明如下：

IP 地址：仅通过 IP 地址进行验证，只要是在账号列表中的 IP 地址就可以使用代理。

MAC 地址：仅通过 MAC 地址进行验证，只要是在账号列表中的 MAC 地址就可以使用代理。

用户 / 密码：客户端需要输入用户名和密码才可以使用代理。

用户 / 密码 + IP 地址：将用户 / 密码信息与 IP 地址进行绑定，也就是说，一个账号只有在其绑定的 IP 地址才可以使用。

用户 / 密码 + MAC 地址：将用户 / 密码信息与 MAC 地址进行绑定，也就是说，一个账号只有在其绑定的 MAC 地址才可以使用。

IP + MAC：将 IP 地址与 MAC 地址进行绑定，也就是说，一个 IP 地址只有设置在绑定 MAC 地址的网卡上才可以使用代理。

通常从安全性角度出发，选择“IP+MAC”验证方式，这样可以通过 IP 和 MAC 地址共同验证用户账号。设置完成的窗口如图 1-2-26 所示。

新建账号方面，CCProxy 也提供了两种方式：单击“新建”按钮逐个新增；单击“自动扫描”按钮批量新增。通过“新建”按钮方式登记客户机比较烦琐，特别是有大量客户机存在时。可以单击右侧的“自动扫描”按钮，扫描出局域网内的所有客户机，然后设置相应的名称和规则。单击“自动扫描”按钮，设置结束 IP 地址，根据所在局域网最大 IP 地址设置，这里设置为 192.168.2.254，如图 1-2-27 所示。单击“开始”按钮，完成扫描。

图 1-2-26　账号管理设置

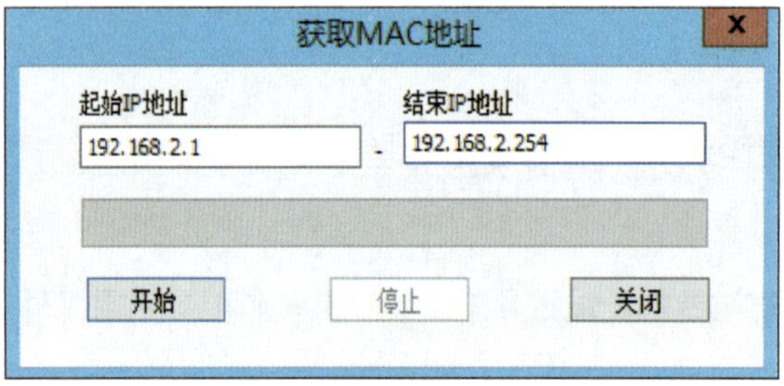

图 1-2-27　设置结束 IP 地址

无论是单击“新建”按钮手动增加账号，还是利用“自动扫描”功能批量增加，其结果都是一样的。在列表中选择或新建一个账号，单击“编辑”按钮，打开如图 1-2-28 所示的对话框，对话框显示为刚刚建立的账号的默认状态，在这里可以根据需要进行设置，下面对其进行详细介绍。

用户名 / 组名：CCProxy 支持用户组功能，因此，这里会有“组名”，这里的信息可以根据需要自行修改。

密码：如果“验证类型”选择的是“用户 / 密码”，则需要勾选“密码”前面的复选框，然后为账号录入密码。目前，该密码只能由 CCProxy 服务器的管理员设置或修改。

允许：必须勾选该项，当前账号才可以启用，否则账号为禁用状态。

IP 地址 /IP 段：如果“验证类型”选择的是“IP 地址”，则需要勾选该选项，然后在后面录入一个明确的 IP 地址或者 IP 段（用户组的情况下是 IP 段）。详细地址可以依次单击“？”/“获取”显示，如图 1-2-29 所示。

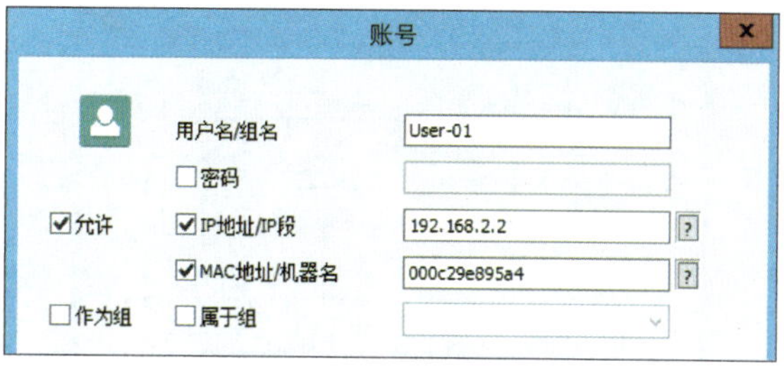

图 1-2-28　账号管理设置

图 1-2-29　获取地址

MAC 地址 / 机器名：这里显示的 MAC 地址 / 机器名是当前账号对应客户端的 MAC 地址 / 机器名，可以由系统自动获取。

作为组和属于组：如果是一个用户组，则勾选“作为组”复选框，这时账号信息的设置框将变为不可用状态；如果是一个账号，则勾选“属于组”复选框，这时界面下方的设置部分将变为不可用状态，可以从下拉列表中选择一个用户组，这样，该账号的设置将自动取选定用户组的设置。

3. CCProxy 上网规则设置

CCProxy 的账号管理提供了对账号的最大带宽和连接数分别进行限制的功能，其设置对话框如图 1-2-30 所示。

默认情况下，账号的最大连接数和带宽是不受限制的（参数值为 -1），若要对其进行限制，可以根据需要修改其参数值。需要注意的是，限制带宽时，所录入参数值的单位是“千字节 / 秒”。

4. CCProxy 网站过滤设置

要对账号进行网站过滤，必须首先创建网站过滤规则。在“账号管理”窗口的右上角单击“网站过滤”按钮，可以打开“网站过滤”对话框，如图 1-2-31 所示。在这里可以根据需要创建网站过滤规则，并为该规则命名。

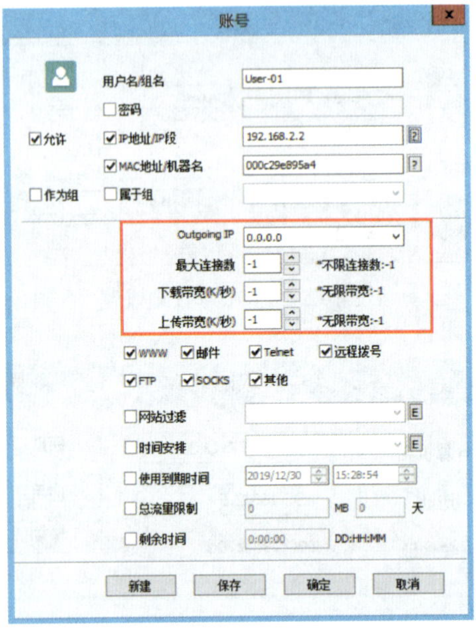

图 1-2-30　CCProxy 上网规则设置

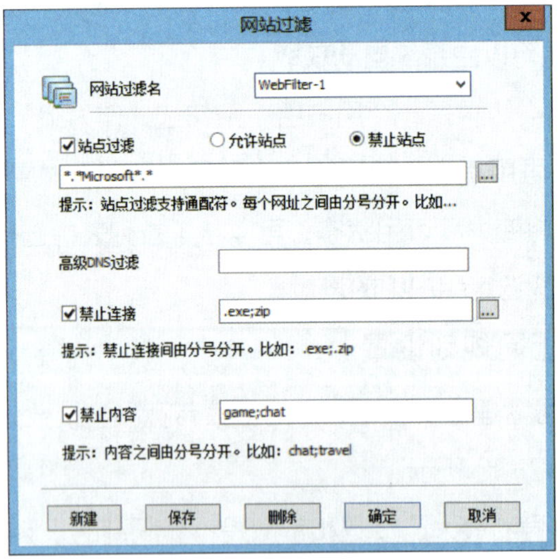

图 1-2-31　“网站过滤”对话框

CCProxy 提供了三种过滤方式：“站点过滤”“禁止连接”和“禁止内容”，具体介绍如下：

（1）站点过滤

有“允许站点”（仅允许列表中的站点，可以理解为白名单）和“禁止站点”（仅禁止列表中的站点，可以理解为黑名单）两种模式。可以在配置中录入具体的网址，如 http：//www.163.com，也可以录入带有通配符的字符串，如 *.microsoft.* 或者

*.*Microsoft*.*，通常采用后者。

小贴士

1. 如果选择的是“允许站点”模式，则有可能会使网站的显示出现问题，因为有些网站上的内容可能来自其他网站，而这些内容的来源网站却不在允许范围之内。

2. 若网站列表很多，则可以事先建立一个文本文件来存储，然后单击后面的“…”按钮添加该文本文件。

（2）禁止连接

禁止连接通常被用来限制客户端下载文件，例如，可以按图设置，以限制 exe、zip、rar 以及 msi 文件的下载。

（3）禁止内容

该功能对网页中的内容起禁止作用，如按图 1-2-31 所示进行设置后，若某个网页上有 game 或 chat 字符，则该网页会被禁止。

规则设置完毕后，在每个账户的“账号”对话框中勾选“网站过滤”复选框，选择对应的规则即可生效，如图 1-2-32 所示。

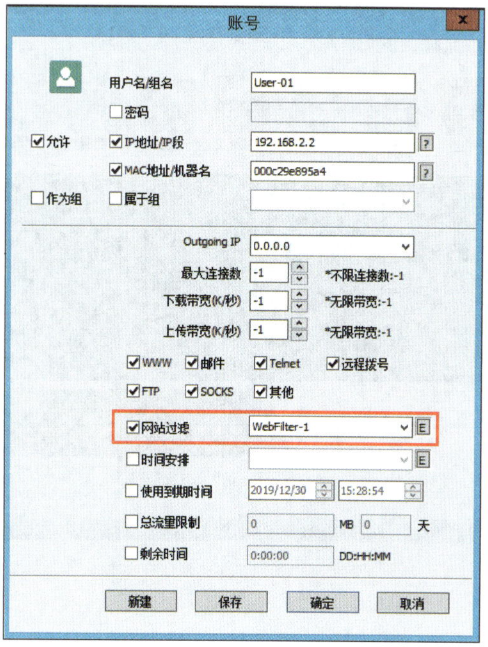

图 1-2-32　勾选“网站过滤”复选框并选择对应的规则

五、客户端上网测试及后台监控

在客户端使用浏览器进行上网测试，如打开百度的首页，若可以正常显示（图1-2-33），且在后台服务器上可以通过 CCProxy 软件实时监测到数据流量（图1-2-34），则说明客户机可以正常地通过代理服务器连接到互联网。

图 1-2-33　正常浏览网页

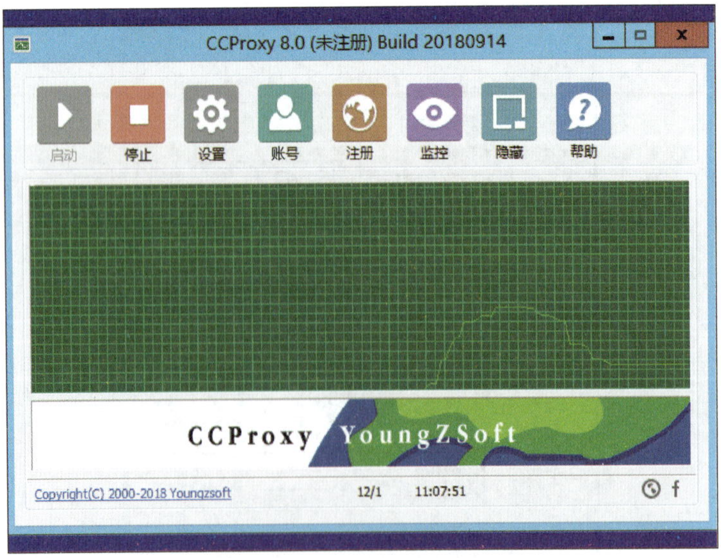

图 1-2-34　后台流量监测

工作评价

根据任务完成情况，进行学习任务综合评价，见表1-2-4。

表1-2-4　学习任务综合评价表

考核项目	评价内容	配分（分）	评价分数		
			自我评价	小组评价	教师评价
职业素养	安全和责任意识强，遵守健康及安全标准	10			
	团队合作意识强，能与同学分享知识及专业资料	10			
	现场管理符合8S标准，做好定期整理工作	10			
专业能力	能复述网络代理服务器的主要功能	10			
	能根据工作环境要求选择合适的代理服务器软件	10			
	能复述CCProxy安装所需的硬件条件	10			
	能复述CCProxy的常用配置	10			
工作成果	能安装CCProxy软件	10			
	能按要求配置服务器和客户端网络	10			
	能正确进行代理上网测试和监控	10			
总分		100			
综合评分	综合评分 = 自我评价 ×20%+ 小组评价 ×30%+ 教师评价 ×50%	教师（签名）:			

思考与练习

一、选择题

1. 常用的网络代理服务器软件有Microsoft Proxy、(　　)、CCProxy、Squid等。

A. WinGate　　B. Windows Server　　C. NAT　　D. Proxy

2. 在 Linux 环境下，通常使用的网络代理服务器软件是（　　）。

A. WinGate　　B. Microsoft Proxy　　C. CCProxy　　D. Squid

3. 试用版 CCProxy 可以支持（　　）个客户端的连接。

A. 1　　B. 2　　C. 3　　D. 无限

二、判断题

1. CCProxy 安装的内存最低配置要求是 512 MB。（　　）

2. 服务器端只需要设置局域网卡即可提供上网代理服务。（　　）

3. CCProxy 可以提供多用户网络控制管理。（　　）

三、简答题

1. 什么是代理服务器？代理服务器软件有哪些？

2. 如何获取 CCProxy 安装文件？

3. CCProxy 共有几个发行版本？每个发行版本之间有什么区别？

4. 如何配置 CCProxy 的代理端口？

5. 如何启用或关闭 CCProxy 的网络代理服务？

项目二
网络中心机房服务器系统的创建与管理

域控制器（Domain Controller，DC）是指在“域”模式下，由一台服务器负责每一台连入网络的计算机和用户的验证工作。域控制器可以实现计算机的统一调配和集中管理，在域控制器服务器中通过域用户、组和组织单位管理域中的资源，同时利用组策略技术配置域中的计算机系统设置。

任务 1 磁盘的创建与管理

学习目标

1. 了解磁盘类型、文件系统、硬盘类型与接口、RAID、磁盘分区格式、磁盘配额、管理卷的工具等基本知识。
2. 了解磁盘存储器与主机的连接方式。
3. 能创建与管理基本磁盘。
4. 能创建与管理动态磁盘。
5. 能配置磁盘配额。

任务描述

某公司为 FTP 文件服务器扩充磁盘空间，现要求增加 3 块容量为 1TB 的 SCSI 硬盘，为了方便安全使用，需要创建简单卷存放公司的公共资料，建立 RAID-5 卷存放各部门的重要会议资料，同时要限制各部门存储资料使用的磁盘空间大小，合理分配容量（部门经理限制为 1 GB，普通员工限制为 500 MB）。下面使用 Windows Server 2012 服务器操作系统配置完成此任务，具体要求如下：

1. 安装 3 块 SCSI 硬盘并初始化。
2. 将 3 块基本磁盘转换为动态磁盘。
3. 在磁盘 1 上创建简单卷。
4. 在磁盘 1、磁盘 2 上创建跨区卷、带区卷、镜像卷。
5. 在磁盘 1、磁盘 2、磁盘 3 上创建 RAID-5 卷。
6. 在简单卷上配置磁盘配额。

相关知识

一、磁盘概述

磁盘是计算机主要的存储介质，可以存储大量数据，并且断电后也能保持数据不丢失。

1. 磁盘类型

磁盘分为两类，一类是硬盘，另一类是软盘。硬盘的容量较大，存取速度较快，放置在机箱内，如图 2-1-1 所示；软盘的容量相对较小，存取速度较慢，一般放在机箱外，如图 2-1-2 所示。

图 2-1-1　硬盘

图 2-1-2　软盘

2. 文件系统

（1）文件系统的定义

文件系统是操作系统用于明确存储设备文件的一种方法，是一种可对文件存储设备的空间进行组织和分配、负责文件存储并对存入的文件进行保护和检索的系统。

（2）文件系统的分类

Windows 操作系统常见的文件系统有 FAT16、FAT32 和 NTFS 3 种，这 3 种文件系统的区别主要体现在操作系统的兼容性、使用效率、文件系统的安全性和所支持的硬盘容量几个方面，见表 2-1-1。除此之外，Windows Server 2012 还支持 ReFS。

表 2-1-1　FAT16、FAT32 和 NTFS 的区别

FAT16 文件格式	FAT32 文件格式	NTFS 文件格式
单个分区小于 2 GB	支持单个分区大于 2 GB	支持单个分区大于 2 GB
不支持磁盘配额	不支持磁盘配额	支持磁盘配额
不支持文件压缩（系统）	不支持文件压缩（系统）	支持文件压缩（系统）
不支持加密文件系统	不支持加密文件系统	支持加密文件系统
产生的磁盘碎片较多	产生的磁盘碎片适中	产生的磁盘碎片较少
适合于小于 2 GB 的磁盘分区	适合于中小磁盘分区	适合于大磁盘分区
不支持 Windows 2000，支持 Windows NT、Windows 9X	支持 Windows 9X，不支持 Windows NT 4.0	支持 Windows NT

1）FAT16。FAT16 支持的最大分区容量是 2 GB。使用的簇越小，信息存储率越高。在 FAT16 文件系统下，分区容量越大，簇也越大，信息存储率越低。目前，因计算机软硬件配置不断升级，FAT16 文件系统已不再使用。

2）FAT32。从 FAT 和 FAT16 发展而来，其优点是稳定性和兼容性好，缺点是安全性差，且默认情况下最大只能支持 32 GB 的分区，单个文件也只能支持最大 4 GB。目前，FAT32 已逐渐被 NTFS 分区格式所取代。

3）NTFS。NTFS 是 Windows NT 内核的系列操作系统支持的、一个特别为网络和磁盘配额、文件加密等管理安全特性设计的磁盘格式，提供长文件名、数据保护和恢复，能通过目录和文件许可实现安全性，并支持跨越分区，最大支持高达 2 TB 的硬盘，是目前应用最广泛的一种文件系统格式。

4）ReFS。ReFS 提供比较高的安全性、更大的磁盘容量与较好的性能。

（3）NTFS 与 FAT32 的特点及应用场合

1）应用范围。NTFS 多用于台式计算机、笔记本及平板电脑、移动硬盘等大中型空间容量的磁盘，而 FAT32 多用于 U 盘。

2）最大分区容量限制。根据系统不同，FAT32 的最大分区容量为 32 GB，NTFS 的最大分区容量为 2 TB。

3）单个文件容量限制。FAT32 在实际运行中单个文件不超过 4 GB，NTFS 可实现单个文件超过 4 GB。

4）安全性。NTFS 具有较高的安全性，可进行文件夹加密、用户权限管理等。

5）磁盘配额。NTFS 支持磁盘配额，FAT32 不支持磁盘配额。

小贴士

Windows 操作系统的文件系统的发展历程是从 FAT16 到 FAT32，再到 NTFS，现在的计算机基本上都是使用 NTFS 格式，而单个的 U 盘多数是使用 FAT 格式。

3. 硬盘类型与接口

（1）硬盘类型

根据工作原理，可将硬盘分为机械硬盘（HDD）、固态硬盘（SSD）和固态混合硬盘（SSHD）三种类型。

1）机械硬盘。机械硬盘是由一个或多个铝制或玻璃制成的磁性碟片，其主要由磁头、转轴、控制电机、磁头控制器、数据转换器、接口和缓存等部分组成，如图 2-1-3 所示。

2）固态硬盘。固态硬盘是用固态电子存储芯片阵列制成的硬盘，其读取数据的速度很快，如图 2-1-4 所示。

图 2-1-3　机械硬盘

图 2-1-4　固态硬盘

3）固态混合硬盘。固态混合硬盘是把磁性硬盘和闪存集成到一起的一种硬盘，不仅能提高硬盘的性能，还能减少硬盘的读写次数，降低硬盘的耗电量。因为一般固态混合硬盘仅内置 8 GB 的 MLC（Multi-Level Cell，多层单元）闪存，所以成本不会大幅度提高。固态混合硬盘采用传统磁性硬盘的设计，解决了固态硬盘容量小的问题，通常使用的闪存是 NAND 闪存。

（2）硬盘接口

硬盘接口是硬盘与主机系统之间的连接部件，其作用是在硬盘缓存和主机内存之间传输数据。不同的硬盘接口决定了硬盘与计算机之间的连接速度。在整个系统中，硬盘接口的优劣直接影响程序运行的快慢和系统性能的好坏。硬盘接口可分为 IDE 接口、SATA 接口、SCSI 接口、SAS 接口和光纤通道接口五种。

1）IDE 接口。IDE 接口将控制器与盘体集成在一起，减少了硬盘接口的电缆数量和长度，增加了数据传输的可靠性，价格低廉、兼容性强，但数据传输速度慢，线缆长度过短，连接设备较少，如图 2-1-5 所示。

2）SATA 接口。SATA 接口采用串行方式传输数据，结构简单，支持热插拔；SATA 总线使用了嵌入式时钟频率信号，具备较强的纠错能力。现在多数家用或普通办公使用的硬盘接口基本上都是 SATA 接口，如图 2-1-6 所示。

图 2-1-5　IDE 接口

图 2-1-6　SATA 接口

3）SCSI 接口。SCSI 接口具有应用范围广、任务多、带宽大、CPU 占用率低以及热插拔等优点，但价格较高，主要应用于中、高端服务器和高档工作站中，如图 2-1-7 所示。

4）SAS 接口。串行 SCSI（SAS）接口是点到点的结构，结合了 SATA 与 SCSI 两者的优点，除了提高了基本性能之外，这种接口还将每个设备都连接到指定的数据通路上，提高了带宽，使数据传输与存取具备了必要的保障。

5）光纤通道接口。光纤通道接口是光纤对接的一种接口标准形式，其具有热插拔、高速带宽、远程连接、连接设备数量大等特点，是为多硬盘系统环境（如服务器等）而设计的，能满足高端工作站、服务器、海量存储子网络、串行数据通信等系统对高数据传输率的要求。

4. RAID 概述

RAID（Redundant Arrays of Independent Disks）统称为磁盘阵列，又称为独立磁盘冗余阵列，可以理解为一种使用磁盘驱动器的方法。RAID 一般在 SCSI 磁盘驱动器上使用。

RAID 是多个硬盘通过 RAID 芯片组成的硬盘组，如果脱离了这个组，单个硬盘就不能称为 RAID。图 2-1-8 所示为一个简单的磁盘阵列。

图 2-1-7　SCSI 硬盘

图 2-1-8　简单的磁盘阵列

二、管理卷

1. 基本磁盘概述

Windows 操作系统将磁盘分为基本磁盘和动态磁盘。

基本磁盘是传统的磁盘系统，Windows 系列的操作系统都支持基本磁盘。在数据能够被保存到基本磁盘之前，该磁盘必须被划分成一个或多个磁盘分区，才可以向磁盘中存放数据。

基本磁盘的磁盘分区分为主分区、扩展分区和逻辑分区。

主分区的作用是用来引导操作系统，通常情况下，操作系统都会安装在主分区。

扩展分区用于存储永久和临时文件数据，不用于启动系统，扩展分区必须格式化后才能使用。

逻辑分区是在扩展分区内部再划分出来的分区。每个逻辑分区可以给一个盘符号，如图 2-1-9 所示。

2. 磁盘分区格式

磁盘分为 MBR 磁盘与 GPT 磁盘两种磁盘分区格式，可以利用图形界面的磁盘管理工具或 diskpart 命令把两种格式相互转换。

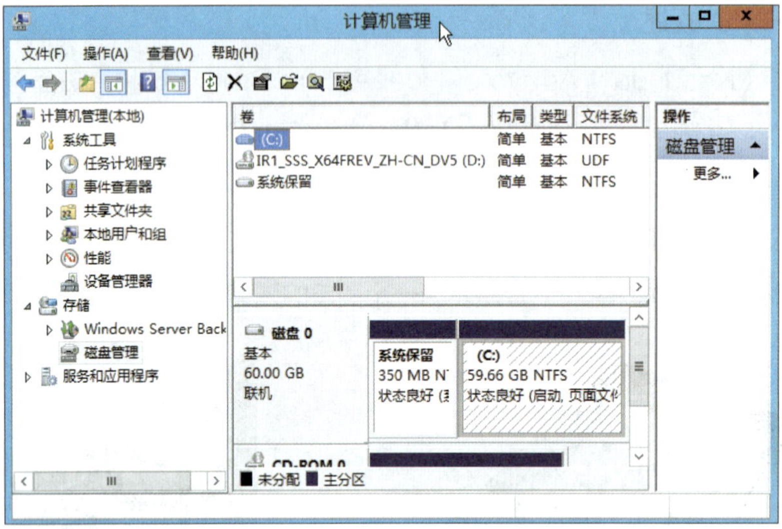

图 2-1-9　基本磁盘的组成

(1) MBR 磁盘

MBR，即“主启动记录”，是一种旧格式，使用了 MBR 后，计算机在启动时，BIOS（Basic Input Output System，基本输入/输出系统）会先读取 MBR，结合 BIOS 里的程序代码，来启动 Windows 系统。若 MBR 里的信息损坏，则不能正常启动 Windows 系统，这时需要修复才能启动系统。MBR 磁盘可支持的最大容量为 2 TB。MBR 磁盘最多可再分为 4 个主分区，每个主分区都可以被赋予一个驱动器号，如 C、D、E 等。在扩展分区内可以创建多个逻辑驱动器。基本磁盘内的每个主分区或逻辑驱动器又被称为基本卷。图 2-1-10 所示为使用 MBR 磁盘分区格式。

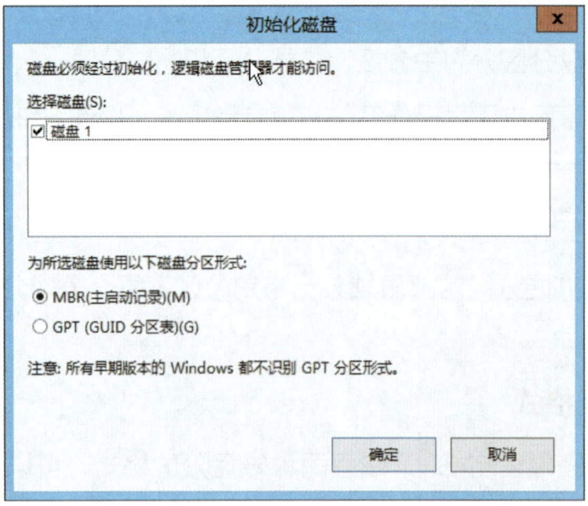

图 2-1-10　使用 MBR 磁盘分区格式

（2）GPT 磁盘

GPT 是新格式，其磁盘分区表保存在 GPT 内，它位于磁盘的前端，具有主要磁盘分区表和备份磁盘分区表，可以提供排错功能。使用新型 UEFI（Unified Extensible Firm ware Interface，统一可扩展固件接口）BIOS 的计算机，其 BIOS 会先读取 GPT，并将控制权交给 GPT 内的程序代码，然后由此程序代码来继续后续的启动工作。GPT 磁盘的最大容量可超过 2 TB，Windows 操作系统中的一个 GPT 磁盘最多可以创建 128 个主分区，而每个主分区都可以被赋予一个驱动器号（但是最多只有 A ~ Z 26 个代号可用）。一般 GPT 不做扩展分区，对于单个大于 2 TB 的磁盘分区应使用 GPT，如图 2-1-11 所示。

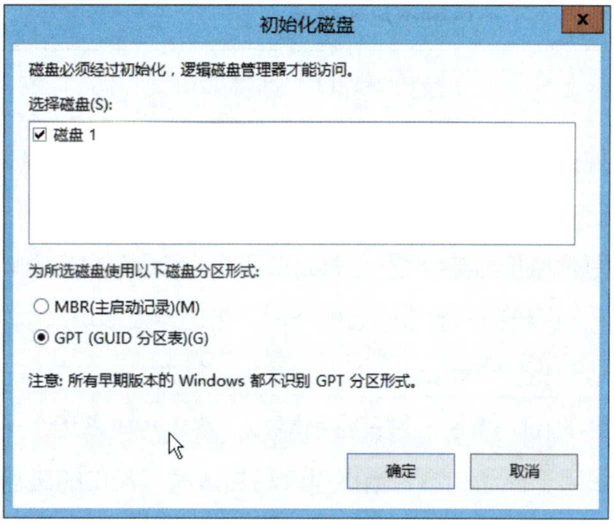

图 2-1-11　使用 GPT 磁盘分区格式

3. 动态磁盘概述

在 Windows 操作系统中，本地基本磁盘可以转化为动态磁盘。基本磁盘只允许将同一磁盘上的连续空间划分为一个个分区。在 Windows Server 2012 中，动态磁盘没有分区的磁盘概念，统称为“卷”。同一个分区只能存在一个磁盘，但是同一个卷却可以横跨最多 32 个磁盘，且卷具有较强的容错能力。

根据功能划分，动态磁盘分为简单卷、跨区卷、带区卷、镜像卷和 RAID-5 卷，如图 2-1-12 所示。

简单卷是单独的一个动态磁盘卷，与分区类似，它不受空间和数量的限制。当服务器中的简单卷空间不够用时，可扩展卷容量，不影响用户数据。

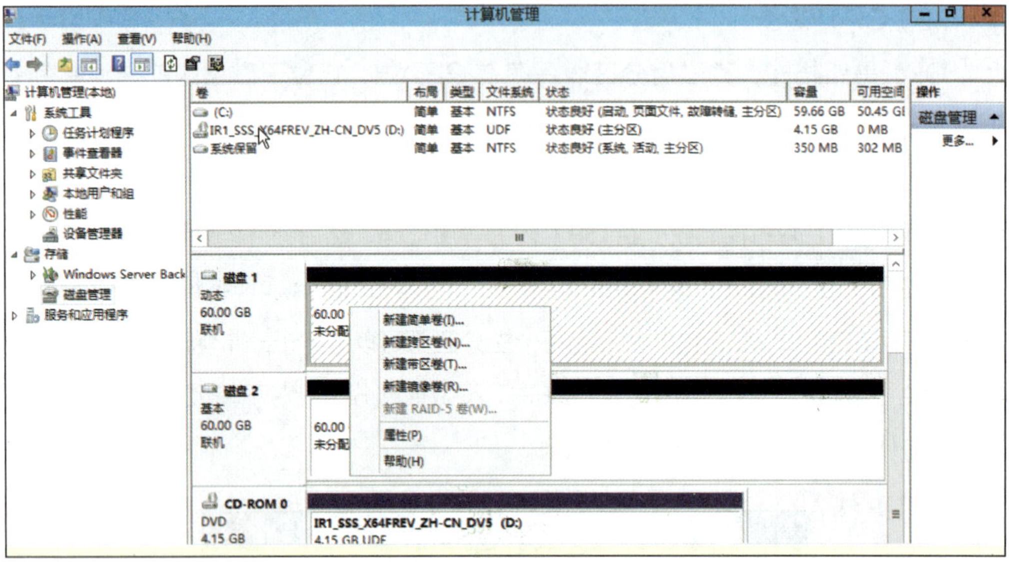

图 2-1-12　卷的类型

跨区卷是一种由多个物理磁盘空间组成的动态卷，最多可以扩展到 32 个动态磁盘，具有容错能力。

带区卷又称为 RAID-0 卷，是一种以带区形式在两个或多个物理磁盘上存储数据的动态卷。创建带区卷的磁盘空间必须相同，带区卷最多可以创建在 32 个动态磁盘上。带区卷能提高磁盘效率和性能，但不提供容错性。

镜像卷又称为 RAID-1 卷，具有容错能力，需要两块磁盘，一块用于存储运作中的数据，另一块用于存储副本，当磁盘读写失败时，备份的磁盘可启用，从而避免了数据的丢失。镜像卷提供了容错性，但它不提供性能的优化。

RAID-5 卷是含有奇偶校验值的带区卷，Windows Server 2012 为磁盘卷添加一个奇偶校验值，这样在确保带区卷优越性能的同时，还提供了容错性。RAID-5 卷至少包含 3 块磁盘，最多 32 块，阵列中任意一块磁盘读写失败时，都可以由另外两块磁盘中的信息做运算，并将读写失败的磁盘中的数据进行恢复。

4. 管理卷的工具

Windows Server 2012 服务器管理卷的工具有 Diskpart 软件、PE 系统（大白菜 PE、老毛桃 PE 和 U 启动等）。

5. 磁盘配额

磁盘配额是指计算机中指定磁盘的存储限制，通过磁盘配额功能来限制用户在 NTFS 磁盘内的存储空间，也可以通过磁盘配额追踪每个用户 NTFS 磁盘空间的使用情况。通过限制磁盘配额，可以避免用户不小心将大量文件复制到服务器的硬盘内。磁盘配额的主要特性有：

（1）只有 NTFS 卷才支持磁盘配额。ReFS、FAT16、FAT32 格式的磁盘都不支持磁盘配额。

（2）磁盘配额只应用于卷，且不受卷的文件夹结构及物理磁盘上的布局影响。

（3）磁盘配额监视用户的卷使用情况，依据文件所有者来计算其使用空间，并且不受卷中用户文件的文件夹位置限制。

（4）系统管理员不会受到磁盘配额的限制。

三、磁盘存储器与主机的连接方式

磁盘存储器是一种存储介质，使用磁记录技术在涂有磁记录介质的圆盘上对数据进行读取和写入。磁盘存储器具有永久存储数据、传输数据较快等优点。

无论是个人使用的计算机，还是公司 / 企业的服务器，其操作系统都存放在磁盘存储器上，系统软件和应用软件也是如此，可见磁盘存储器是非常重要的。根据技术参数，磁盘存储器可分为 DAS、NAS 和 SAN 三种连接方式。

1. DAS

DAS，即开放系统的直连式存储，通常采用 SCSI 连接。随着服务器 CPU 的处理能力越来越强，存储硬盘空间越来越大，阵列的硬盘数量越来越多，SCSI 通道将会成为 IO 瓶颈；服务器主机 SCSI ID 资源有限，能够建立的 SCSI 通道连接也就有限。但 DAS 仍然可用于以下环境：

（1）比较难集中管理的服务器，如地理位置分散的服务器。

（2）存储必须被直接连接到应用服务器上。

2. NAS

NAS，即网络附属存储，简单来说就是连接在网络上，具备资料存储功能的装置，因此也称为“网络存储器”。它是一种专用数据存储服务器。它以数据为中心，将存储设备与服务器彻底分离，集中管理数据，从而释放带宽、提高性能、降低总成本和保护投资。其成本远低于使用服务器存储，而效率却远高于后者。NAS 广泛用于企业网络中。

NAS 具有适用于高带宽、响应快、降低企业的网络成本、支持多平台操作系统等特点。

3. SAN

SAN 是通过光纤把网络设备连接在一起，以磁盘阵列存储方式把设备和服务器连接使用的高速专用子网。

SAN 专用于数据存储的区域网络，是一种专门为存储建立的独立于 TCP/IP 网络协议之外的专用网络。目前，一般的 SAN 提供 2 ~ 4 GB/s 的传输速率，存取速度很快。SAN 采用高端的磁盘阵列，在企业方案中通常有较大的优势。与前两种连接方式相比，SAN 对 RAID 有更好的支持，对数据存储和恢复有较好的保障。

任务实施

一、创建与管理基本磁盘

1. 新建卷

（1）右击“我的电脑”，在弹出的菜单中选择“管理”，弹出“计算机管理”窗口，如图 2-1-13 所示。单击“磁盘管理”，进入如图 2-1-14 所示的界面。

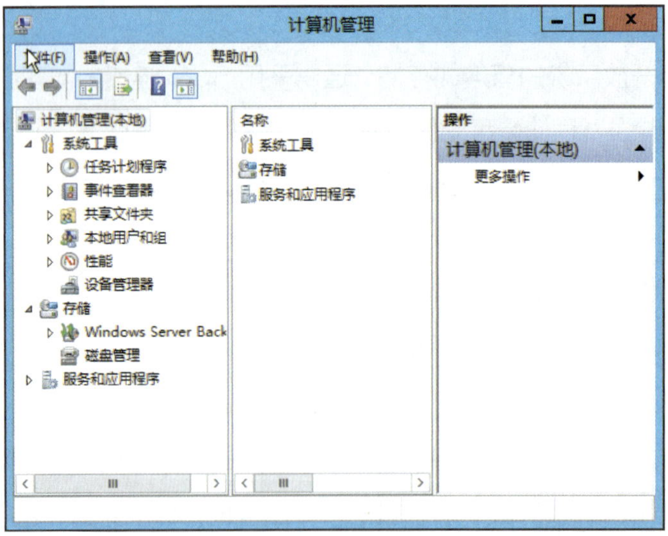

图 2-1-13 “计算机管理”窗口

（2）在“磁盘管理”中右击未分配的空间（此处为“磁盘 1”），如图 2-1-15 所示，在弹出的菜单中选择“新建简单卷”，弹出“新建简单卷向导”对话框，如图 2-1-16 所示。

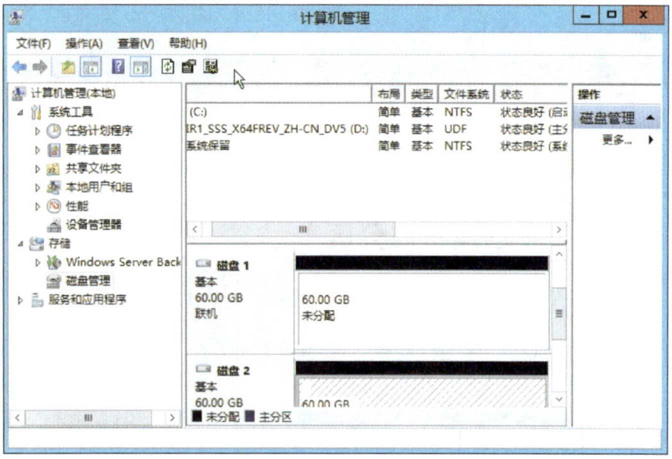

图 2-1-14 “磁盘管理”界面

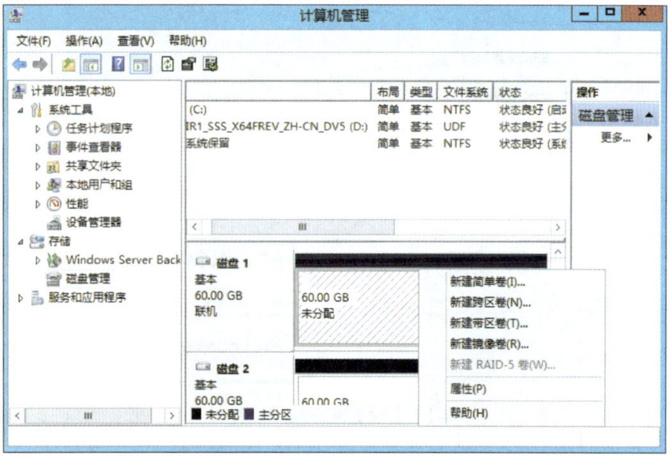

图 2-1-15 右击未分配的空间

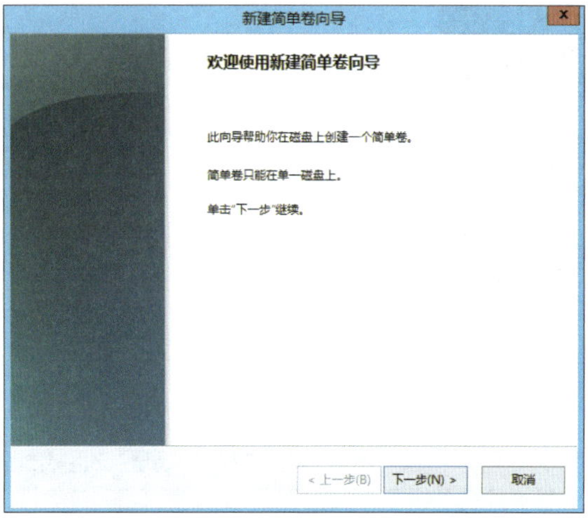

图 2-1-16 “新建简单卷向导”对话框

（3）单击“下一步”按钮，进入如图 2-1-17 所示的界面，设置在磁盘中分配给该卷的空间。单击“下一步”按钮，进入“正在完成新建简单卷向导”界面，单击“完成”按钮，完成向导，如图 2-1-18 所示。当前已创建一个主分区，如图 2-1-19 所示。

2. 管理基本磁盘（创建扩展分区）

可以在基本磁盘中尚未使用（未分配）的空间内创建扩展分区。一个基本磁盘内仅可以创建一个扩展分区，但是在这个扩展分区可以创建多个逻辑驱动器。

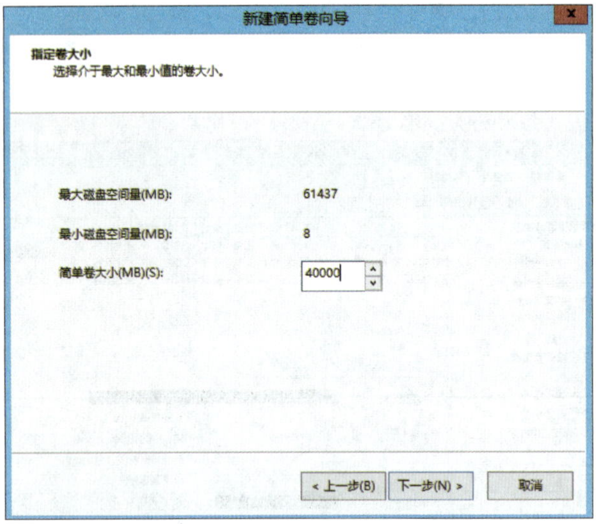

图 2-1-17　设置分配给该卷的空间

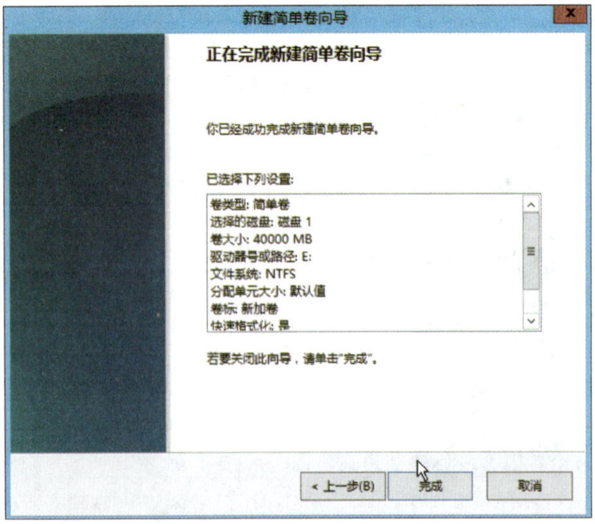

图 2-1-18　完成向导

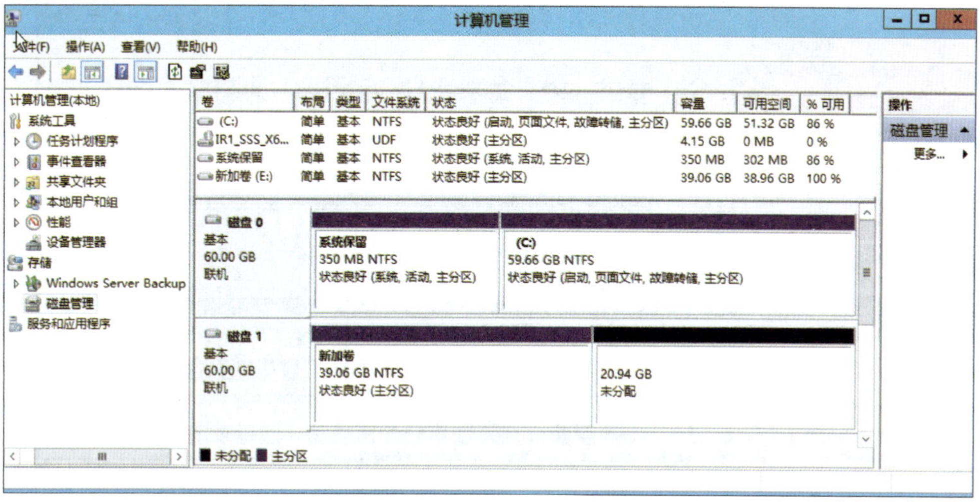

图 2-1-19 创建一个主分区

可在图 2-1-19 所示 20.94 GB 未分配空间内创建一个 5 GB 的简单卷，以此类推，连续在未分配空间创建 3 个主分区后，新建第 4 个简单卷时，它会自动被设置为扩展分区，如图 2-1-20 所示。在图 2-1-20 所示 10.94 GB 未分配空间创建一个 5 GB 的简单卷时，它会赋予一个逻辑驱动器号，剩余空间可以再创建多个简单卷。

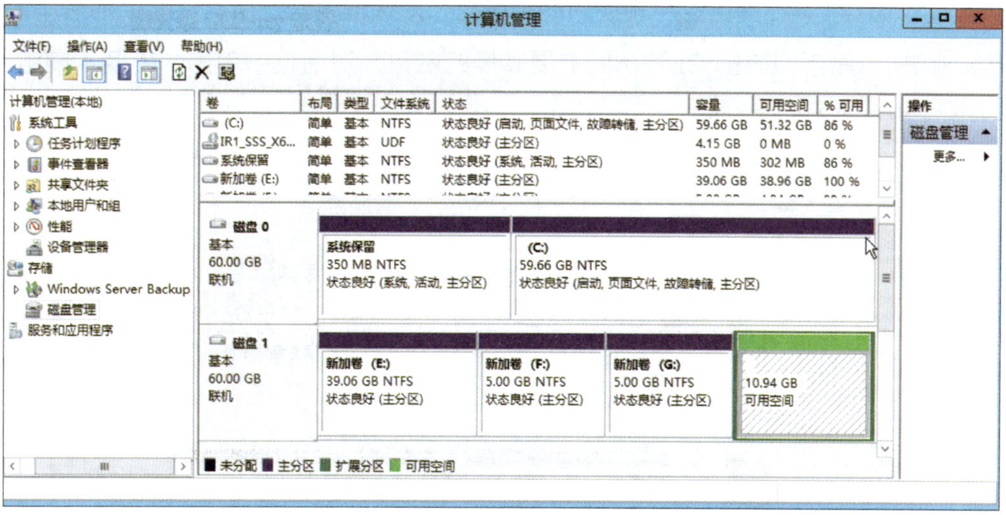

图 2-1-20 创建扩展分区

创建扩展分区的步骤与创建主分区的步骤一样，此处不再赘述。图 2-1-21 所示为创建完成的界面。

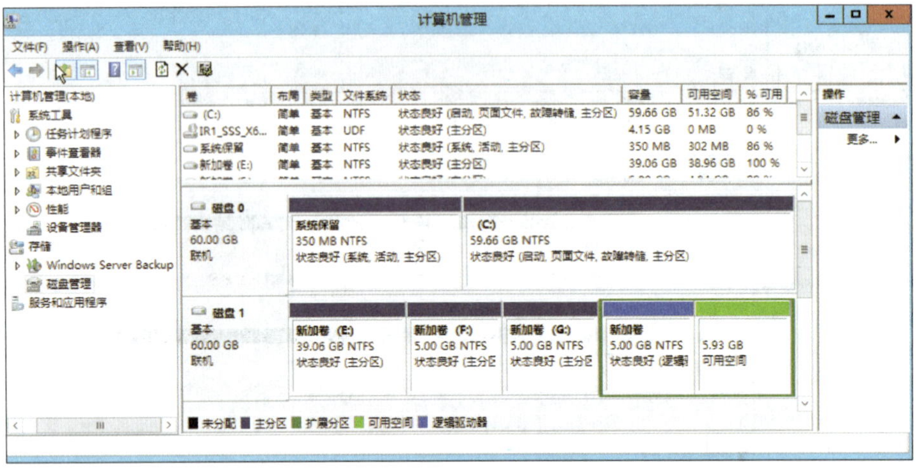

图 2-1-21 创建完成的界面

二、创建与管理动态磁盘

1. 创建动态磁盘

（1）右击“我的电脑”，在弹出的菜单中选择“管理”，弹出“计算机管理”窗口，单击“磁盘管理”，进入如图 2-1-21 所示的界面。

（2）在图 2-1-21 中选中任何一个基本磁盘，右击，在弹出的菜单中选择“转换到动态磁盘”，在弹出的“转换为动态磁盘”对话框中勾选所有要转换的基本磁盘，单击“确定”按钮，在弹出的“要转换的磁盘”对话框中单击“转换”按钮，升级结果如图 2-1-22 所示。

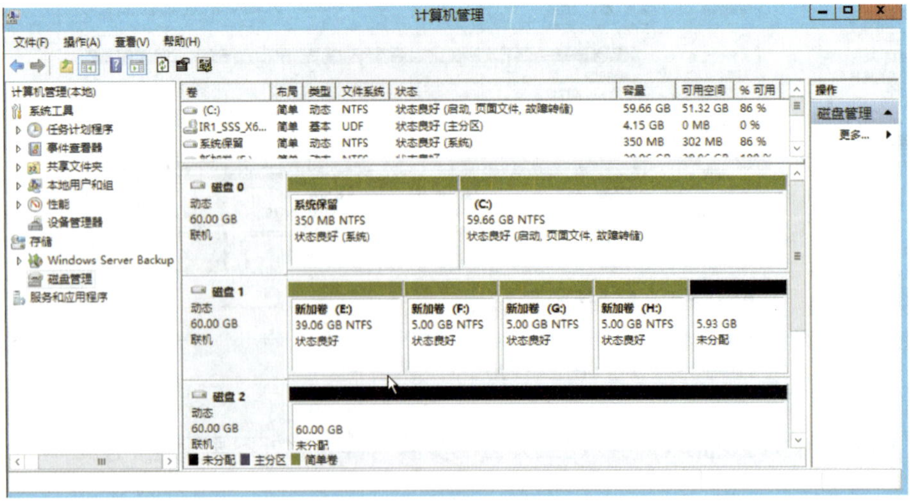

图 2-1-22 升级为动态磁盘

2. 管理动态磁盘

（1）新建简单卷

1）选中一块未分配的空间（如磁盘 1）并右击，在弹出的菜单中选择“新建简单卷”，如图 2-1-23 所示。

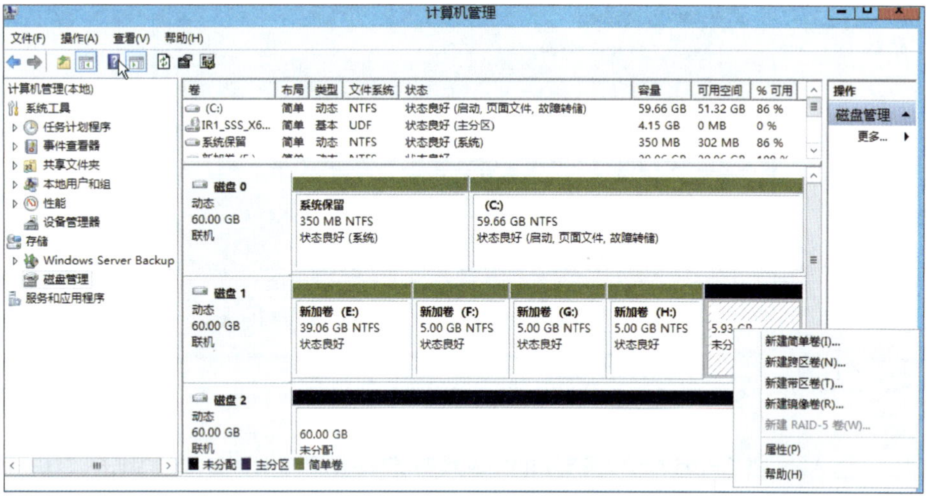

图 2-1-23　新建简单卷

2）进入“欢迎使用新建简单卷向导”界面，单击“下一步”按钮，设置此简单卷的大小后单击“下一步”按钮，如图 2-1-24 所示。在图 2-1-25 中指定一个驱动器号来代表此简单卷并单击“下一步”按钮。

图 2-1-24　设置该卷的大小

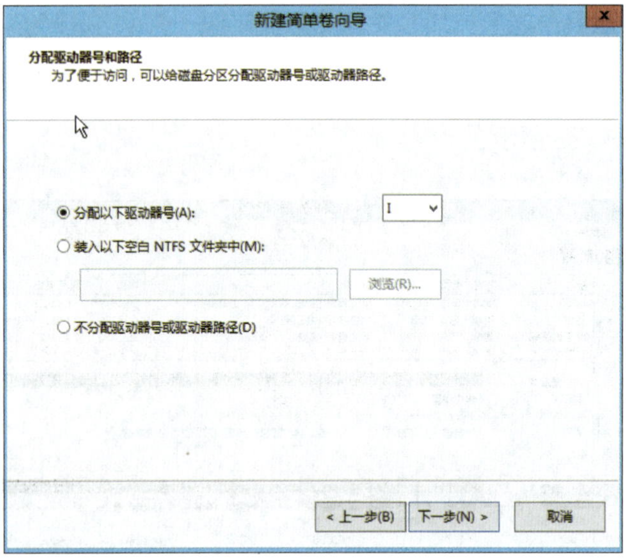

图 2-1-25　分配驱动器号

3）进入图 2-1-26 所示的界面，输入并选择适当的设置值后单击“下一步”按钮，出现“完成新建简单卷向导”界面时单击“完成”按钮，系统开始格式化此卷。图 2-1-27 所示为创建完成简单卷的界面。

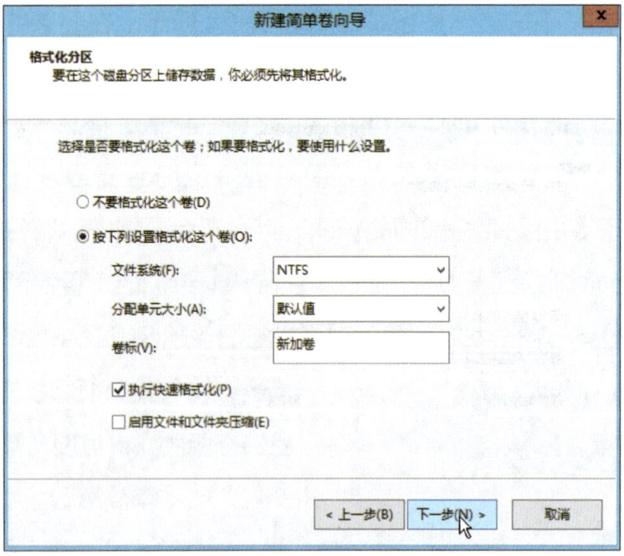

图 2-1-26　设置适当值

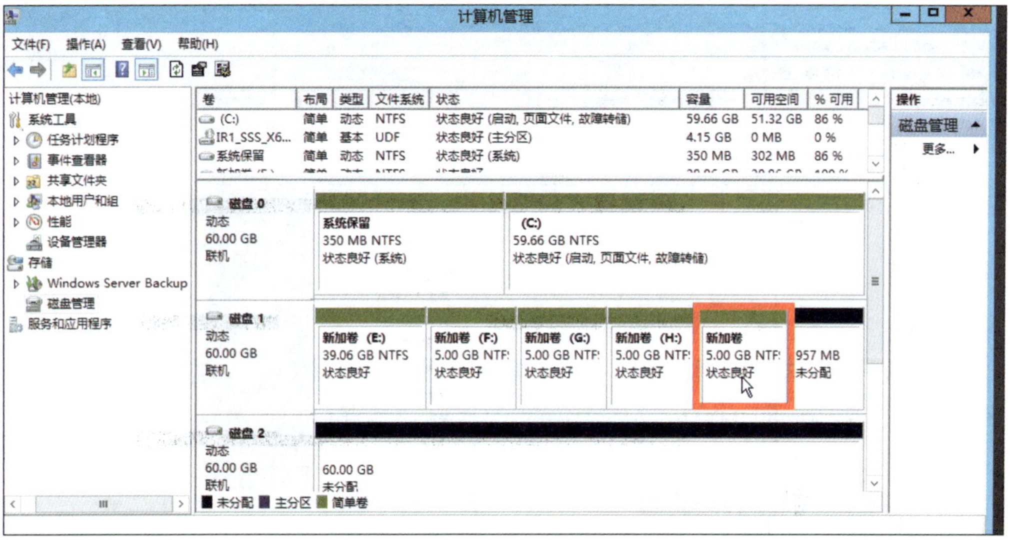

图 2-1-27　创建完成简单卷的界面

（2）新建跨区卷

以下利用图 2-1-28 中 3 个未分配空间合并为一个跨区卷的方式，说明如何创建跨区卷。

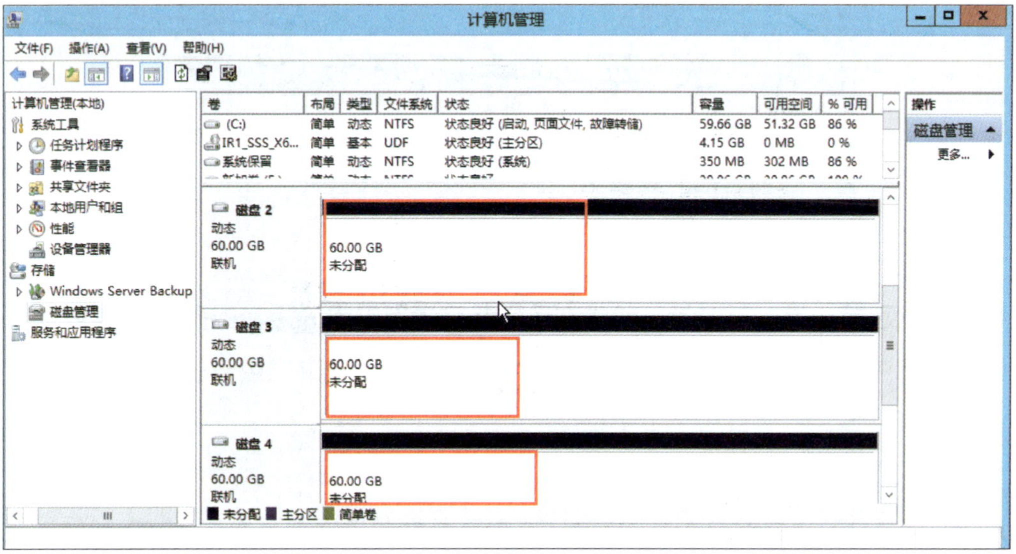

图 2-1-28　未分配空间

1）选中图 2-1-28 中 3 个未分配空间的任何一个（如磁盘 2）并右击，在弹出的菜单中选择“新建跨区卷”，如图 2-1-29 所示。

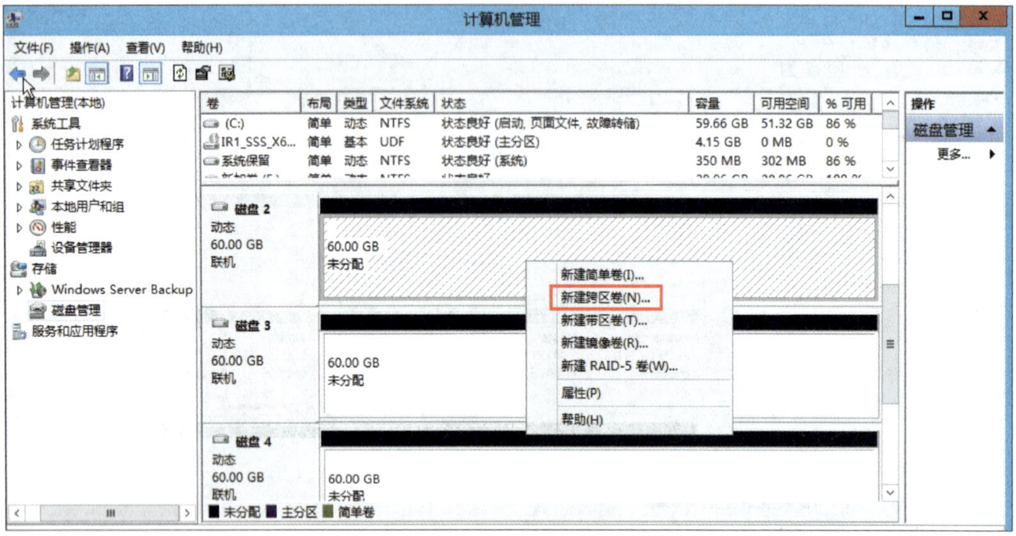

图 2-1-29 选择“新建跨区卷”

2）进入“欢迎使用新建跨区卷向导”界面，单击“下一步”按钮，进入如图 2-1-30 所示的界面。从磁盘 2、磁盘 3、磁盘 4 中分别选用 3 GB、4 GB、5 GB 的容量，并单击“下一步”按钮，指定一个驱动器号来代表此卷，如图 2-1-31 所示。

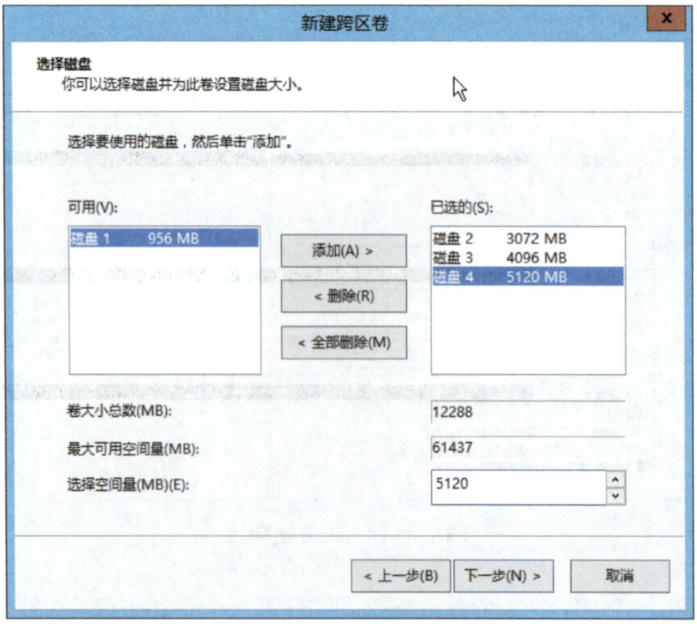

图 2-1-30 选择磁盘

图 2-1-31　分配驱动器号

3）单击“下一步”按钮，输入并选择适当的设置值后单击“下一步”按钮，出现“完成新建跨区卷向导”界面时单击“完成”按钮，系统开始格式化此卷。图 2-1-32 所示为创建完成跨区卷的界面。

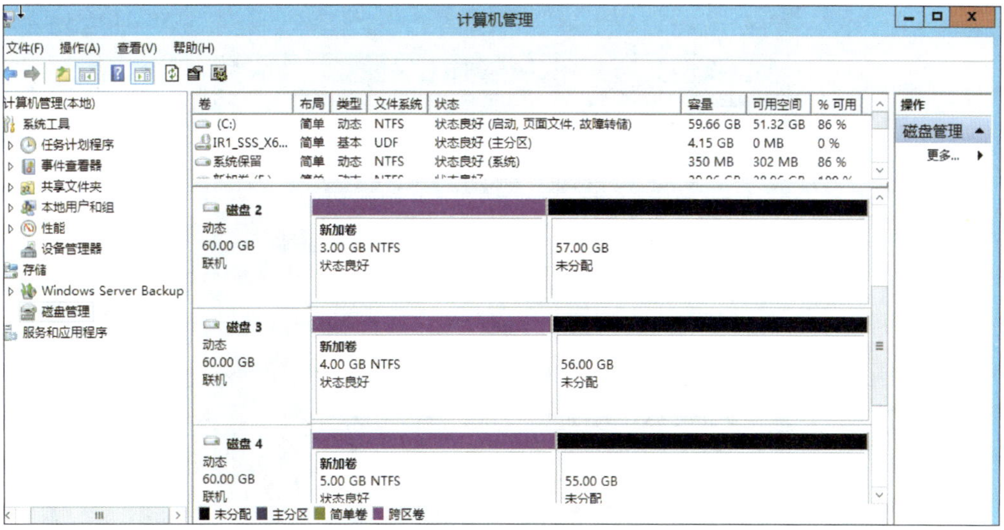

图 2-1-32　创建完成跨区卷的界面

（3）新建带区卷

以下利用图 2-1-32 中 3 个磁盘内的 3 个未分配空间合并为一个带区卷的方式，说明如何创建带区卷。

1）选中图 2-1-32 中 3 个未分配空间的任何一个（如磁盘 2）并右击，在弹出的菜单中选择“新建带区卷”，如图 2-1-33 所示。

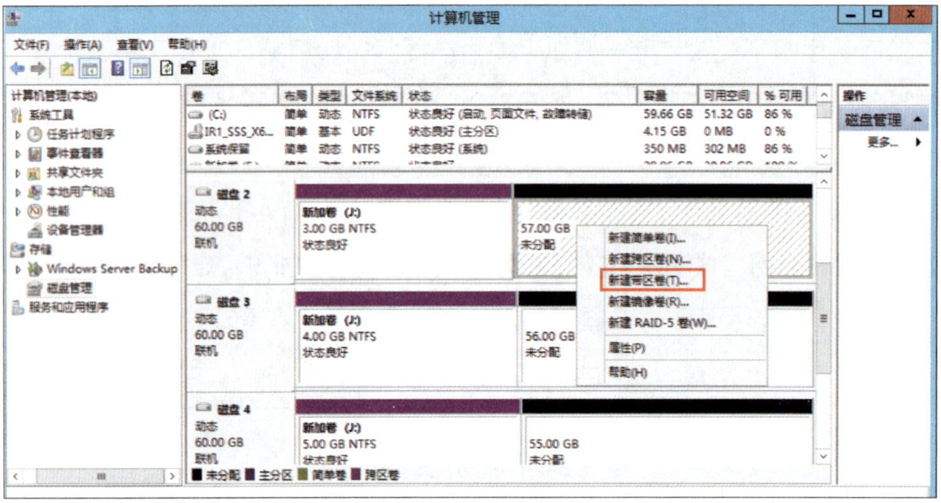

图 2-1-33 选择“新建带区卷”

2）进入“欢迎使用新建带区卷向导”界面，单击“下一步”按钮，进入如图 2-1-34 所示的界面。从磁盘 2、磁盘 3、磁盘 4 中各选用 7 GB 的容量，并单击“下一步”按钮，指定一个驱动器号来代表此卷，如图 2-1-35 所示。

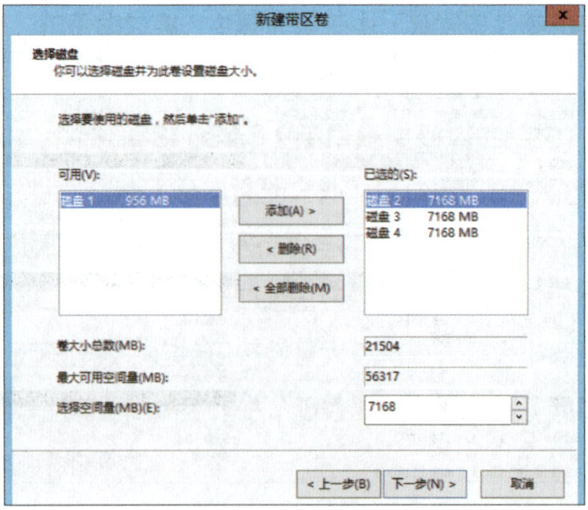

图 2-1-34 选择磁盘

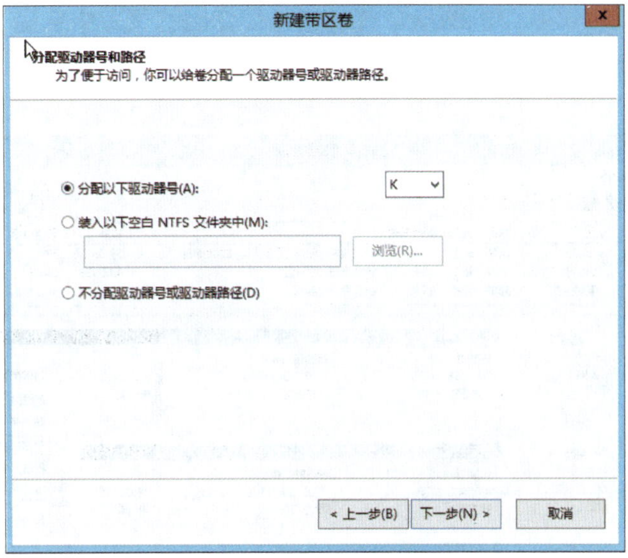

图 2-1-35　分配驱动器号

3）单击“下一步”按钮，输入并选择适当的设置值后单击“下一步”按钮，出现“完成新建带区卷向导”界面时单击“完成”按钮，系统开始格式化此卷。图 2-1-36 所示为创建完成带区卷的界面。

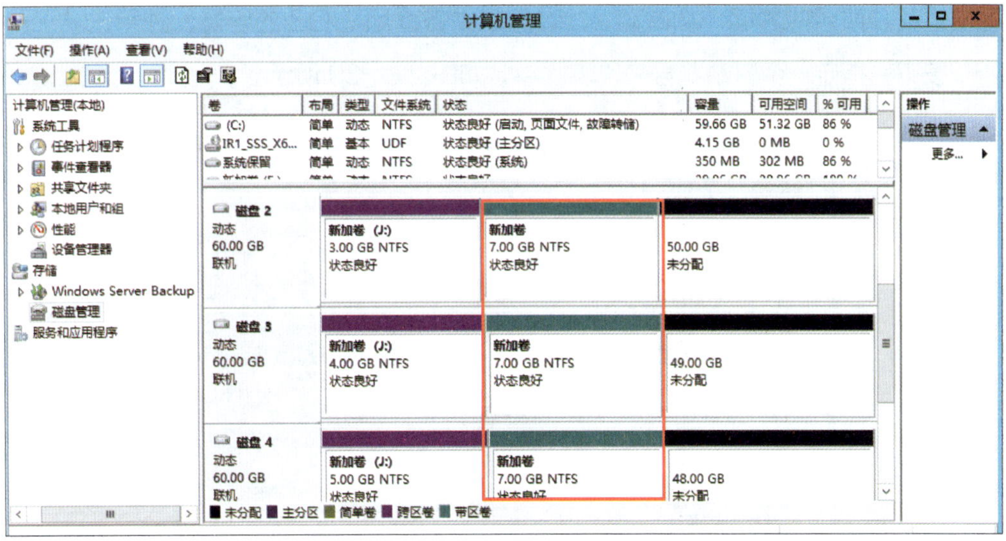

图 2-1-36　创建完成带区卷的界面

（4）新建镜像卷

以下利用图 2-1-36 中磁盘 2 与磁盘 3 的未分配空间组成一个镜像卷的方式，说明如何创建镜像卷。

1）选中图 2-1-36 中的磁盘 2 并右击，在弹出的菜单中选择“新建镜像卷”，如图 2-1-37 所示。

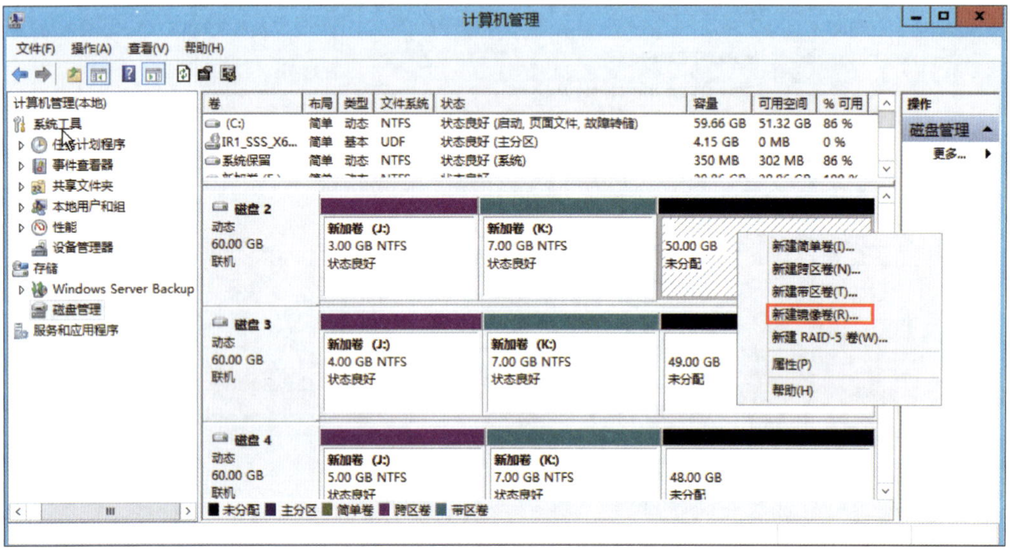

图 2-1-37　选择“新建镜像卷”

2）进入“欢迎使用新建镜像卷向导”界面，单击“下一步”按钮，进入如图 2-1-38 所示的界面。从磁盘 2、磁盘 3 中各选用 7 GB 的容量，并单击“下一步”按钮，指定一个驱动器号来代表此卷，如图 2-1-39 所示。

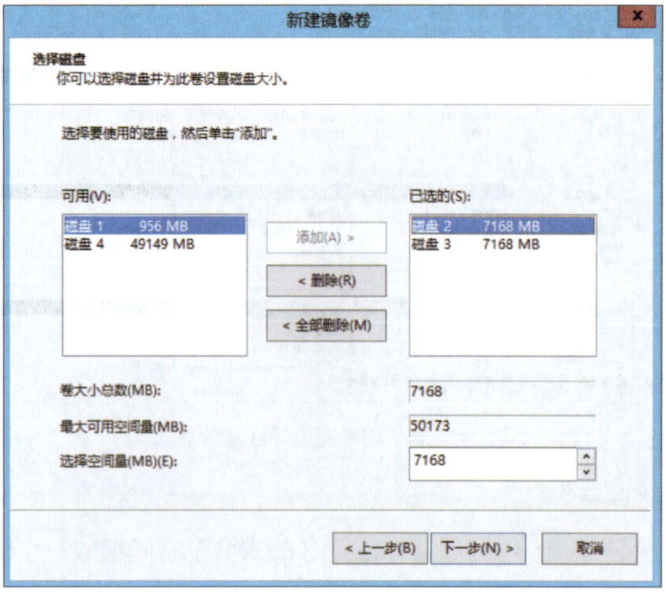

图 2-1-38　选择磁盘

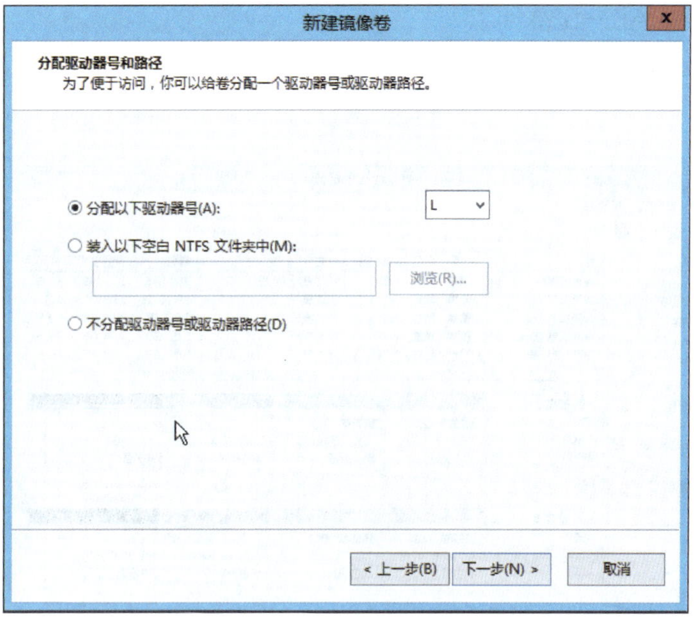

图 2-1-39　分配驱动器号

3）单击“下一步”按钮，输入并选择适当的设置值后单击“下一步”按钮，出现“完成新建镜像卷向导”界面时单击“完成”按钮，系统开始格式化此卷。图 2-1-40 所示为创建完成镜像卷的界面。

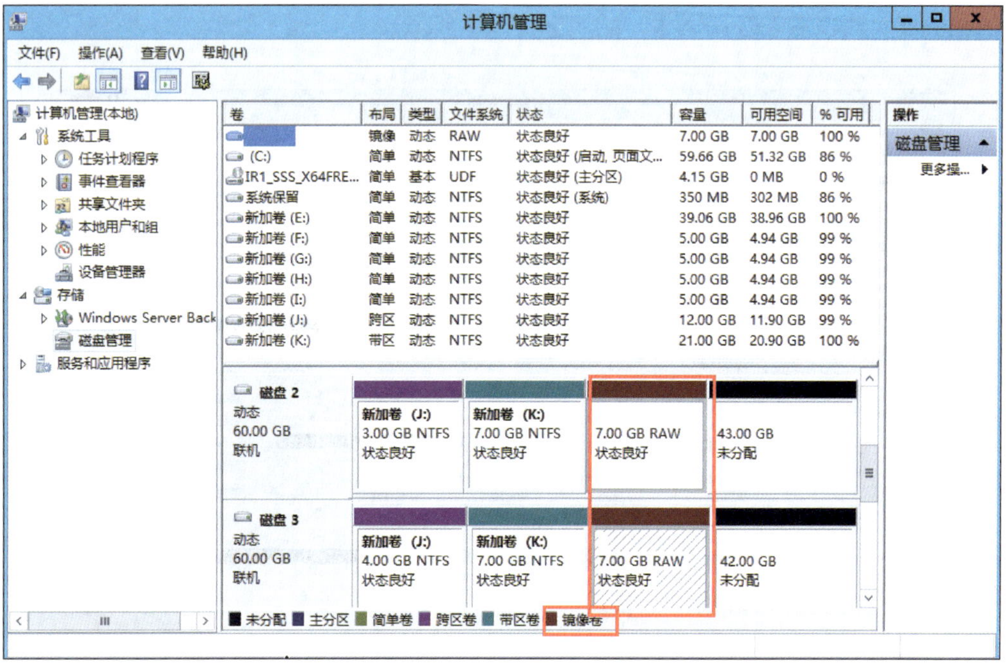

图 2-1-40　创建完成镜像卷的界面

(5)新建 RAID-5 卷

以下利用图 2-1-41 中的 3 个未分配空间组成一个 RAID-5 卷，说明如何创建 RAID-5 卷。

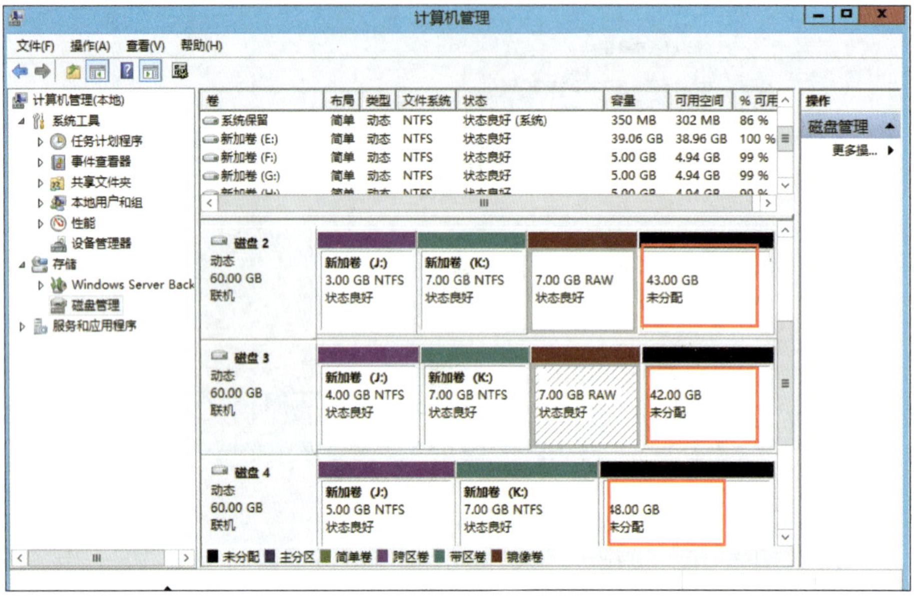

图 2-1-41　未分配空间

1）选择图 2-1-41 中的任意一个未分配空间（如磁盘 2）并右击，在弹出的菜单中选择“新建 RAID-5 卷”，如图 2-1-42 所示。

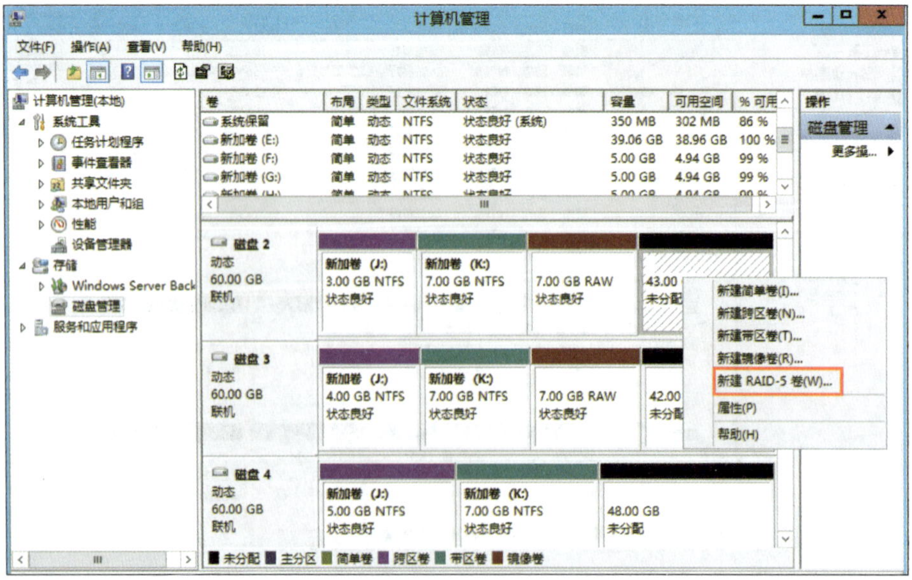

图 2-1-42　选择“新建 RAID-5 卷”

2）进入“欢迎使用新建 RAID-5 卷向导”界面，单击“下一步”按钮，进入如图 2-1-43 所示的界面。从磁盘 2、磁盘 3、磁盘 4 中各选用 7 GB 的容量，并单击“下一步”按钮，指定一个驱动器号来代表此卷，如图 2-1-44 所示。

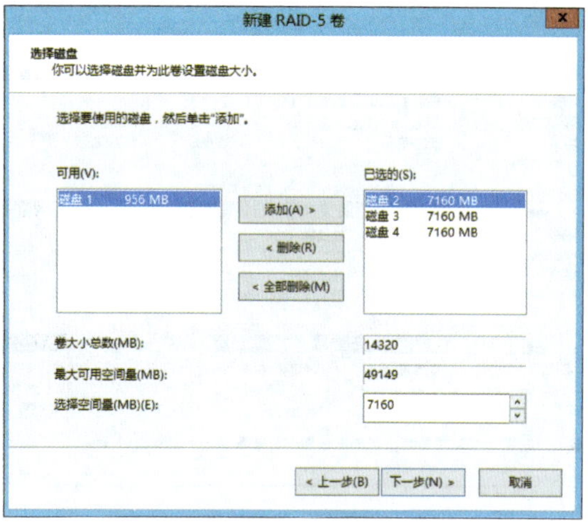

图 2-1-43　选择磁盘

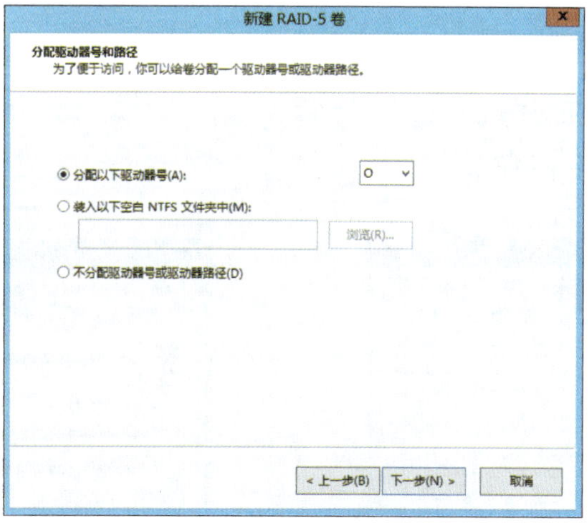

图 2-1-44　分配驱动器号

3）单击“下一步”按钮，输入并选择适当的设置值后单击“下一步”按钮，出现“完成新建 RAID-5 卷向导”界面时单击“完成”按钮，系统开始格式化此卷。图 2-1-45 所示为创建完成 RAID-5 卷的界面。

三、配置磁盘配额

必须具备系统管理员权限，才可以配置磁盘配额。

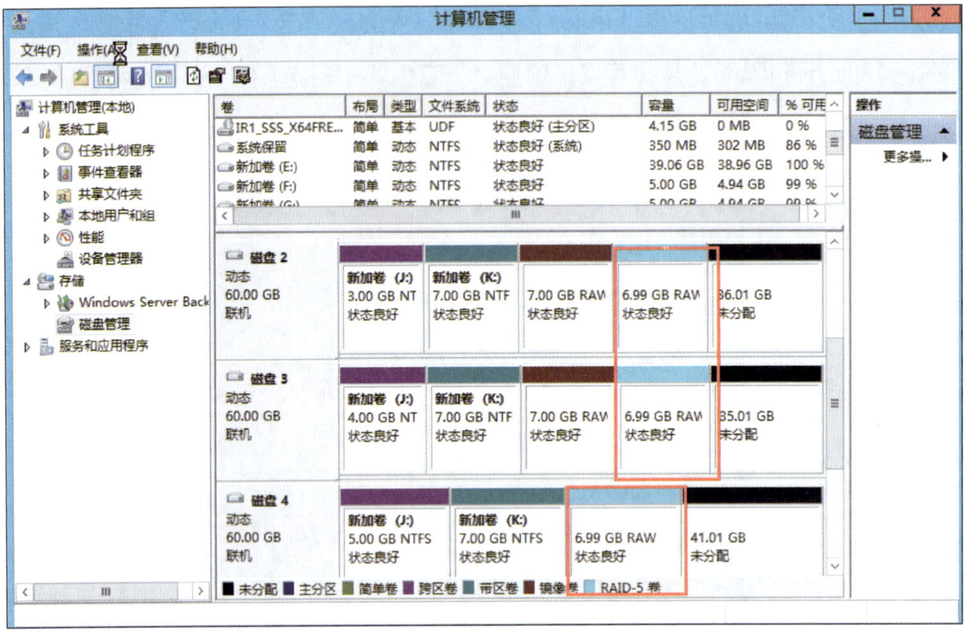

图 2-1-45 创建完成 RAID-5 卷的界面

1. 右击“我的电脑”，在弹出的菜单中选择“管理”，弹出“计算机管理”窗口，单击“磁盘管理”，选中相应的卷并右击（如 C 盘），在弹出的菜单中选择“属性”，弹出卷属性对话框（图 2-1-46），在“配额”选项卡中勾选“启用配额管理”复选框（图 2-1-47）。

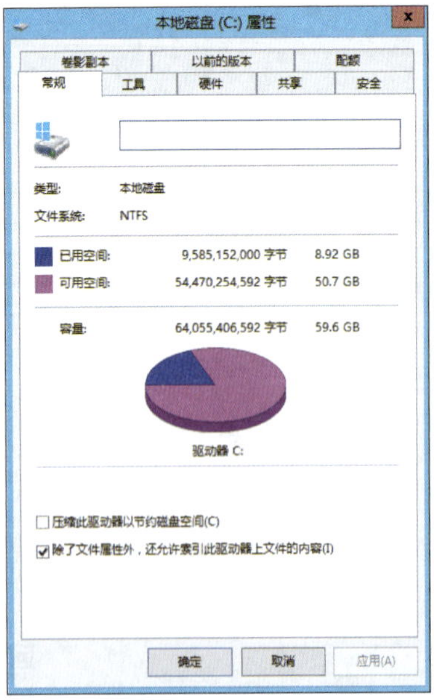

图 2-1-46 卷属性对话框

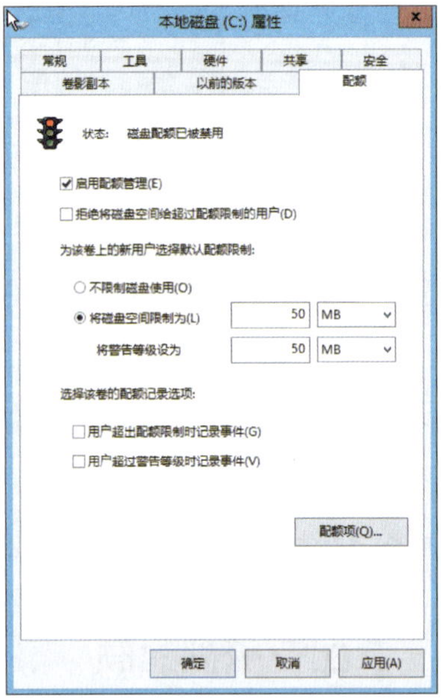

图 2-1-47 “配额”选项卡

小贴士

1. 拒绝将磁盘空间给超过配额限制的用户：当用户在此磁盘使用的磁盘空间已超过配额限制时使用。

如果未勾选此复选框，仍可以继续将新数据存储到此磁盘内。

如果勾选此复选框，用户就无法再向此磁盘写入任何新数据。

2. 为该卷上的新用户选择默认配额限制：此项用来设置新用户的磁盘配额。

不限制磁盘使用：用户在此磁盘的可用空间不受限制。

将磁盘空间限制为：限制用户在此磁盘的可用空间。

将警告等级设为：可以让系统管理员来查看用户使用的磁盘空间是否已经超过此处的警告值。

2. 单击“配额项”，就可以单独设置每个用户的磁盘配额，或者更改其中任何一个用户的磁盘配额设置，如图 2-1-48 和图 2-1-49 所示。

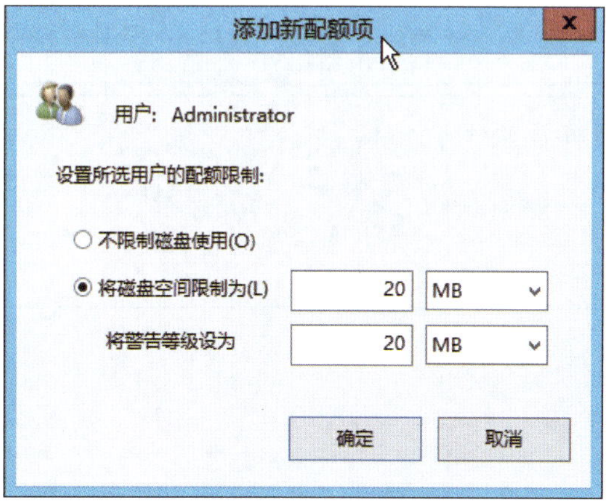

图 2-1-48　为用户配置限额

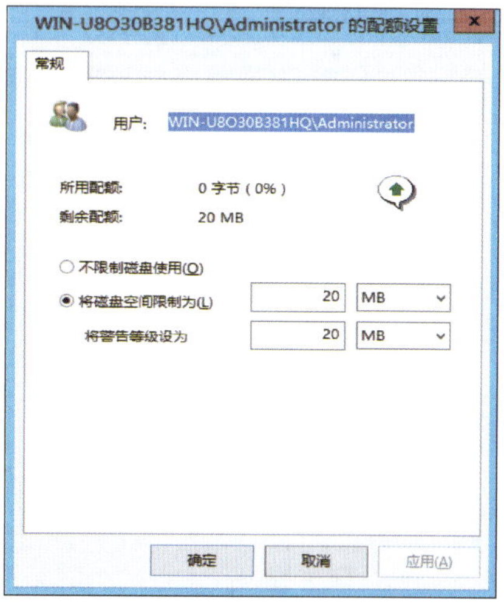

图 2-1-49　修改用户磁盘配额

工作评价

根据任务完成情况，进行学习任务综合评价，见表 2-1-2。

表 2-1-2　学习任务综合评价表

考核项目	评价内容	配分（分）	评价分数		
			自我评价	小组评价	教师评价
职业素养	安全和责任意识强，遵守健康及安全标准	10			
	团队合作意识强，能与同学分享知识及专业资料	10			
	现场管理符合 8S 标准，做好定期整理工作	10			
专业能力	能熟知硬盘类型	10			
	能区分文件系统的格式类型	10			
	能复述 Windows Server 2012 卷的种类及其功能	10			
	能复述 RAID 磁盘阵列的功能和特点	10			
工作成果	能用 Windows Server 2012 操作系统创建与管理基本磁盘	10			
	能用 Windows Server 2012 操作系统创建与管理动态磁盘	10			
	能用 Windows Server 2012 操作系统配置磁盘配额	10			
总分		100			
综合评分	综合评分 = 自我评价 ×20%+ 小组评价 ×30%+ 教师评价 ×50%	教师（签名）：			

思考与练习

一、选择题

1. 在 Windows 2012 的动态磁盘中，具有容错能力的是（　　）。

A．简单卷　　B．跨区卷　　C．镜像卷　　D．带区卷

2. 用户要在系统分区进行容错，硬盘规划选择（　　）。

A．镜像卷　　B．跨区卷　　C．带区卷　　D．RAID-5 卷

3. 如果 RAID-5 卷有五个 10 GB 盘，需要（　　）空间存放奇偶性信息。

A．20 GB　　B．10 MB　　C．8 GB　　D．10 GB

二、填空题

1. 对 MBR 磁盘来说，一个基本磁盘最多可以有______个主分区，而对 GPT 磁盘来说，一个基本磁盘最多可以有______个主分区。

2. 仅________ 磁盘支持磁盘配额，______ 、______ 、______与______ 磁盘不支持磁盘配额。

3. 推荐 Windows Server 2012 安装在____________文件系统分区。

三、简答题

1. 简述动态磁盘管理中 RAID-0、RAID-1 和 RAID-5 的功能。

2. NTFS 权限有何特点?

任务 2
域的创建与管理

学习目标

1. 了解域的特点、活动目录的组织结构及域中计算机的角色。
2. 能正确安装域控制器。
3. 能配置计算机加入域和脱离域。
4. 能正确创建与管理域用户、域组和组织单位。
5. 能进行域用户的权限管理。
6. 能使用组策略实现控制域用户的集中配置。

任务描述

某公司为满足各部门内部的管理需求，需要整合现有 IT 环境中的资源，将 IT 环境的管理由以前松散的方式变为集中管理，减轻日常管理维护负担，提升 IT 生产力；使用户通过单一的身份验证，就能快速访问企业内部的各种资源，减少宕机时间。为此，可以将公司的组网模式改为域网络模式，让域控制器统一管理域中资源，为公司各部门创建不同的组织单位，在组织单位中分别创建不同的域组和域用户。现要求网络管理员完成域网络的创建与管理，具体要求如下：

1. 进行域控制器的安装。
2. 将计算机加入域和脱离域。
3. 创建并管理域用户、域组和组织单位。
4. 进行域用户的权限管理。
5. 进行组策略的配置。

相关知识

大中型企业网络有几百到上千的用户，资源也比较分散，这时候应如何管理?

“工作组”和“域”是 Windows 网络的两种架构与管理方式。

工作组：每一台计算机都独立维护自己的资源，不能集中管理所有网络资源；每一台计算机都在本地存储用户的账户；一个账户只能登录到一台计算机；工作组中的计算机的地位都是平等的，对于其他计算机来说既是服务器，又是客户机；工作组的网络规模一般少于 10 台计算机。

域：将网络中多台计算机逻辑上组织到一起，进行集中管理，这种区别于工作组的逻辑环境叫作域，域是组织与存储资源的核心管理单元。

一、域的特点

与工作组网络相比，域网络具有以下优势：

1. 便于资源的集中管理

工作组网络中资源分布在各个计算机中，由本地管理员账户进行管理，而在域网络中，所有计算机共享一个活动目录，由域管理员通过管理活动目录对域中的对象（如用户与计算机）和安全策略进行统一部署和管理。

2. 安全级别高

域中的所有计算机按照活动目录配置策略进行配置，安全级别由高到低分别为本地策略、站点策略、域策略、子域策略和组织单位策略，管理员可以通过添加安全策略来保证域中成员计算机的安全。

3. 资源访问更灵活、方便

工作组网络中本地账户只能访问本地资源，而域网络中，域控制器管理员可以为用户创建域用户账户，域用户账户可以用来访问域中任何一台计算机上允许访问的资源。

二、域中计算机的角色

域网络中的计算机有域控制器、成员服务器和工作站 3 种角色，如图 2-2-1 所示。

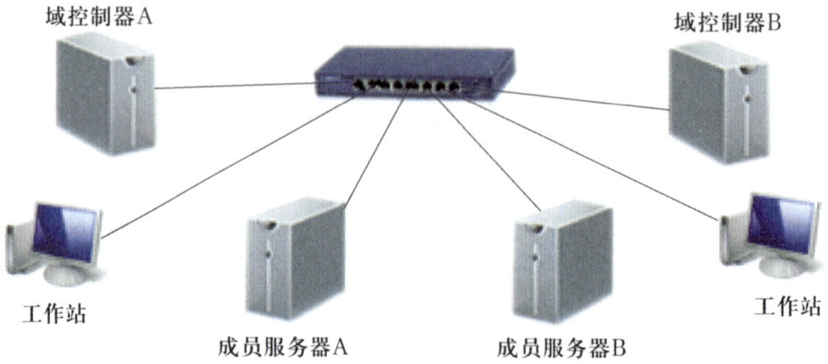

图 2-2-1　域网络的物理结构

1. 域控制器

域控制器（Domain Controller，DC）是活动目录的存储位置，安装了活动目录的计算机称为域控制器。只有安装了服务器操作系统的计算机（如 Windows Server 2012）才能承担域控制器的角色，一个域可以有一个或多个域控制器，域控制器管理目录信息的变化，并自动将更新的信息传递给域中的其他域控制器。域中使用多台域控制器的目的是提高域的容错能力，避免因一台域控制器发生故障而导致域网络瘫痪。

2. 成员服务器

成员服务器就是安装了服务器操作系统的计算机且加入域，成员服务器只负责处理网络中的其他服务，不执行身份验证，不存储安全策略等。如果在成员服务器上安装活动目录，该服务器就升级为域控制器；当然，在域控制器上卸载活动目录也会降级为成员服务器；如果成员服务器退出域，则变成一台独立的服务器。

3. 工作站

其他计算机，如安装了 Win 7/8/10 的系统且加入域，都称为工作站，加入域中的计算机都受域控制器的管理和控制，如果退出域，则变成客户端计算机。

任务实施

一、域控制器的安装

域控制器的安装，实际上就是在服务器上安装活动目录（Active Directory，AD）。下面以 Windows Server 2012 为例进行域控制器的安装。

1. 域控制器的安装条件

（1）以管理员用户身份 Windows Server 2012。

（2）为服务器设置 TCP/IP（IP 地址、子网掩码、DNS 服务器地址等）。例如，IP 地址为 192.168.1.1，子网掩码为 255.255.255.0，DNS 为 127.0.0.1。

（3）有 DNS 服务器支持（若网络中没有 DNS 服务器，则需要在域控制器中安装 DNS），以便于让其他计算机通过 DNS 找到域控制器。

2. 域控制器的安装过程

（1）在桌面任务栏左侧单击“服务器管理器”图标，在弹出的“服务器管理器”窗口中选择“仪表板”，单击“添加角色和功能”，如图 2-2-2 所示。

图 2-2-2 “服务器管理器”窗口

（2）弹出“添加角色和功能向导”窗口，单击“下一步”按钮，如图 2-2-3 所示。

（3）进入“选择安装类型”界面，选中“基于角色或基于功能的安装”单选框，单击“下一步”按钮，如图 2-2-4 所示。

（4）进入“选择目标服务器”界面，选中“从服务器池中选择服务器”单选按钮，在“服务器池”列表框内选择要安装的服务器，然后单击“下一步”按钮，如图 2-2-5 所示。

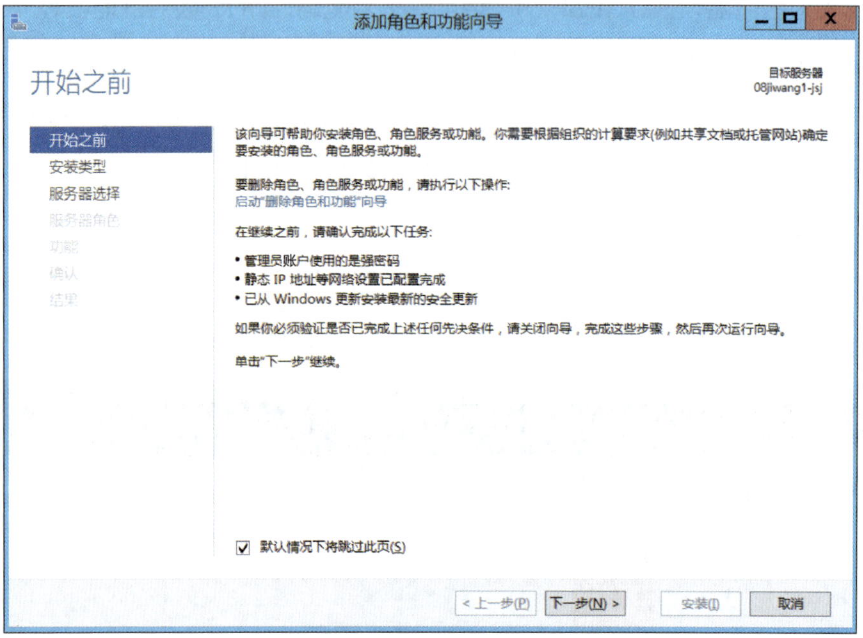

图 2-2-3 “添加角色和功能向导”窗口

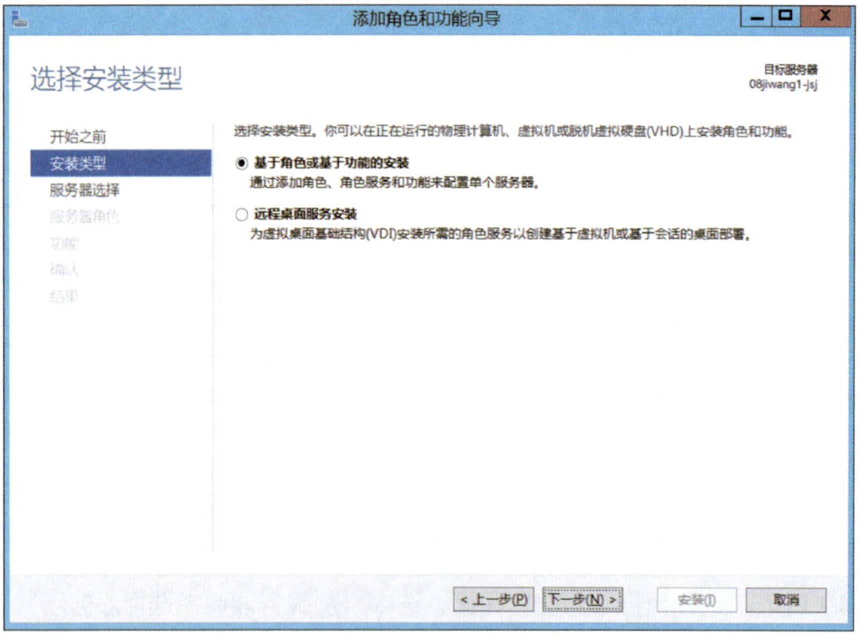

图 2-2-4 选择安装类型

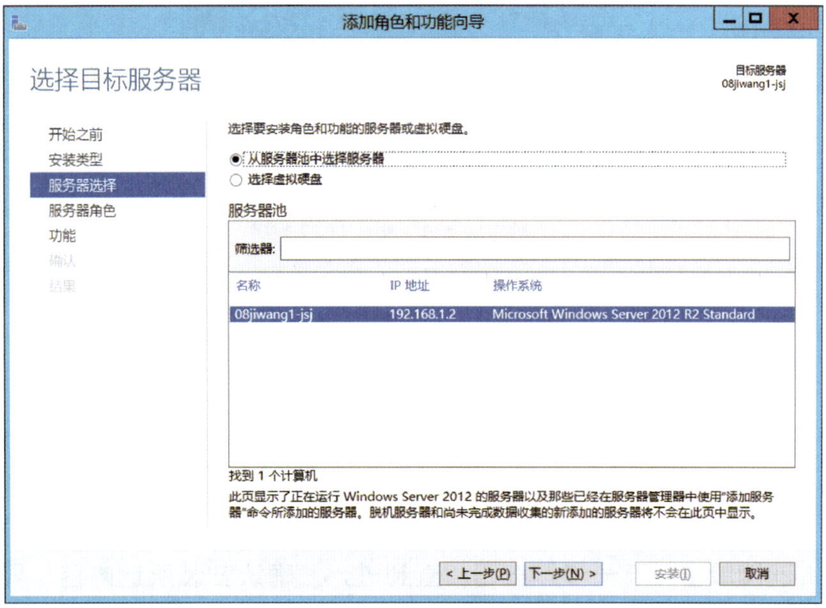

图 2-2-5　选择目标服务器

（5）进入“选择服务器角色”界面，勾选“Active Directory 域服务”复选框（图 2-2-6），在“添加 Active Directory 域服务所需的功能”界面勾选“包括管理工具（如果适用）”复选框，单击“添加功能”按钮（图 2-2-7），系统返回“选择服务器角色”界面。

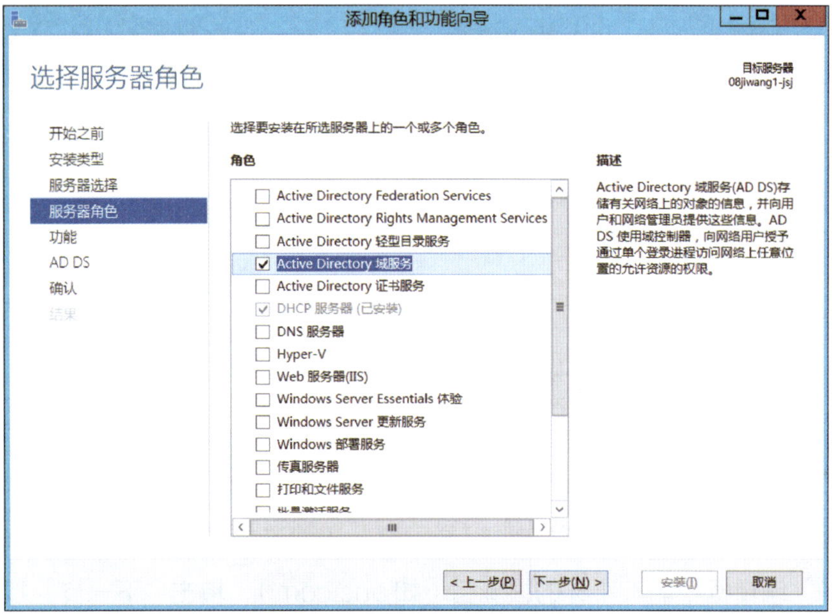

图 2-2-6　选择服务器角色

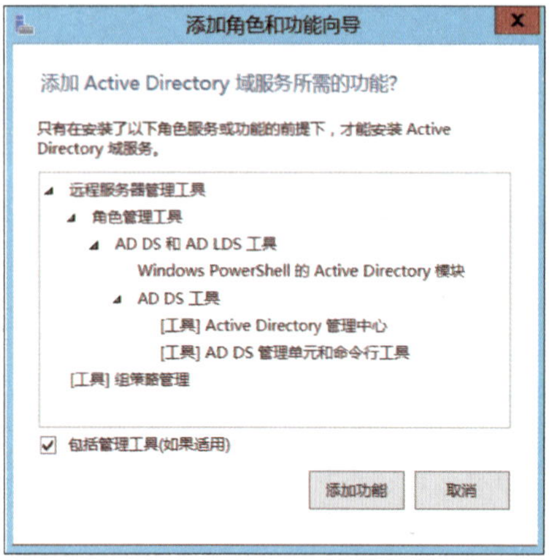

图 2-2-7　选择服务器角色所需的功能

（6）连续单击“下一步”按钮，直到进入“确认安装所选内容”界面，如图 2-2-8 所示。单击“安装”按钮系统开始安装，安装完成后单击“将此服务器提升为域控制器”链接，如图 2-2-9 所示。

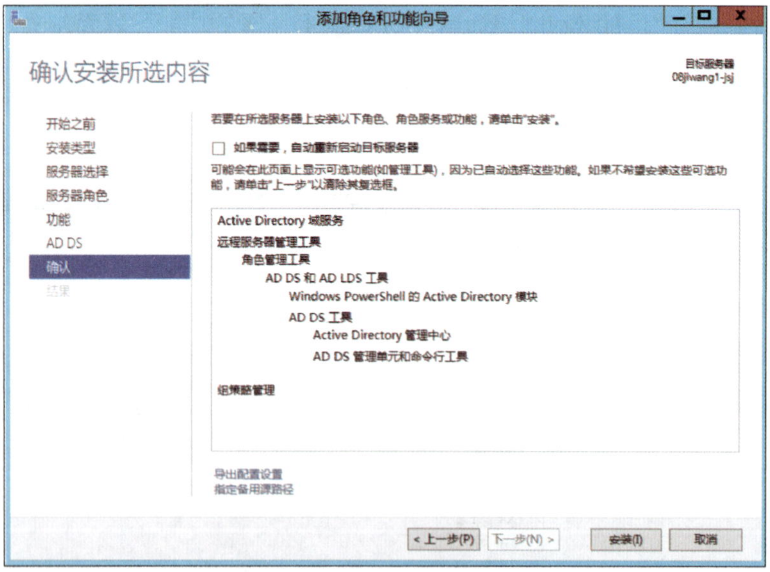

图 2-2-8　确认安装所选内容

（7）弹出“Active Directory 域服务配置向导”窗口，因为该服务器是域森林中的第一台域控制器，所以在“部署配置”界面选中“添加新林”单选框，在“根域名”编辑框中输入新林的根域名（如 abc.com），单击“下一步”按钮，如图 2-2-10 所示。

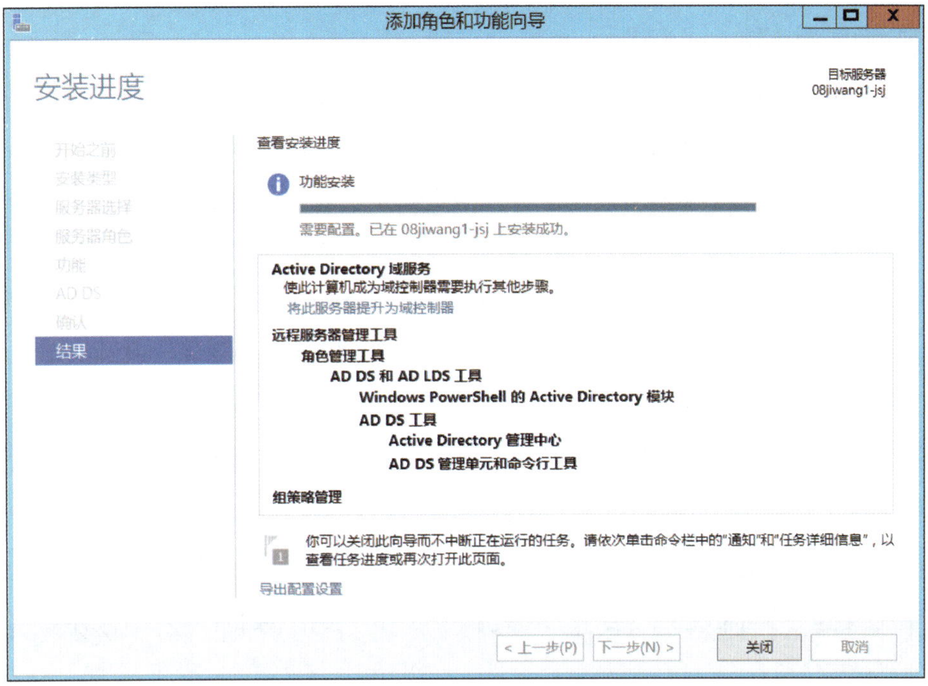

图 2-2-9　将此服务器提升为域控制器

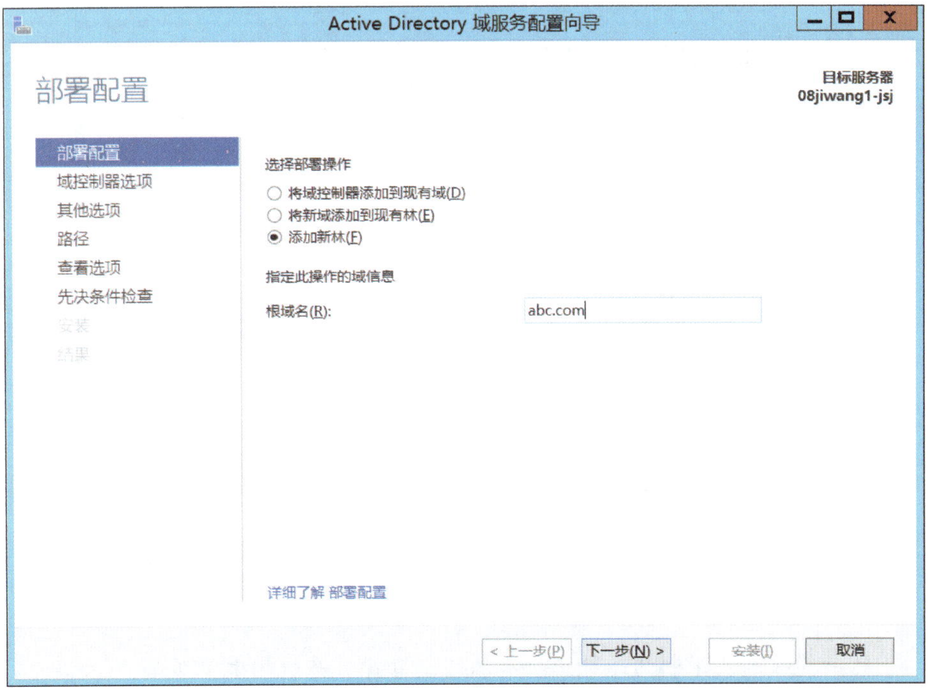

图 2-2-10　部署配置

> **小贴士**
>
> 域类型选择：
>
> 1. 将域控制器添加到现有域：将新域作为现有域的子域。
> 2. 将新域添加到现有林：创建一个与现有域分开的新的域树。
> 3. 添加新林：创建一个新域或让新域独立于当前的域林。

（8）进入“域控制器选项”界面，单击“林功能级别”下拉按钮，选择“Windows Server 2012 R2”，单击“域功能级别”下拉按钮，选择“Windows Server 2012 R2”。“指定域控制器功能”为“域名系统（DNS）服务器”（因为是林中第一台域控制器，所以必须是全局编录且不能是只读域控制器），在“键入目录服务还原模式（DSRM）密码”编辑框中输入管理员账户的密码，该密码是出现系统灾难要修复活动目录、以目录服务还原模式登录系统时使用的专用密码（注意，密码必须要满足至少 6 个字符长度且 3 类字符复杂度要求），单击“下一步”按钮，如图 2-2-11 所示。

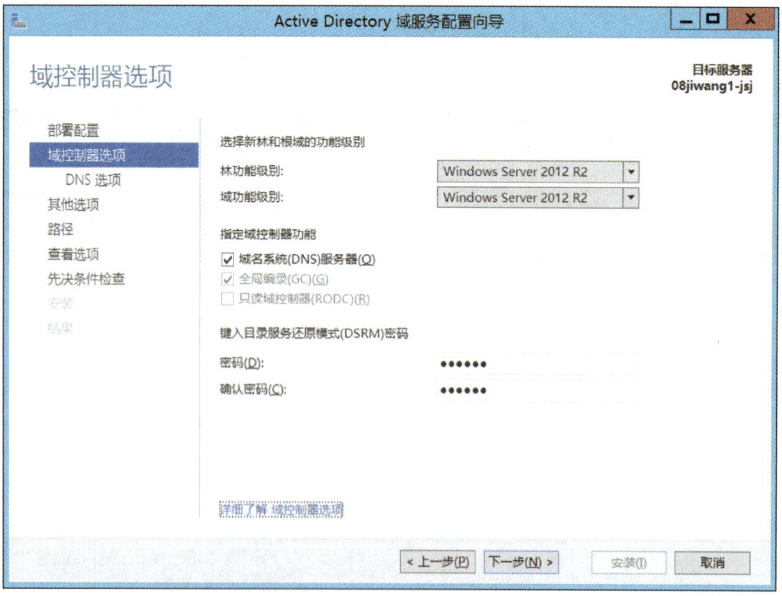

图 2-2-11　域控制器选项

> **小贴士**
>
> 林功能级别：限制的是林中所有域控制器操作系统的最低版本。
>
> 域功能级别：限制的是域中域控制器的操作系统版本。

（9）在“DNS 选项”界面单击“下一步”按钮（图 2-2-12），系统检查网络中是否有“abc.com”的林，如果没有，则进入“其他选项”界面，在“NetBIOS 域名”编辑框中确认默认的 NetBIOS 名称，单击“下一步”按钮，如图 2-2-13 所示。

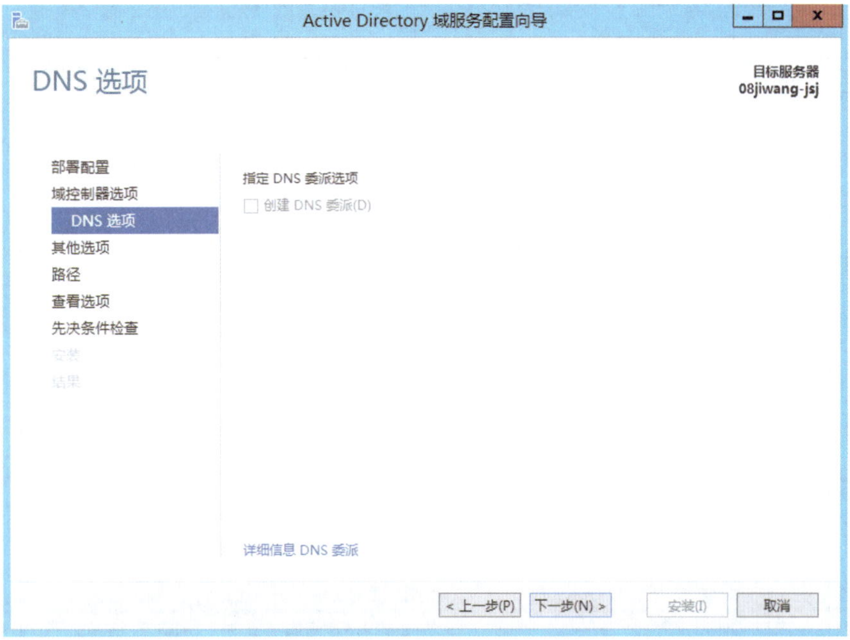

图 2-2-12 “DNS 选项”界面

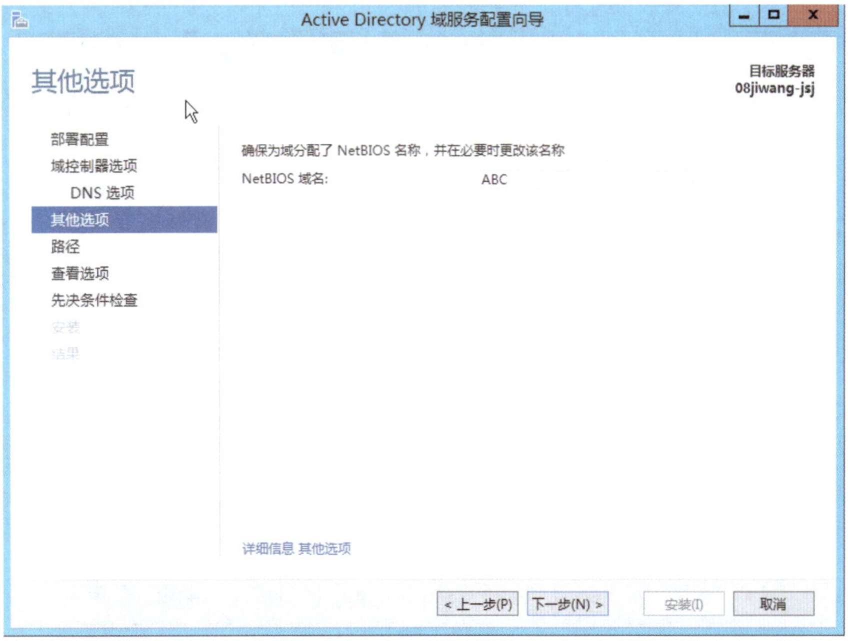

图 2-2-13 确认默认的 NetBIOS 名称

（10）在“路径”界面选择完对应的路径后，单击“下一步”按钮（图 2-2-14），进入“查看选项”界面，显示在创建域控制器过程中所有的设置，确认前面所有设置无误后单击“下一步”按钮，进入“先决条件检查”界面，系统检查先决条件，所有条件通过后，单击“安装”按钮，如图 2-2-15 所示。

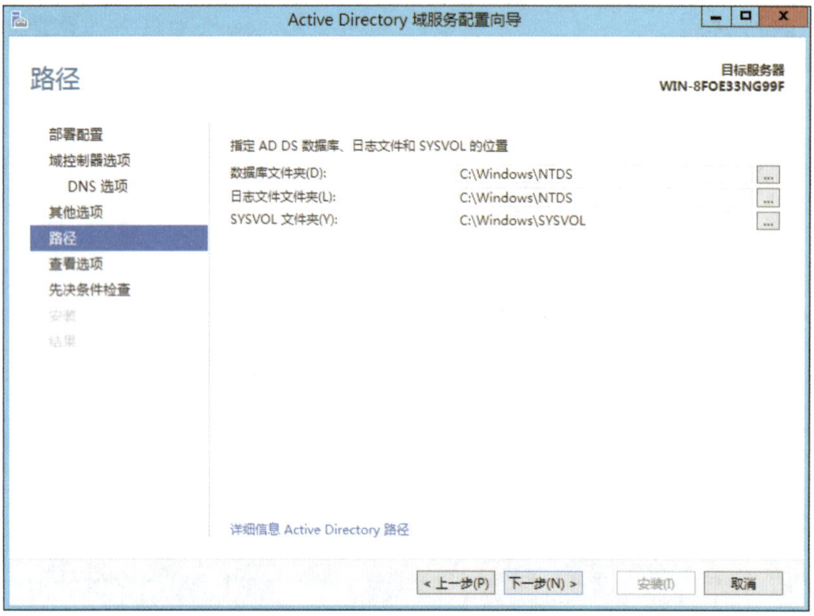

图 2-2-14　路径选择

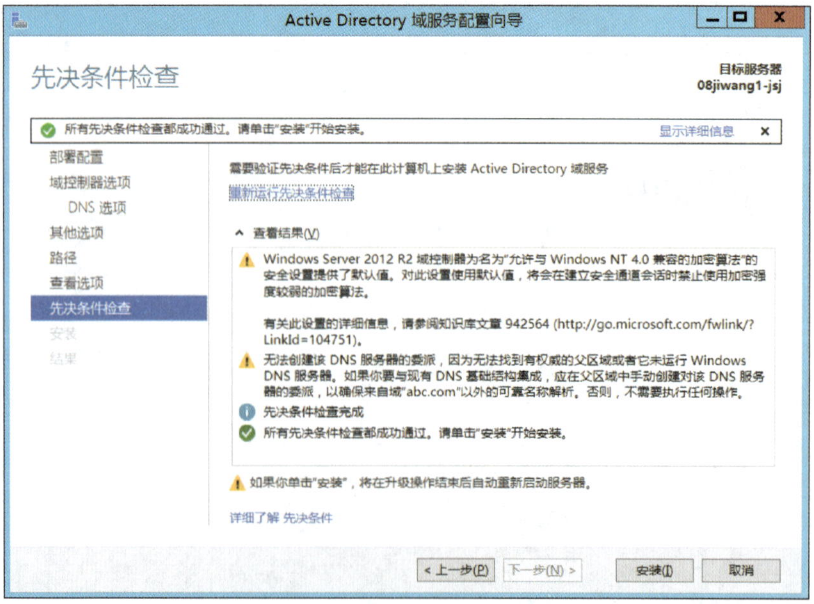

图 2-2-15　先决条件检查

（11）进入“安装”界面，系统开始安装活动目录和 DNS 服务器，安装完成后，系统自动重启。重启后进入登录界面，使用域管理员账户登录，登录成功后会看到 AD DS 和 DNS 已经安装，如图 2-2-16 所示。

图 2-2-16　安装完成的效果

小贴士

本任务为域中第一台域控制器，安装完成后原服务器上的本地用户和组账户都转换为域用户账户和域组账户。

二、将计算机加入域或脱离域

在安装完域控制器后，需要将其他的服务器和客户机加入域，用户才可以在这些计算机上使用域用户账户登录域，访问域中允许访问的资源。

1. 客户机或服务器加入域的条件

（1）在计算机上正确设置 IP 地址和首选 DNS 地址（域控制器的 IP 地址）。

（2）计算机与域控制器网络连通（可使用 ping 命令测试连接情况）。

2. 将计算机加入域（以 Win 7 客户机为例）

（1）以管理员身份登录 Win 7 系统，依次设置 IP 地址和首选 DNS 服务器地址（前面在域控制器上安装了 DNS，因此，域控制器的 IP 地址就是首选 DNS 服务器地址，为 192.168.1.1），如图 2-2-17 所示。

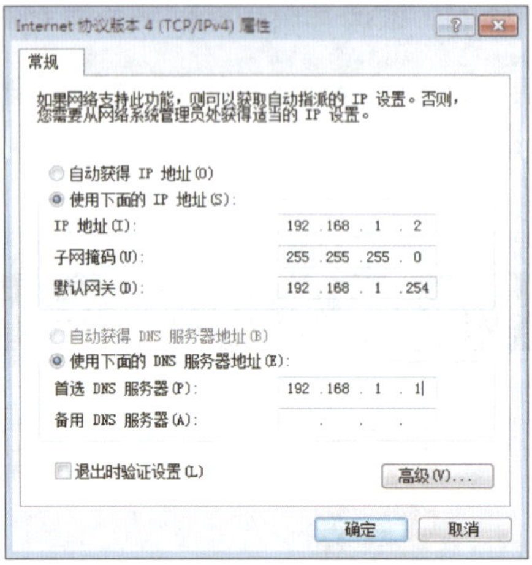

图 2-2-17　设置 Win 7 客户机的 IP 地址

（2）使用 ping 命令测试 Win 7 客户机与域控制器的连接情况，如图 2-2-18 所示。

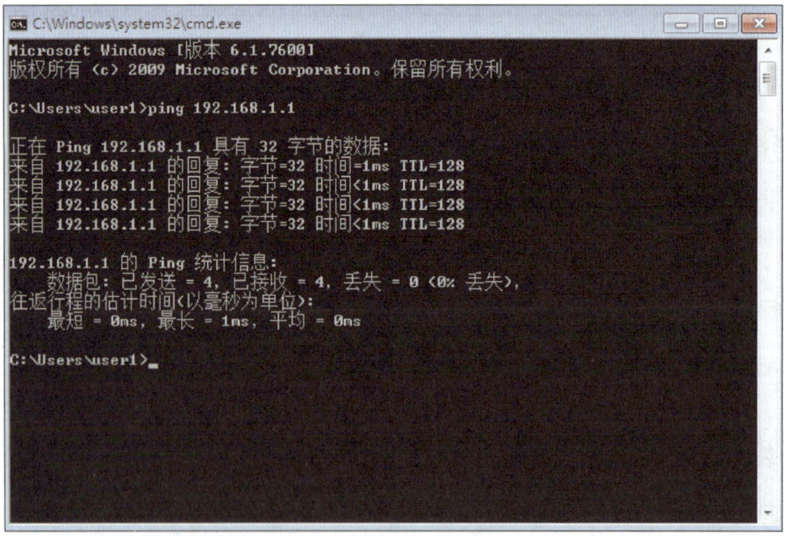

图 2-2-18　测试 Win 7 客户机与域控制器的连接情况

（3）在桌面上右击“计算机”图标，在弹出的菜单中选择“属性”，在打开的窗口中选择“高级系统设置”，弹出“系统属性”对话框，选择“计算机名”选项卡，单击“更改”按钮，打开“计算机名 / 域更改”对话框，在“隶属于”区域选中“域”单选框，然后在其编辑框中输入域名（如 abc.com），单击“确定”按钮，如图 2-2-19 所示。

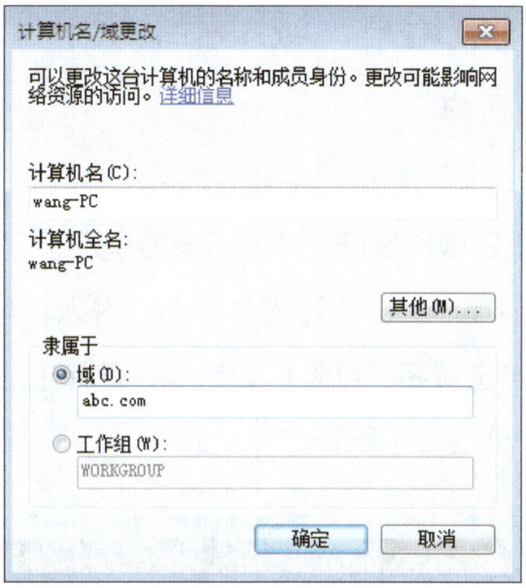

图 2-2-19　输入域名

（4）在弹出的“计算机名 / 域更改”登录界面输入具有加入域权限的域用户账户名称和密码（域控制器的账户和密码），单击“确定”按钮，若弹出“欢迎加入abc.com 域”，则表明加入域成功（图 2-2-20），单击“确定”按钮，弹出“重启”对话框，重启系统后即生效。

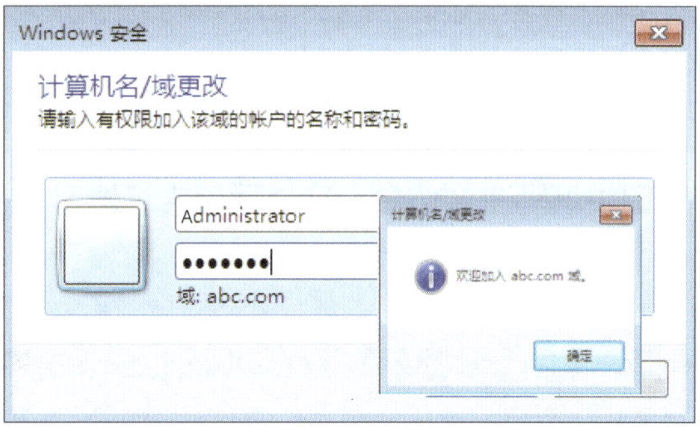

图 2-2-20　加入域成功

小贴士

1. Win 7 客户机重启后可通过“abc.com/Administrator”登录到域，访问域中允许访问的资源，如果登录本机，则只能访问本地资源。

2. 脱离域的操作和加入域的操作相同，只需要在“隶属于”区域选中“工作组”单选按钮，在其编辑框中输入工作组名（如 WORKGROUP）即可。

三、创建与管理域用户、域组和组织单位

1. 创建与管理域用户

（1）创建域用户

1）以管理员身份登录域控制器，在任务栏中打开“服务器管理器”，在“工具”菜单中选择“Active Directory 管理中心”，进入“Active Directory 管理中心”窗口，在左侧窗格右击域名“abc（本地）”，在弹出的菜单中选择“新建”子菜单下的“用户”，如图 2-2-21 所示。

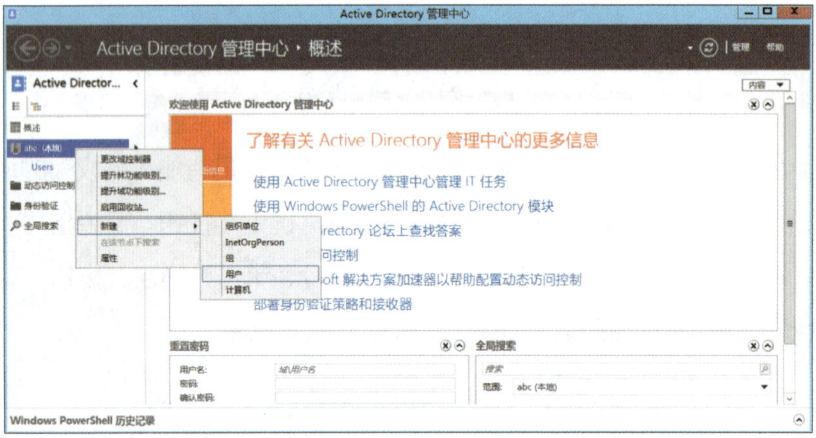

图 2-2-21 利用右键快捷菜单选择“用户”

2）在创建用户窗口中填写主要信息，完成后单击“确定”按钮，如图 2-2-22 所示。

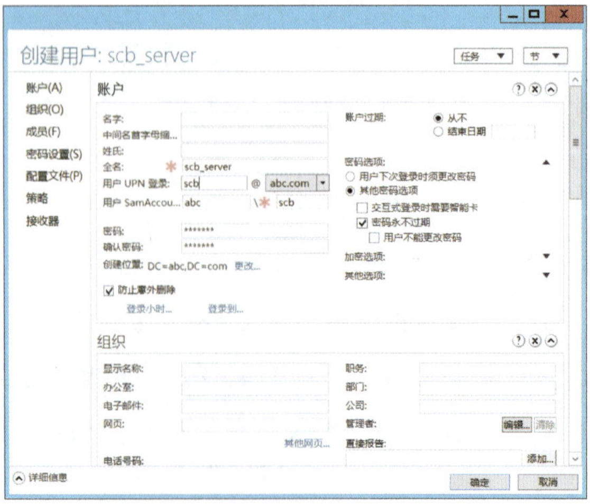

图 2-2-22 创建用户 scb_server

小贴士

1. 用户 UPN（User Principal Name）登录：指定要由客户端进行身份验证的服务的用户主体名称。这是登录到 Windows 域的标准用法，格式为 zhangsan@abc.com（类电子邮件地址）。

2. 用户 SAN（Sam Account Name）登录：在 AD 属性 Sam Account Name 中，存储账户登录名或用户对象，实际上是命名符号“Domain\Login Name”中使用的旧 NetBIOS 表单，该属性是域用户对象的必需属性；而 Sam Account Name 应始终与 UPN 主体名称保持一致，即 Sam Account Name 必须等于属性 User Principal Name 的前缀部分。以上两种登录用户名都必须唯一。

举例：

域名：abc.com，Sam Account Name：zhangsan，NetBIOS 登录名：abc\zhangsan，User Principal Name：zhangsan@abc.com。

3. 防止意外删除：勾选后账户不能被删除和移动。

4. 域用户的密码默认至少为 7 个字符，不能包含“用户 SAN 登录”的名称或全名，至少要包含 A ~ Z、0 ~ 9、a ~ z、特殊符号四类字符中的三类。

（2）限制域用户登录域的时间

1）进入“Active Directory 管理中心”窗口，在中间窗格中选中已创建的用户“scb_server”，双击打开该账户的配置窗口，单击“登录小时”按钮。

2）在弹出的“登录小时数”对话框中选定时间段，可通过“允许登录”和“拒绝登录”来设置，如图 2-2-23 所示。

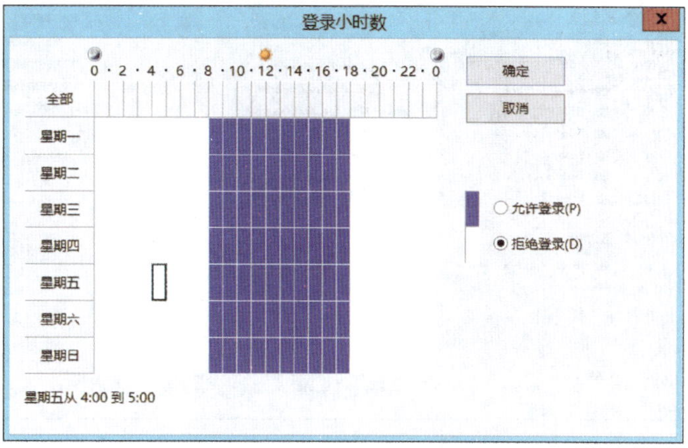

图 2-2-23 “登录小时数”对话框

（3）限制域用户从特定的计算机上登录域

在如图 2-2-22 所示的窗口中单击“登录到”按钮，在打开的“登录到”对话框中设置允许用户登录的计算机名，单击“添加”按钮即可（可添加多台允许登录的计算机），如图 2-2-24 所示。

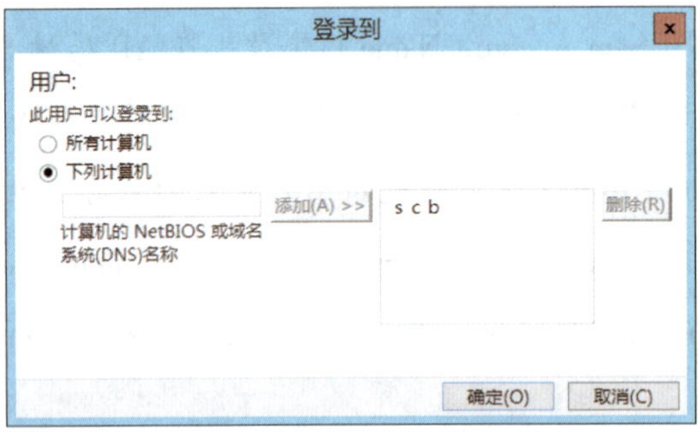

图 2-2-24　设置允许登录的计算机

2. 创建与管理域组

（1）创建域组

1）进入“Active Directory 管理中心”窗口，在左侧窗格中右击需要创建域组的域名“abc（本地）”，在弹出的菜单中选择“新建”子菜单下的“组”，如图 2-2-25 所示。

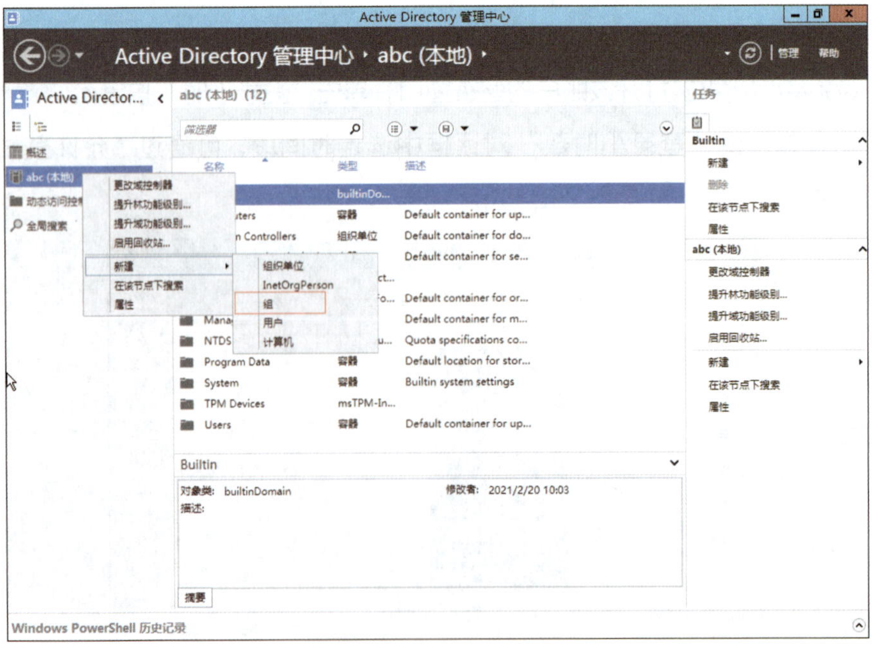

图 2-2-25　选择“组”

2）在创建组窗口的“组名”编辑框中输入组名，选择“组类型”和“组范围”，单击“确定”按钮，如图 2-2-26 所示。

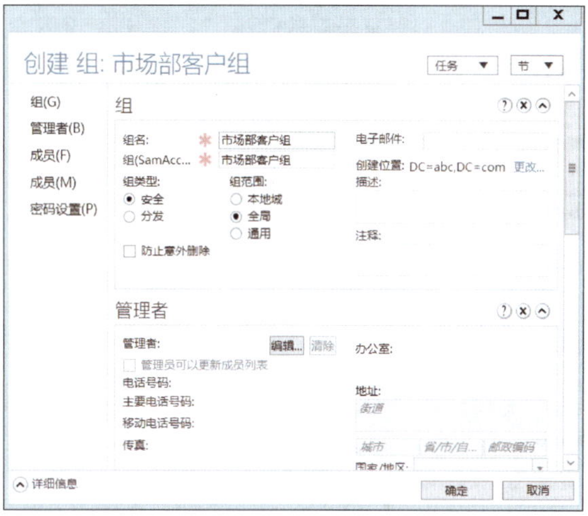

图 2-2-26　设置“组名”并选择“组类型”和“组范围”

（2）在域组中添加组成员

1）在“Active Directory 管理中心”窗口中选择中间窗格中需要添加的用户（scb_server 用户），选择右边窗格中的“添加到组”，如图 2-2-27 所示。

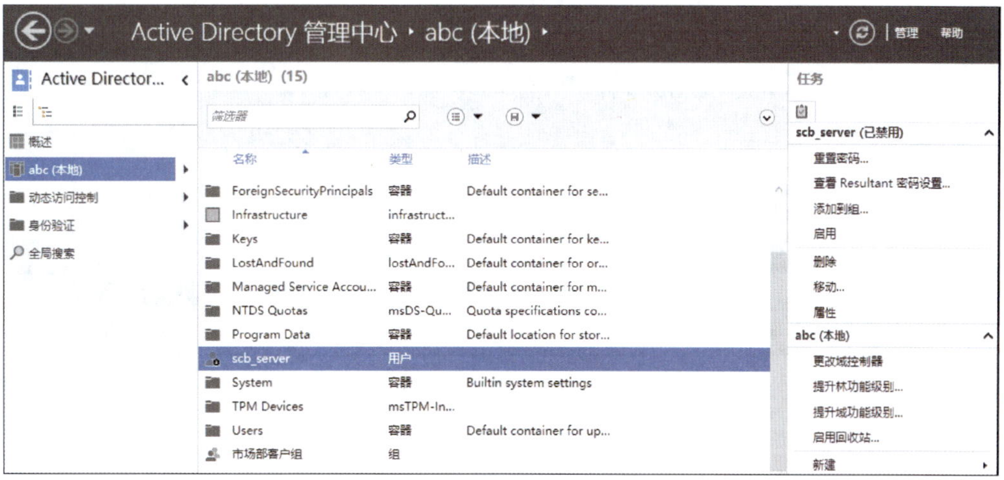

图 2-2-27　添加域组成员

2）在弹出的“选择组”对话框中单击“高级”按钮，在弹出的对话框中单击“立即查找”按钮，在“搜索结果”列表框中选择要被加入的组（市场部客户组），单击“确定”按钮，如图 2-2-28 所示。添加完成的效果如图 2-2-29 所示。

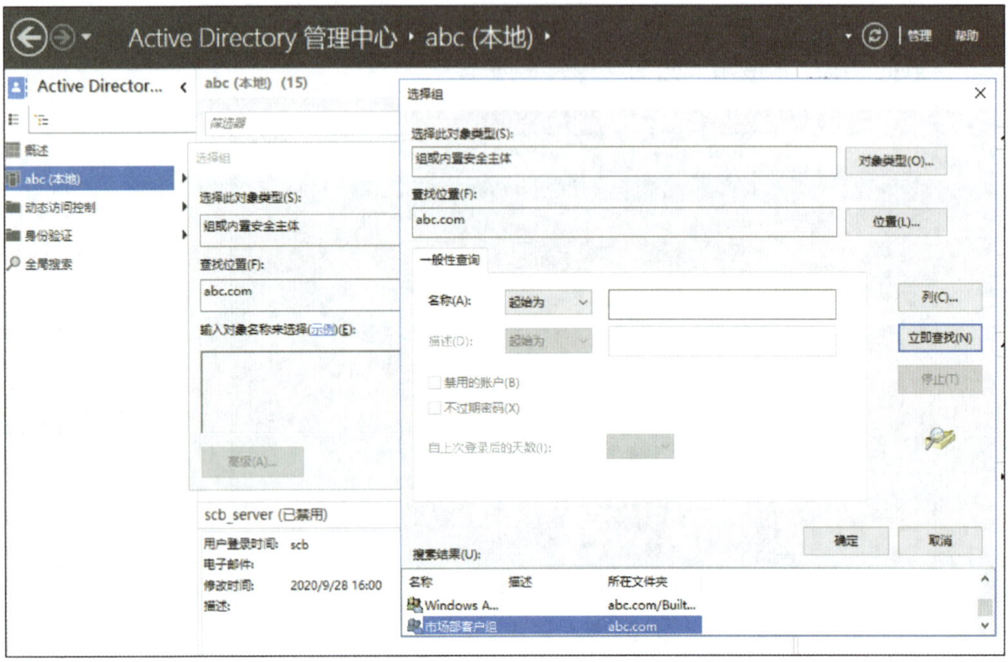

图 2-2-28　选择添加对象

图 2-2-29　添加完成的效果

3. 创建与管理组织单位

（1）创建组织单位（OU）

1）进入“Active Directory 管理中心”窗口，在右侧窗格中右击需要创建组织单位的域名“abc（本地）”，在弹出的菜单中选择“新建”子菜单下的“组织单位”，如图 2-2-30 所示。

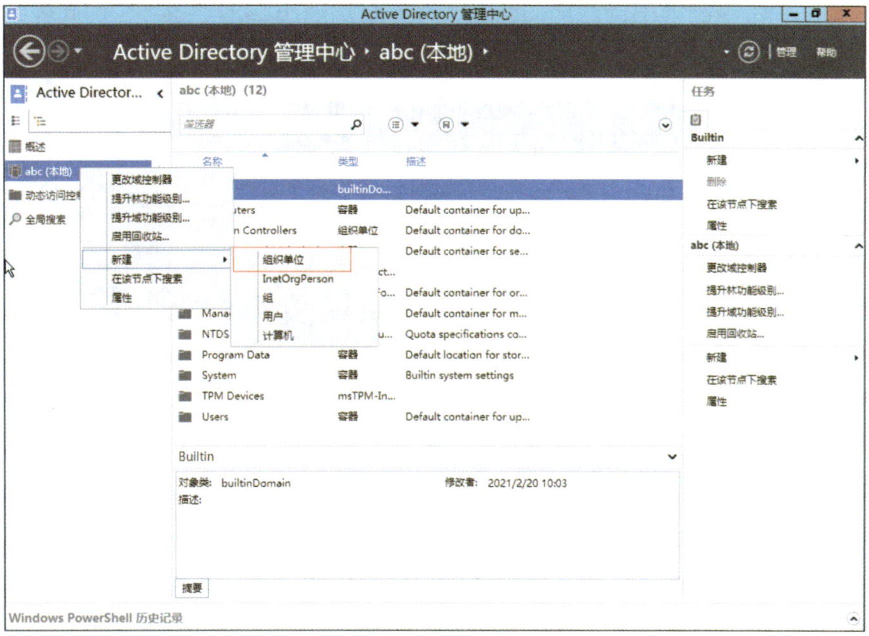

图 2-2-30　选择“组织单位”

2）在创建组织单位窗口的“名称”编辑框中输入组织单位的名称，单击“确定”按钮，如图 2-2-31 所示。

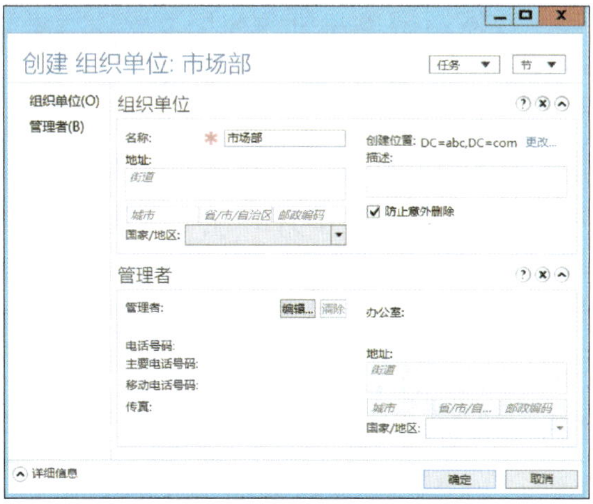

图 2-2-31　创建组织单位

（2）向组织单位中添加对象

组织单位中可以添加不同的对象，如用户账户、组账户、计算机账户或子组织单位等。

1）进入“Active Directory 管理中心”窗口，在左侧窗格中单击“abc（本地）”，在中间窗格中选中被添加的对象，在右侧窗格中单击“移动”，如图 2-2-32 所示。

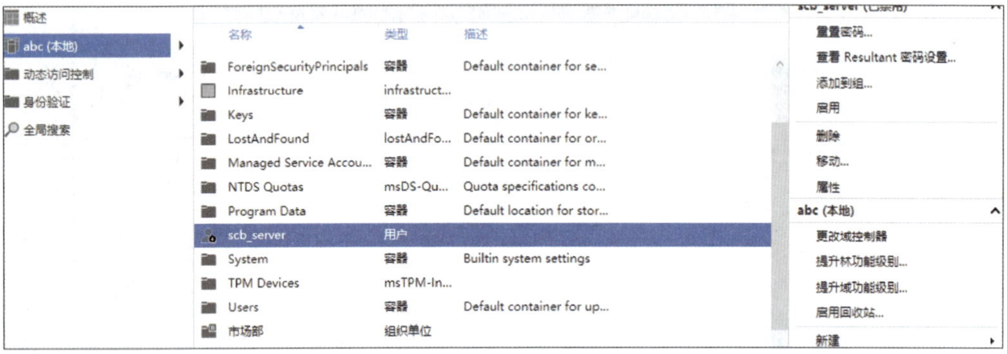

图 2-2-32　选中被添加的对象

2）在弹出的“移动”对话框中选中目标，单击“确定”按钮后即可将选定的对象添加到目标组织单位中，如图 2-2-33 所示。

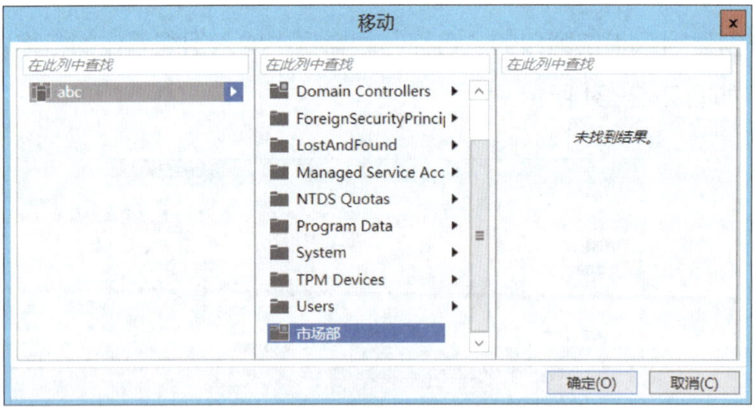

图 2-2-33　选中被添加的目标组织单位

四、域用户的权限管理

域用户的权限是指在域控制器中对创建的用户设置相应的访问域中资源的相关操作权限，如读取、写入、更改密码、创建子对象等。下面以 scb_server 用户为例，使 scb_server 用户具有完全控制权限。

1. 进入“Active Directory 管理中心”窗口，在左侧窗格中单击“abc（本地）”，在中间窗格中输入用户名“scb_server”，右击“scb_server”，在弹出的菜单中选择“属性”，如图 2-2-34 所示。

图 2-2-34　选择用户属性

2. 在弹出的“scb_server”用户属性窗口中单击“扩展”，在右侧顶部窗格中选择“安全”选项卡，如图 2-2-35 所示。

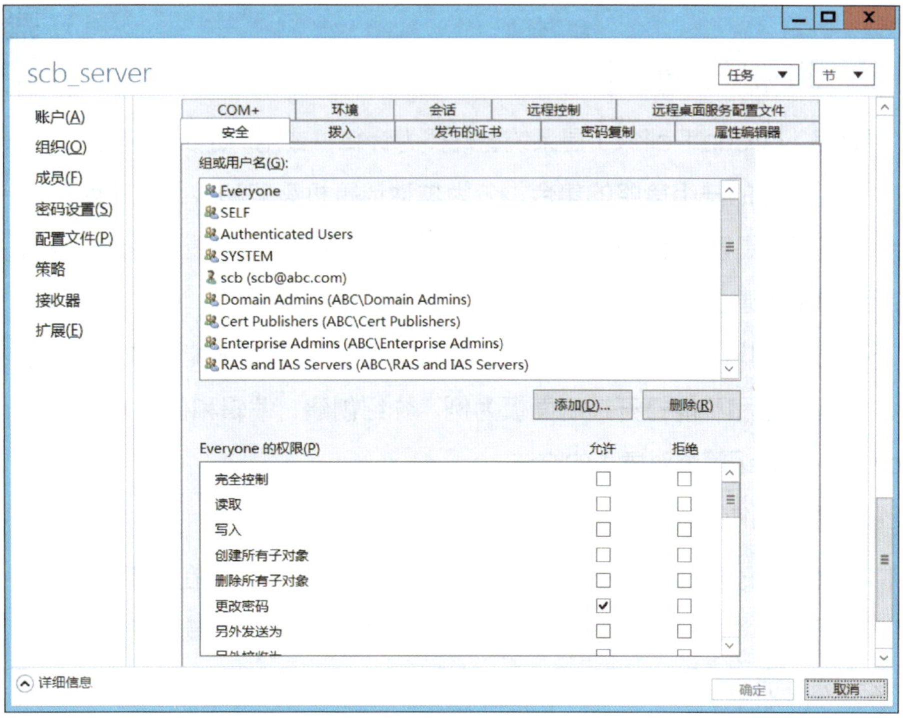

图 2-2-35　“安全”选项卡

3. 在“组或用户名”中选择“scb（scb@abc.com）”，设置其权限为“完全控制”，如图 2-2-36 所示，然后单击“确定”按钮。

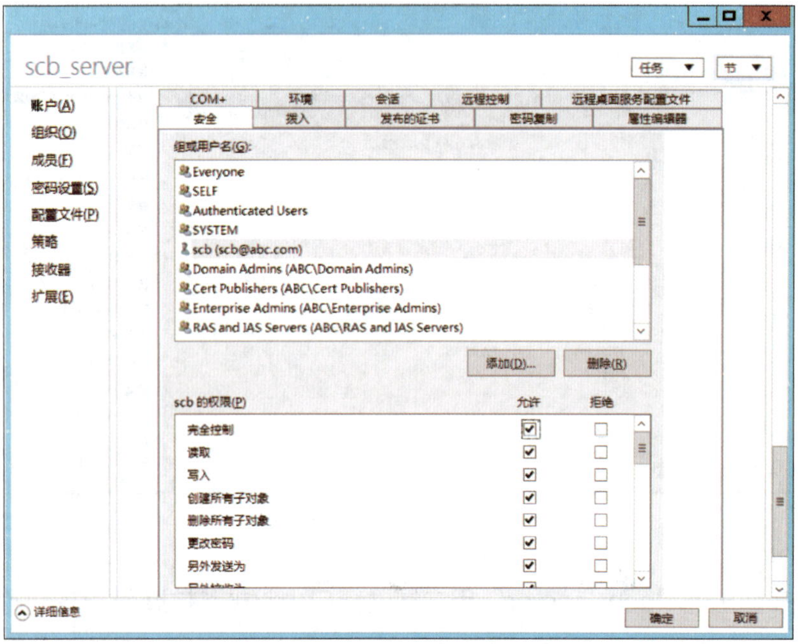

图 2-2-36 设置用户权限

五、组策略的配置

组策略（Group Policy）是系统管理员为计算机或用户定义的能更改系统配置和控制应用程序的一组策略的集合，分为本地计算机策略和域组策略两类。其中，本地计算机策略是管理本地计算机和用户使用的组策略，域组策略是针对域内站点、域或组织单位所建立的组策略。

下面以限制域用户 scb_server 在登录域中计算机后不能修改网络参数、不能修改桌面背景和不能打开控制面板为例，介绍创建、编辑和使用 GPO（Group Policy Object，组策略对象）的方法。

1. 创建 GPO

（1）使用管理员身份登录域控制器，打开“控制面板”，在“系统和安全”中选择“管理工具”，打开“管理工具”窗口，双击打开“组策略管理”窗口，如图 2-2-37 所示。

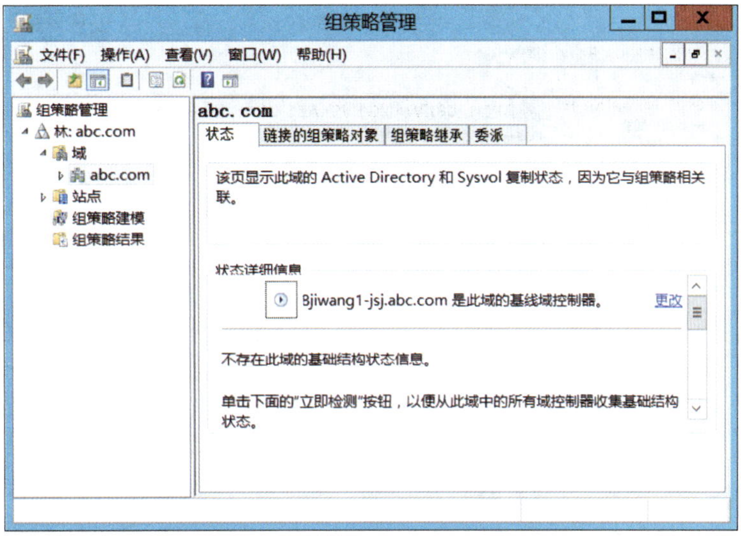

图 2-2-37 “组策略管理”窗口

（2）在“组策略管理”窗口中展开左侧的“abc.com”域，右击“组策略对象”，在弹出的菜单中选择“新建”，弹出“新建 GPO”对话框，在“名称”编辑框中输入名称（如 GPO1），单击“确定”按钮，如图 2-2-38 所示。

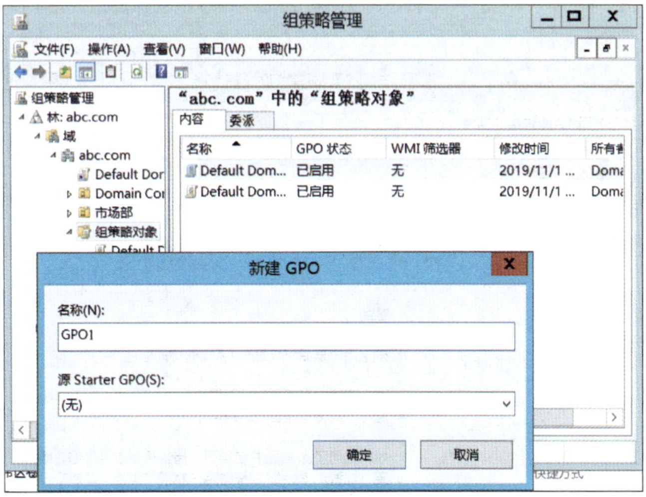

图 2-2-38 新建 GPO

2. 编辑 GPO 策略

（1）在“组策略管理”窗口中右击左侧“组策略对象”目录下刚新建的“GPO1”，在弹出的菜单中选择“编辑”，弹出“组策略管理编辑器”窗口，如图 2-2-39 所示。

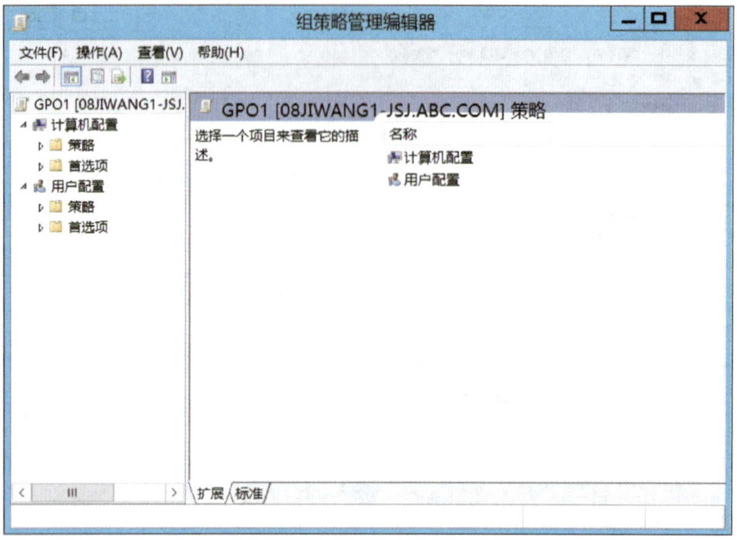

图 2-2-39 “组策略管理编辑器”窗口

（2）在图 2-2-39 左边窗格中依次展开“用户配置”→“管理模板”→“网络”→“网络连接”，在右侧窗格中依次双击“禁止访问 LAN 连接的属性”和“为管理员启用 Windows 2000 网络连接设置”，在弹出的对话框中分别选中“已启用”单选框，然后单击“确定”按钮，如图 2-2-40 和图 2-2-41 所示。

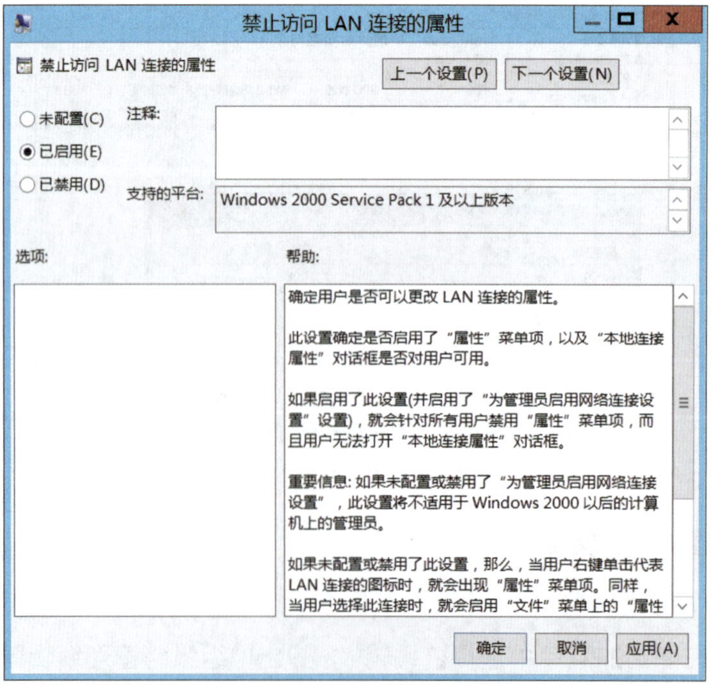

图 2-2-40 禁止访问连接

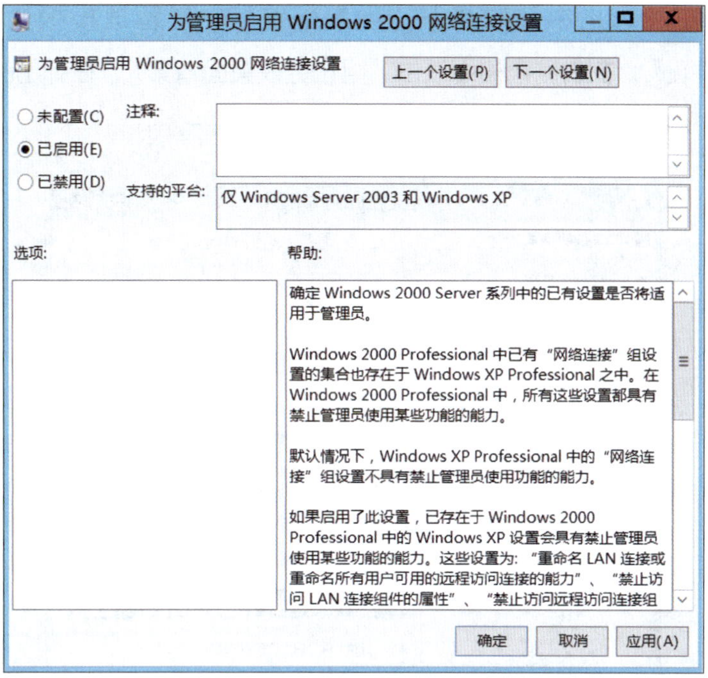

图 2-2-41　为管理员启用网络连接

（3）在左边窗格中依次展开“用户配置”→“管理模板”→“控制面板”，在右侧窗格中双击“禁止访问‘控制面板’和 PC 设置”，在弹出的对话框中选中“已启用”单选框，然后单击“确定”按钮，如图 2-2-42 所示。

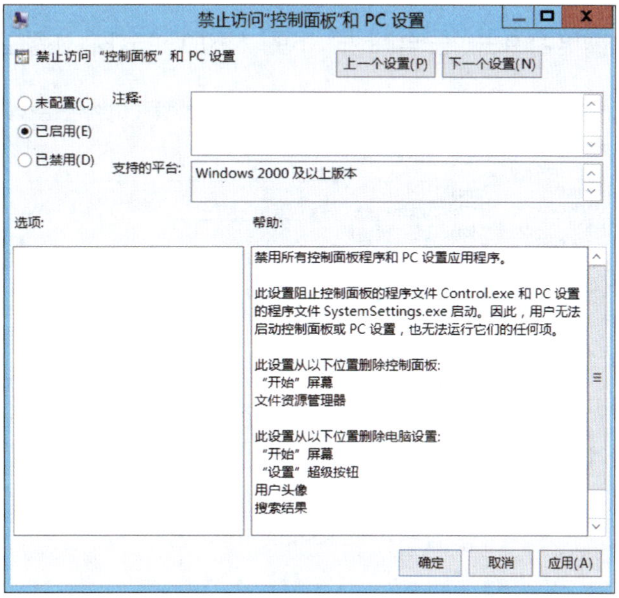

图 2-2-42　禁止访问控制面板

（4）在左边窗格中依次展开“用户配置”→“管理模板”→“控制面板”→“个性化”，在右侧窗格中双击“阻止更改桌面背景”，在弹出的对话框中选中“已启用”单选框，然后单击“确定”按钮，如图 2-2-43 所示。

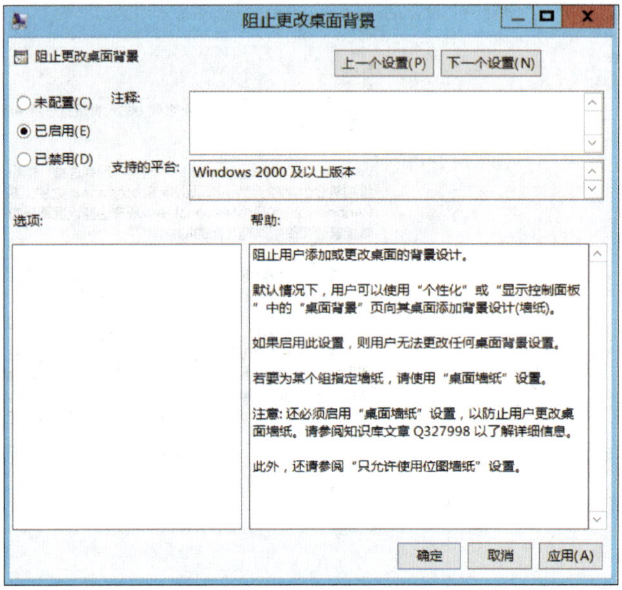

图 2-2-43　阻止更改桌面背景

3. 指定 GPO 对象

（1）在“组策略管理”窗口展开左侧的窗格，双击“组策略对象”下的“gpo1”，在右侧窗格中单击“安全筛选”下的“添加”按钮，如图 2-2-44 所示。

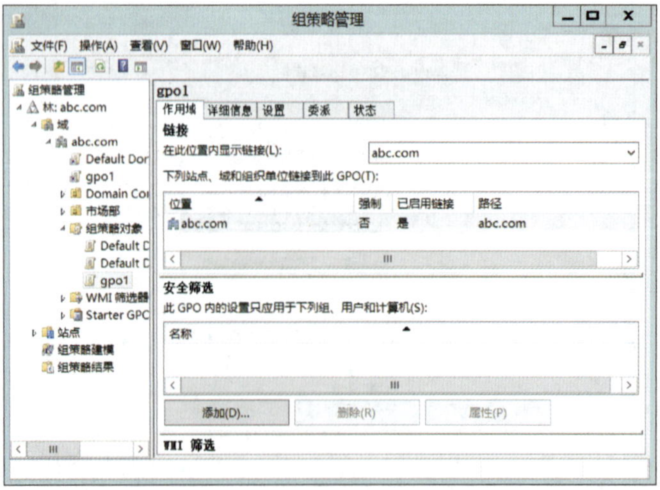

图 2-2-44　指定 GPO 对象

（2）在弹出的“选择用户、计算机或组”对话框中单击“高级”按钮，在弹出的对话框中单击“立即查找”按钮，在“搜索结果”列表框中选择要被加入的用户（scb_server），单击“确定”按钮，如图 2-2-45 所示。

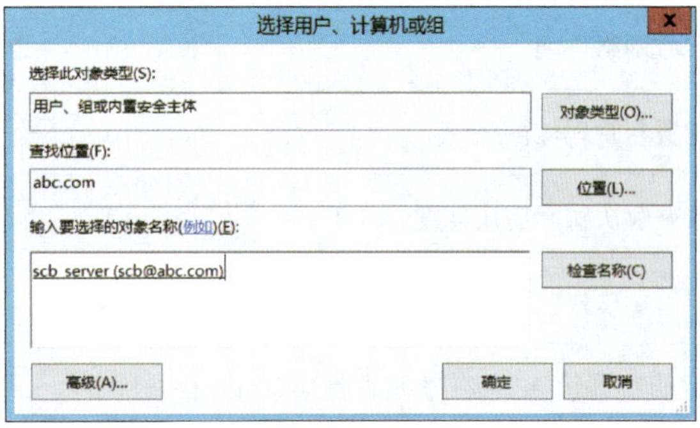

图 2-2-45　选择用户

4. 测试结果

使用 scb_server 用户在加入域的客户机上登录测试能否修改网络参数、修改桌面背景和打开控制面板。

工作评价

根据任务完成情况，进行学习任务综合评价，见表 2-2-1。

表 2-2-1　学习任务综合评价表

考核项目	评价内容	配分（分）	评价分数		
			自我评价	小组评价	教师评价
职业素养	安全和责任意识强，遵守健康及安全标准	10			
	团队合作意识强，能与同学分享知识及专业资料	10			
	现场管理符合 8S 标准，做好定期整理工作	10			
专业能力	能复述域控制器安装所需的条件	10			
	能正确安装和配置域控制器	10			
	能使计算机加入域和脱离域	10			
	能正确创建域用户、域组和组织单位	10			

续表

<table>
<tr><th rowspan="2">考核项目</th><th rowspan="2">评价内容</th><th rowspan="2">配分（分）</th><th colspan="3">评价分数</th></tr>
<tr><th>自我评价</th><th>小组评价</th><th>教师评价</th></tr>
<tr><td rowspan="3">工作成果</td><td>能正确配置域网络环境</td><td>10</td><td></td><td></td><td></td></tr>
<tr><td>能按要求配置与管理域网络</td><td>10</td><td></td><td></td><td></td></tr>
<tr><td>能运用组策略解决实际应用问题</td><td>10</td><td></td><td></td><td></td></tr>
<tr><td colspan="2">总分</td><td>100</td><td></td><td></td><td></td></tr>
<tr><td rowspan="2">综合评分</td><td>综合评分 = 自我评价 ×20%+ 小组评价 ×30%+ 教师评价 ×50%</td><td rowspan="2">教师（签名）：</td><td colspan="3" rowspan="2"></td></tr>
<tr><td></td></tr>
</table>

思考与练习

一、选择题

1．域中应最少有（　　）台域控制器。

A．1　　B．2

C．3　　D．4

2．域中计算机有（　　）等角色。

A．域控制器　　B．成员服务器

C．独立服务器　　D．工作站

3．某公司有四个部门，公司为每一名员工都配置了计算机，每个部门都有一台打印机，部门之间相互独立运作，有统一的资源管理人员，采用最佳的管理方案是（　　）。

A．为每个部门建立一个工作组，用于管理部门内的资源

B．为每个部门建立一个域，用于管理部门内的用户和资源

C．为公司建立一个域，在域中为每个部门建立一个组织单位

D．为公司建立一个工作组，用于统一存放和管理部门内的资源

4. 管理员为一名普通用户账户 licy 设置的登录时间如图 2-2-46 所示，下列说法中正确的是（   ）。

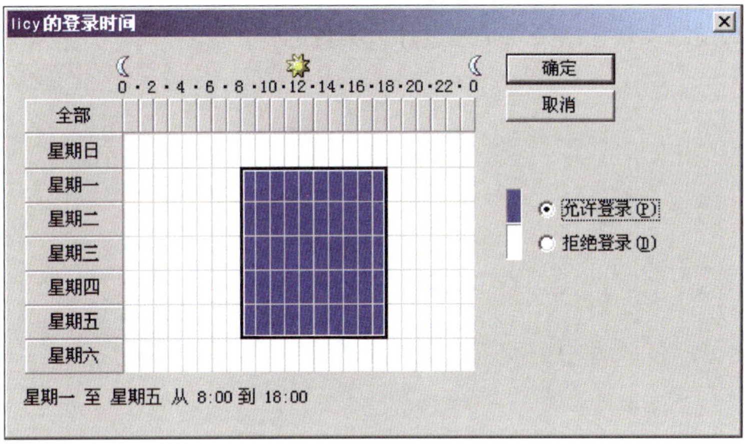

图 2-2-46　登录时间设置

A. 在周一到周五，licy 在工作到 18:00 后就会被系统自动注销

B. licy 始终无法登录到域中

C. 在周一到周五 18:00 后 licy 还可以继续她未完成的工作，但当她注销后就无法再登录到域中

D. 在周一到周五 17:30 时 licy 将收到系统提示，告诉她将于 30 min 后自动由系统注销

E. licy 在周六到公司加班时无法登录到域中

二、判断题

1. 要配置一台域控制器，必须在这台计算机上安装活动目录。（   ）

2. 组策略对象配置包括用户配置和计算机配置。（   ）

3. 域用户在限制登录时间后就不能继续使用域中的资源。（   ）

4. 组策略可以使公司规范化使用计算机。（   ）

5. 小王负责公司域网络的管理，用户小李要出差两个月，出于安全考虑小王应禁用小李的账户，待他出差回来再启用。（   ）

三、简答题

1. 简述域的特点。
2. 安装域控制器需要具备哪些条件?
3. 什么是组策略?组策略是通过什么实现的?

项目三
网络中心机房办公系统服务器的安装与配置

在网络中规划和管理 IP 地址信息是实现网络管理的先决条件，运用 DHCP 服务器动态分配 IP 地址和 DNS 服务器地址，以保证网络设置的安全、可靠和高效。为了实现业务信息化，对外部设备和用户提供数据存储、业务应用和信息交换等服务，还需构建 DNS、Web、E-mail、文件和打印服务及远程访问服务等，以保障信息系统的正常运行。

任务 1
DHCP 服务器的安装与配置

学习目标

1. 了解 DHCP 服务的概念和工作过程。
2. 了解 DHCP 客户机租约更新的方法。
3. 能安装、授权、配置 DHCP 服务器。
4. 能在客户机上配置并测试 DHCP 效果。

任务描述

某企业为解决员工计算机联网中出现的各种断网问题，如 IP 地址冲突、地址设置错误，以及业务部员工经常移动办公，为网络管理带来很大负担的问题，需要部署 DHCP 服务器。DHCP 服务是企业用于动态管理内部计算机 IP 地址而采用的方式，能避免出现 IP 冲突和错误配置导致的无法联网的情况。DHCP 服务可以配置在路由器、交换机和防火墙等网络设备上，也可以配置在服务器系统上。下面以配置在服务器系统上为例进行讲述，具体要求如下：

1. 安装、授权 DHCP 服务器。
2. 创建、激活作用域并配置作用域选项。
3. 设置并验证 DHCP 客户机。

相关知识

一、DHCP 服务的基本概念

DHCP 是“Dynamic Host Configuration Protocol”（动态主机配置协议）的缩写，其主要作用是集中管理、分配 IP 地址，使网络环境中的主机动态获得 IP 地址、网关地址、DNS 服务器地址等信息，并能够提升地址的使用率。

二、DHCP 服务的工作过程

DHCP 协议采用 UDP（User Datagram Protocol，用户数据报协议）作为传输协议，主机发送请求消息到 DHCP 服务器的 68 号端口，DHCP 服务器回应应答消息给主机的 67 号端口。DHCP 服务详细的交互过程如图 3-1-1 所示。

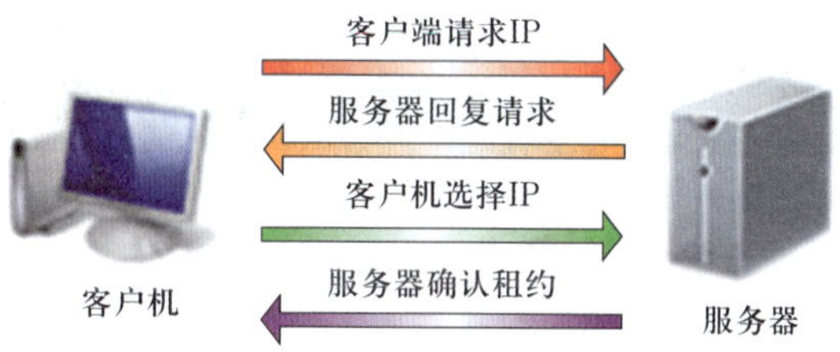

图 3-1-1　DHCP 服务详细的交互过程

三、DHCP 客户机的租约更新

DHCP 客户机从 DHCP 服务器上获取的 TCP/IP 配置信息默认租期是 8 天（可以在服务器上调整）。为了延长使用期限，DHCP 可以采用自动更新和手动更新两种更新方法。

1. 自动更新

在客户机重启或租约期限达到 50% 时，客户机会自动向提供租约的服务器发送请求数据包，要求更新及延长现有地址的租约。DHCP 服务器若收到请求，则更新客户机的租约；若无法联系，则租期到 87.5% 后自动进入重新申请的状态。

2. 手动更新

网络管理员可以在 DHCP 客户机上对 IP 地址进行手动更新，命令为 ipconfig / renew。

任务实施

一、DHCP 服务器的安装和授权

1. 安装条件

搭建 DHCP 服务器需要以下条件的支持：

（1）若网络中有域控制器，则需安装在域控制器或成员服务器上。

（2）需要为服务器指定静态 IP 地址。

2. 安装 DHCP 服务器

（1）在桌面任务栏左侧单击“服务器管理器”图标，在弹出的“服务器管理器”窗口选择“仪表板”，单击“添加角色和功能”，如图 3-1-2 所示。

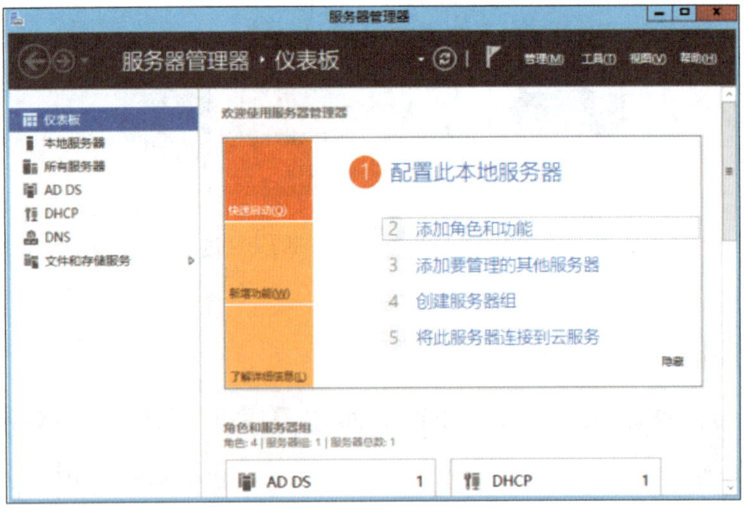

图 3-1-2　添加角色和功能

（2）弹出“添加角色和功能向导”窗口，单击“下一步”按钮，如图 3-1-3 所示。

（3）进入“选择安装类型”界面，选中“基于角色或基于功能的安装”单选框，单击“下一步”按钮，如图 3-1-4 所示。

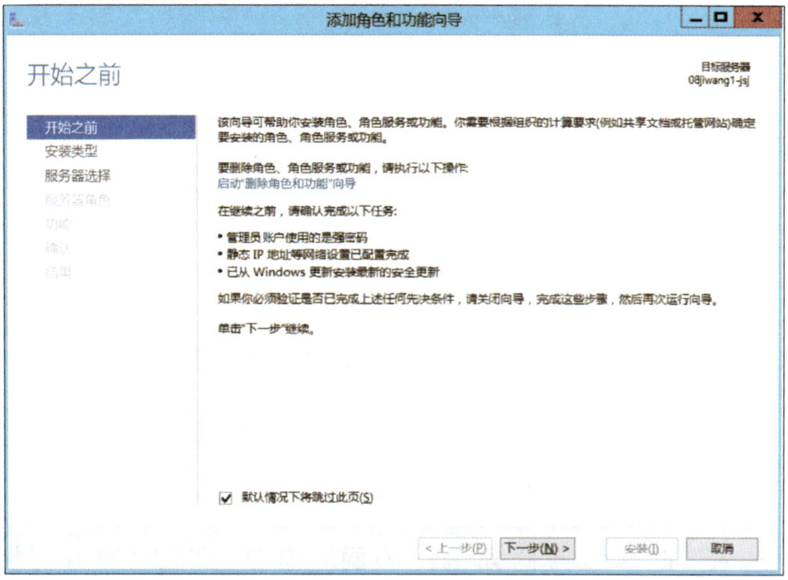

图 3-1-3 “添加角色和功能向导”窗口

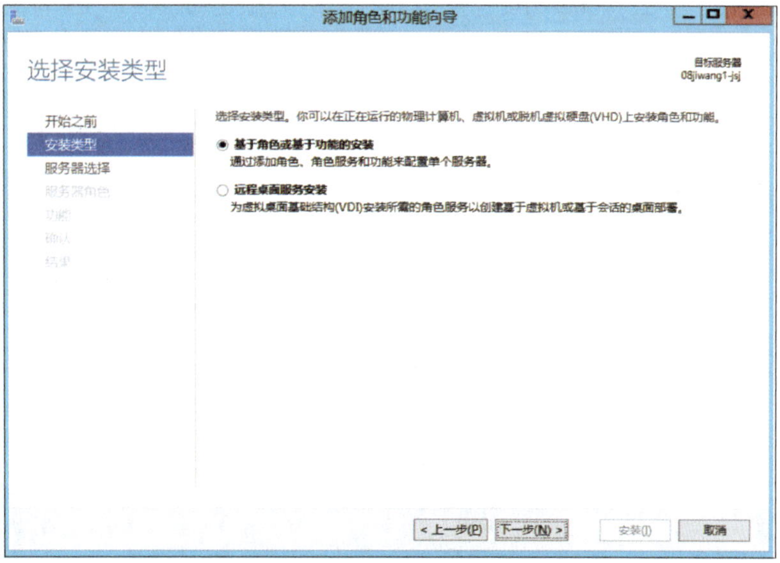

图 3-1-4 选择安装类型

（4）进入“选择目标服务器”界面，选中“从服务器池中选择服务器”单选框，在“服务器池”列表框内选择要安装的服务器，然后单击“下一步”按钮，如图 3-1-5 所示。

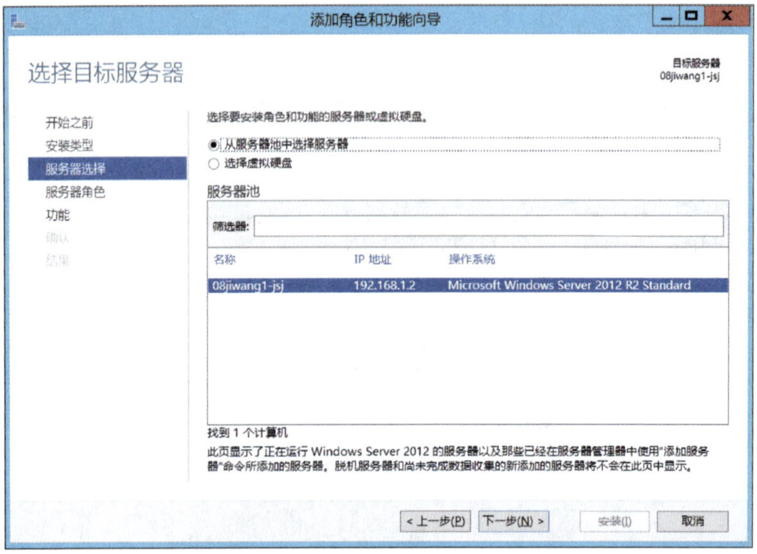

图 3-1-5　选择目标服务器

（5）进入“选择服务器角色”界面，勾选“DHCP 服务器”复选框（图 3-1-6），在“添加 DHCP 服务器所需的功能”界面勾选“包括管理工具（如果适用）”复选框，单击“添加功能”按钮（图 3-1-7），系统返回“选择服务器角色”界面。

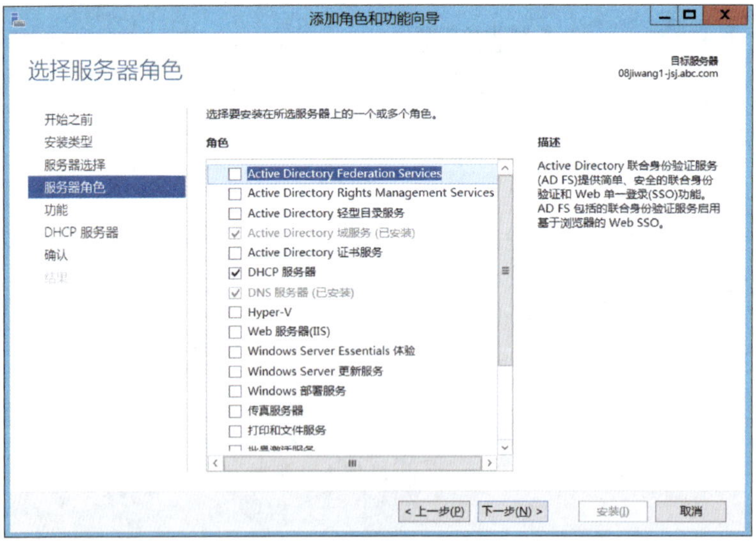

图 3-1-6　选择服务器角色

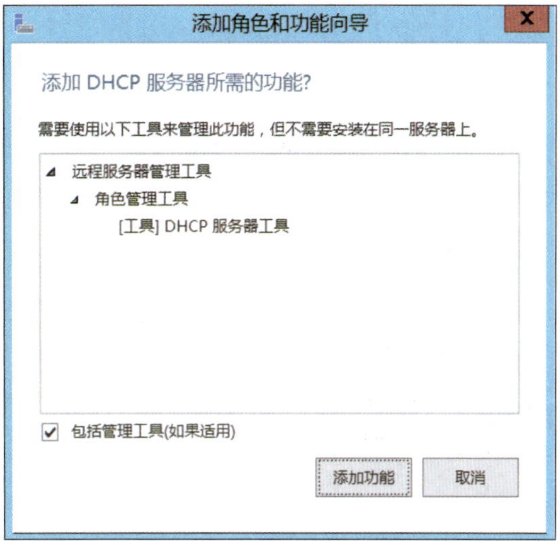

图 3-1-7　添加所需功能

（6）连续单击“下一步”按钮，直到进入“确认安装所选内容”界面，如图 3-1-8 所示。单击“安装”按钮系统开始安装，安装完成后单击“完成 DHCP 配置”链接，如图 3-1-9 所示。

（7）弹出“DHCP 安装后配置向导”窗口，单击“下一步”按钮，如图 3-1-10 所示。在“授权”界面确认用户凭据（需要域控制器的 Administrator 账户授权），单击“提交”按钮，如图 3-1-11 所示。

（8）单击“关闭”按钮，至此，DHCP 服务器安装和授权完成。

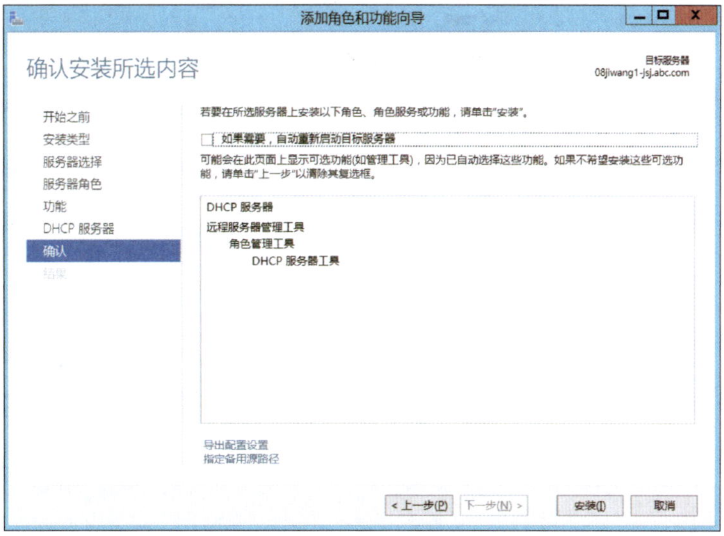

图 3-1-8　确认安装所选内容

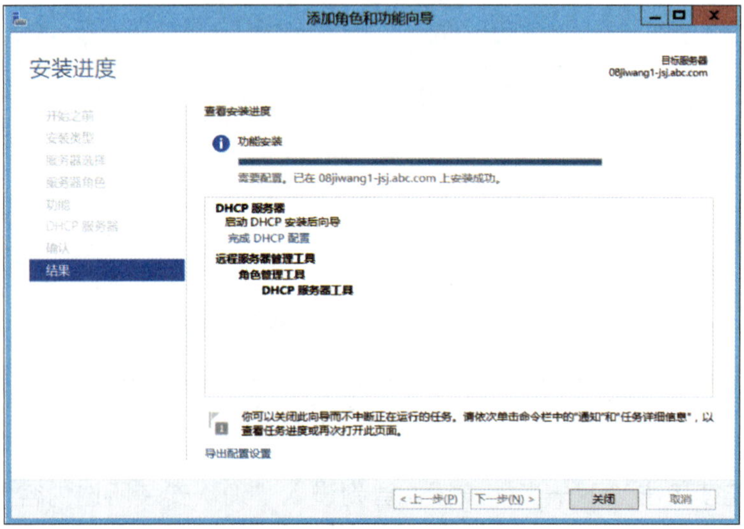

图 3-1-9　完成 DHCP 配置

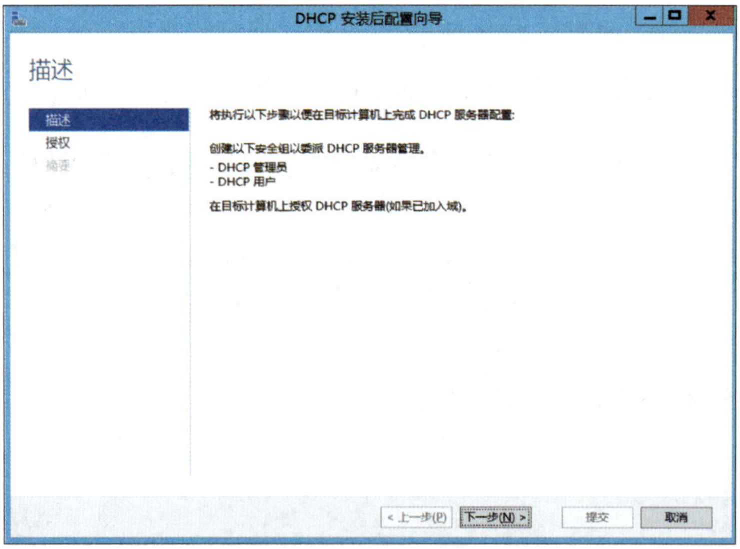

图 3-1-10　DHCP 配置向导

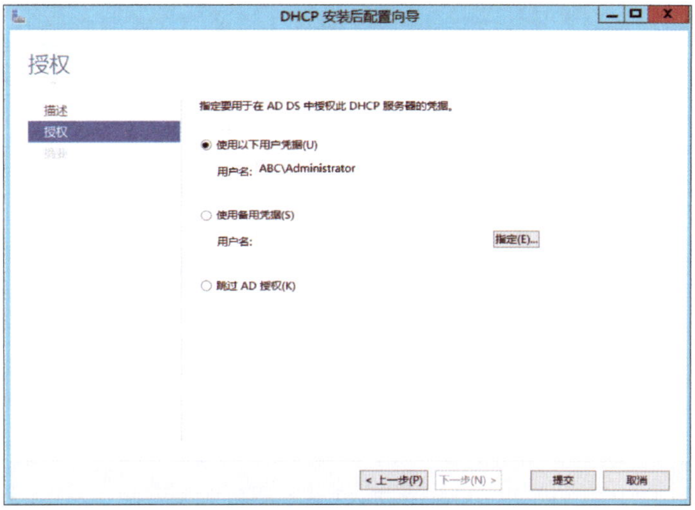

图 3-1-11　DHCP 授权

二、作用域的创建、激活与配置

1. 创建与激活作用域

作用域是 DHCP 服务器上设置的分配给客户机的 IP 地址范围等，其创建与激活步骤如下：

（1）在“控制面板”中打开“系统和安全”，双击“管理工具”中的“DHCP”，打开“DHCP”窗口，展开左侧 DHCP 目录，右击“IPv4”，在弹出的菜单中选择“新建作用域”，如图 3-1-12 所示。在弹出的“新建作用域向导”对话框中输入作用域的“名称”和“描述”信息，然后单击“下一步”按钮，如图 3-1-13 所示。

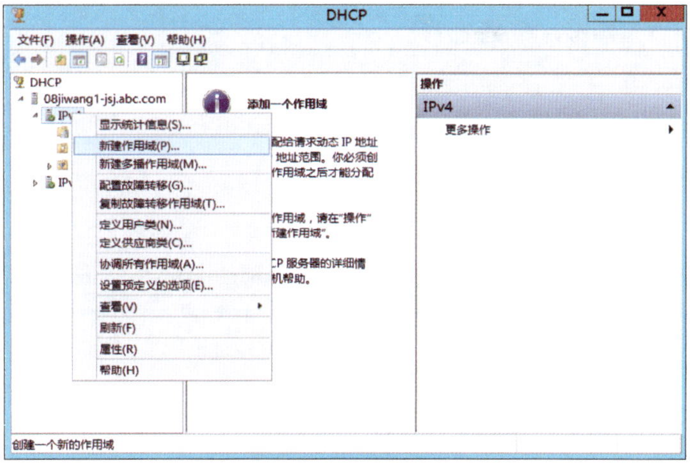

图 3-1-12　新建作用域

图 3-1-13　输入作用域的“名称”和“描述”信息

（2）进入“IP 地址范围”界面，设置“起始 IP 地址”和“结束 IP 地址”，此为租借给客户机的 IP 地址范围。在“子网掩码”编辑框中指定租借给客户机的子网掩码，单击“下一步”按钮，如图 3-1-14 所示。

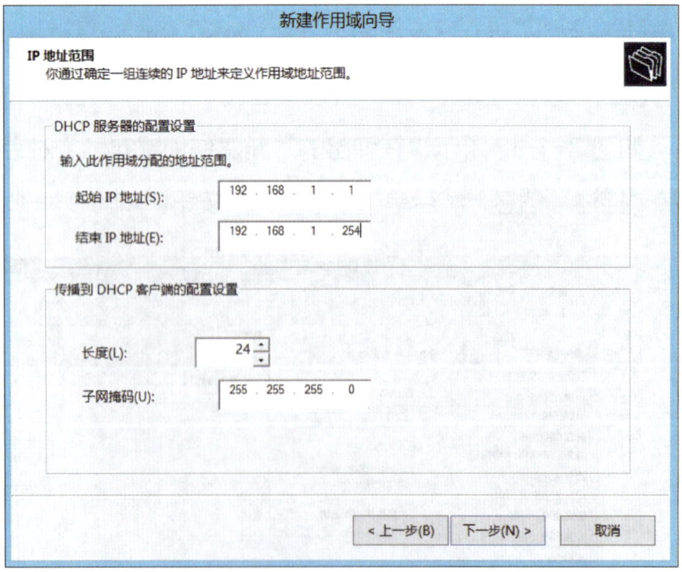

图 3-1-14　设置作用域 IP 地址范围

（3）进入“添加排除和延迟”界面，此为 IP 地址分配范围中排除在外不分配出去的地址，在“起始 IP 地址”和“结束 IP 地址”编辑框中输入排除的范围地址，若排除的是单个地址，可只写起始 IP 地址，或起始 IP 地址与结束 IP 地址相同即可。单击“下一步”按钮，如图 3-1-15 所示。

图 3-1-15　设置作用域排除地址

（4）进入“租用期限”界面，默认期限是 8 天，可根据需要修改。单击“下一步”按钮，如图 3-1-16 所示。

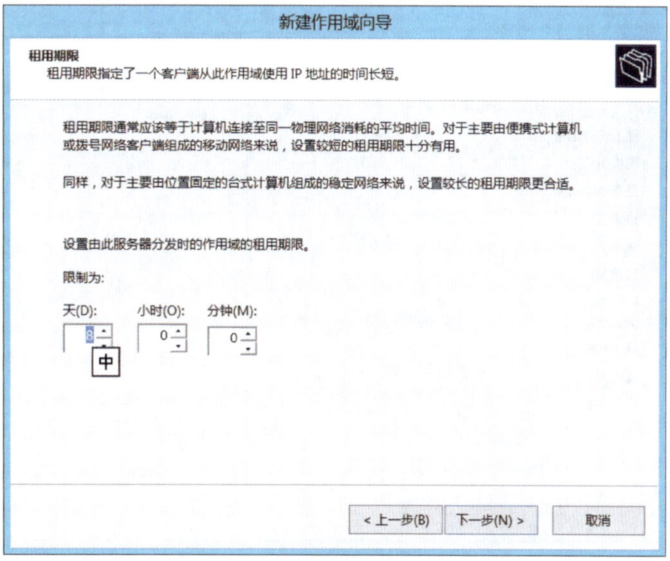

图 3-1-16　设置作用域租用期限

（5）进入“配置 DHCP 选项”界面，选中“否，我想稍后配置这些选项”单选框（作用域选项可后续配置），单击“下一步”按钮，如图 3-1-17 所示。

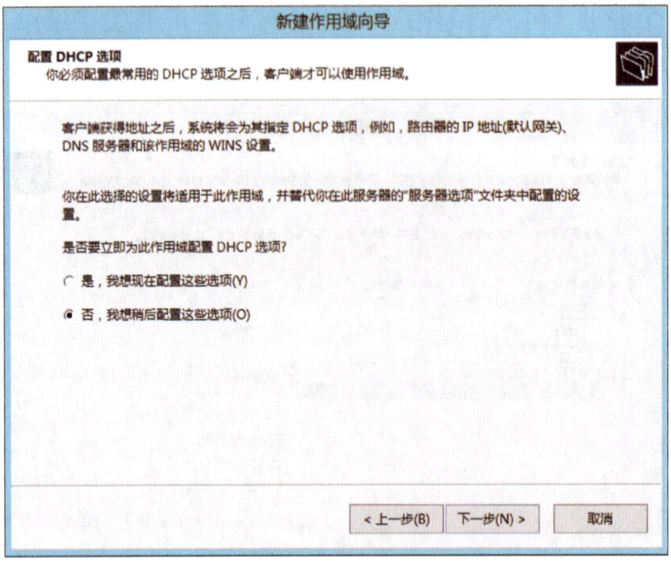

图 3-1-17　配置 DHCP 选项

（6）单击“完成”按钮，至此，DHCP 作用域就创建完成了。右击左侧窗格新建的“作用域 [192.168.1.0]”，在弹出的菜单中选择“激活”，激活该作用域，如图 3-1-18 所示。

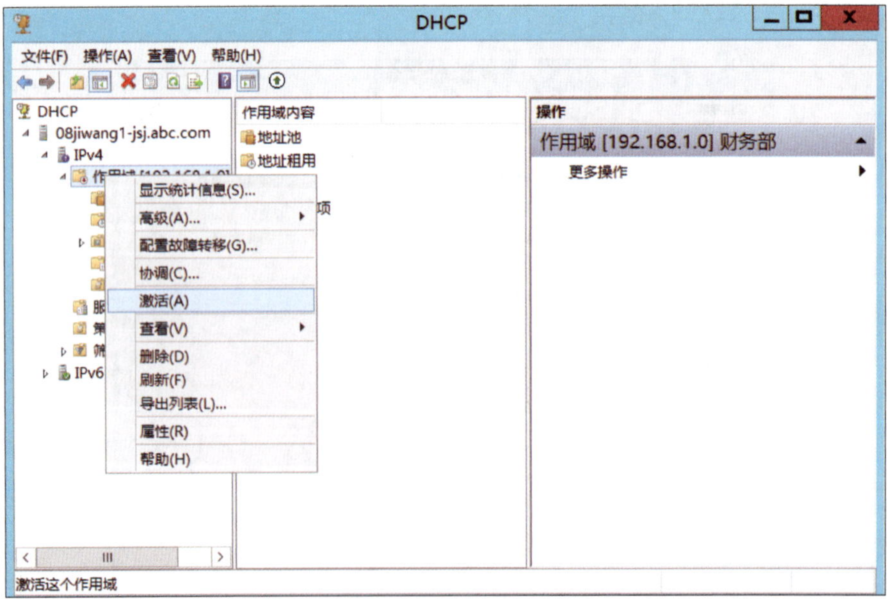

图 3-1-18　激活作用域

2. 配置作用域选项

常见的 DHCP 服务器作用域选项为分配默认网关（003）、DNS 服务器地址

（006）和 WINS 服务器地址（044）等信息，可通过作用域选项来设置。以网关为例，具体操作如下：

（1）打开“DHCP”窗口，在左侧窗格中“作用域［192.168.1.0］”下右击“作用域选项”，在弹出的菜单中选择“配置选项”，如图 3-1-19 所示。

图 3-1-19 选择“配置选项”

（2）弹出“作用域选项”对话框，在常规选项卡中勾选“003 路由器”，在“IP 地址”编辑框中输入默认网关的 IP 地址，单击“添加”按钮，然后单击“确定”按钮，如图 3-1-20 所示。

三、DHCP 客户机的设置与验证

要使局域网中的计算机通过 DHCP 服务器获得 IP 地址等参数，还必须对 DHCP 客户端计算机进行相应的设置。具体操作如下：

1. 打开客户端计算机，右击“网络”，在弹出的菜单中选择“属性”，打开“网络和共享中心”窗口，单击“更改适配器配置”，打开“网络连接”窗口，右击“本地连接”，在弹出的菜单中选择“属性”，在弹出的网络属性对话框中双击“Internet 协议版本 4（TCP/IPv4）”，弹出“Internet 协议版本 4（TCP/IPv4）属性”对话框，选中“自动获得 IP 地址”和“自动获得 DNS 服务器地址”单选框，单击“确定”按钮，如图 3-1-21 所示。

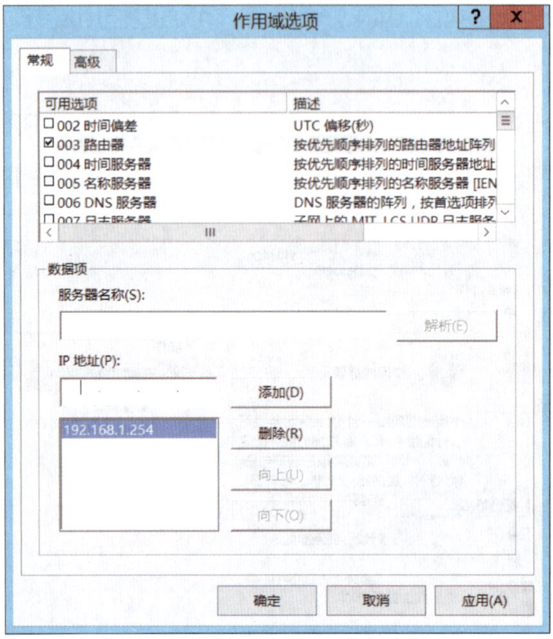

图 3-1-20　配置默认网关

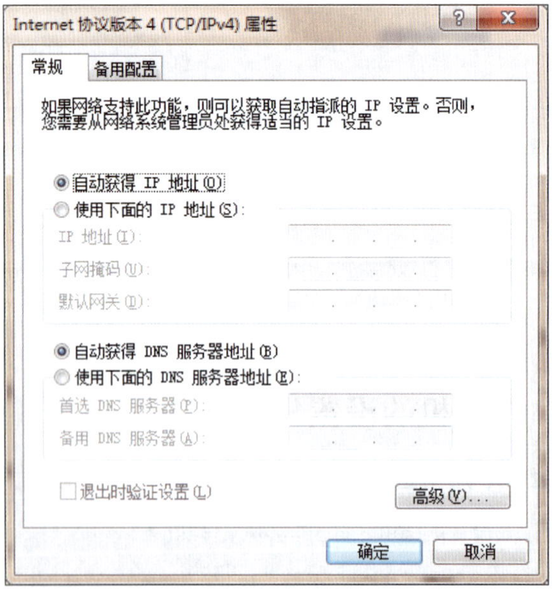

图 3-1-21　设置自动获取地址

2. 客户机验证。在“命令提示符”窗口中输入“ipconfig/all”命令查看 TCP/IP 的详细配置信息，使用 ipconfig/release 命令释放当前 IP 地址配置，使用 ipconfig/renew 命令重新获取 IP 地址配置。图 3-1-22 所示为查看 TCP/IP 的详细配置信息。

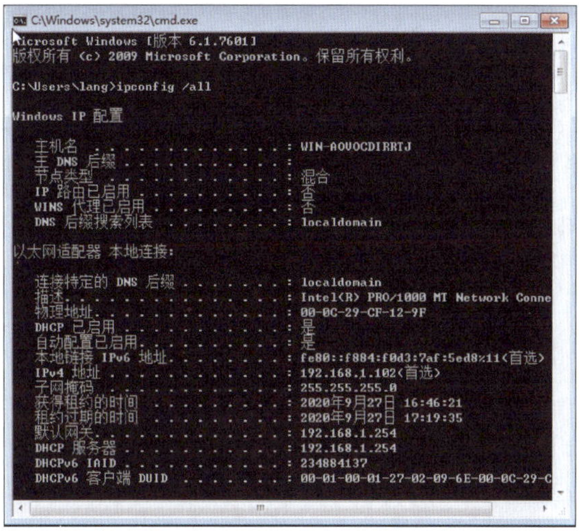

图 3-1-22　查看 TCP/IP 的详细配置信息

小贴士

客户端获取地址后，在 DHCP 服务器作用域的“地址租用”中可以查看租出去的地址信息。

工作评价

根据任务完成情况，进行学习任务综合评价，见表 3-1-1。

表 3-1-1　学习任务综合评价表

考核项目	评价内容	配分（分）	评价分数		
			自我评价	小组评价	教师评价
职业素养	安全和责任意识强，遵守健康及安全标准	10			
	团队合作意识强，能与同学分享知识及专业资料	10			
	现场管理符合 8S 标准，做好定期整理工作	10			
专业能力	能正确安装 DHCP	10			
	能根据实际需求配置 DHCP 作用域	10			
	能使客户端从 DHCP 服务器上获取正确的地址	10			
	能通过修改服务器相关参数使客户端重新获取地址	10			

续表

考核项目	评价内容	配分（分）	评价分数		
			自我评价	小组评价	教师评价
工作成果	能安装和删除 DHCP 角色	10			
	能按要求配置 DHCP 服务器	10			
	能正确配置 DHCP 客户机	10			
总分		100			
综合评分	综合评分 = 自我评价 ×20%+ 小组评价 ×30%+ 教师评价 ×50%	教师（签名）：			

思考与练习

一、选择题

1. 在客户机重启或租约期限达到（　　）时，客户机会自动向提供租约的服务器发送请求数据包。

A. 40%　　B. 50%　　C. 60%　　D. 87.5%

2. DHCP 协议是关于（　　）的协议。

A. 邮件传输　　B. 超文本传输　　C. 动态主机配置　　D. 域名解析

3. 客户端计算机设置为自动获得 IP 地址，管理员通过（　　）命令可以查看从 DHCP 服务器获得的 IP 地址信息。

A. ipconfig　　B. ip address　　C. ping　　D. dhcp

4.（　　）命令用来续约（重新获取）DHCP 客户端的 IP 地址。

A. ipconfig/all　　B. ipconfig/release

C. ipconfig/renew　　D. ipconfig

5. 如果希望一个 DHCP 客户机总是获取一个固定的 IP 地址，那么可以在 DHCP 服务器上为其设置（　　）。

A. IP 作用域　　B. DHCP 中继代理

C. IP 地址保留　　D. 子网掩码

二、判断题

1. DHCP 是动态主机配置协议的简称。 （　　）

2. 在安装 DHCP 服务器之前，必须保证这台计算机具有静态的 IP 地址。 （　　）

3. 网络管理员可以在 DHCP 客户机上对 IP 地址进行手动更新。 （　　）

4. 默认情况下，DHCP 客户机获得的 IP 地址租约期限是无限的。 （　　）

三、简答题

1. 动态 IP 地址方案有什么优点和缺点？

2. 安装 DHCP 服务的前提条件有哪些？

3. 在 DHCP 服务网络中，如果客户机自动分配的 IP 地址为 169.254.0.1 ~ 169.254.255.254，可能的原因有哪些？

任务 2
DNS 服务器的安装与配置

学习目标

1. 了解 DNS 服务器的作用、工作过程和域名的空间结构。
2. 能安装、配置 DNS 服务器。
3. 能在客户机上配置并测试 DNS 效果。

任务描述

某企业原来使用 ISP 提供的 DNS 服务器地址 abc.com 完成域名解析，为满足业务需求，需要配置一台企业内部的 DNS 服务器，IP 地址为 192.168.1.1，该服务器既能解析企业内部的 Web 服务器地址，又能完成外网的解析请求。现要求网络管理员完成 DNS 服务器的安装与配置。下面以在域环境下为例进行讲述，具体要求如下：

1. 安装 DNS 服务器。
2. 创建、配置正向搜索区域和反向查找区域。
3. 设置、验证客户机。

相关知识

DNS 是 Domain Name System（域名系统）的缩写，是 Internet 的一项核心服务。它作为可以将域名和 IP 地址相互映射的一个分布式数据库，能够使人们更方便地访问互联网，而不用记住那些能够被机器直接读取的 IP 地址。当某主机要与其他主机通信时，就可以利用主机名称向 DNS 服务器请求查询此主机的 IP 地址。

一、域名空间结构

DNS 在互联网上采用了层次树状结构的命名方法，如图 3-2-1 所示。

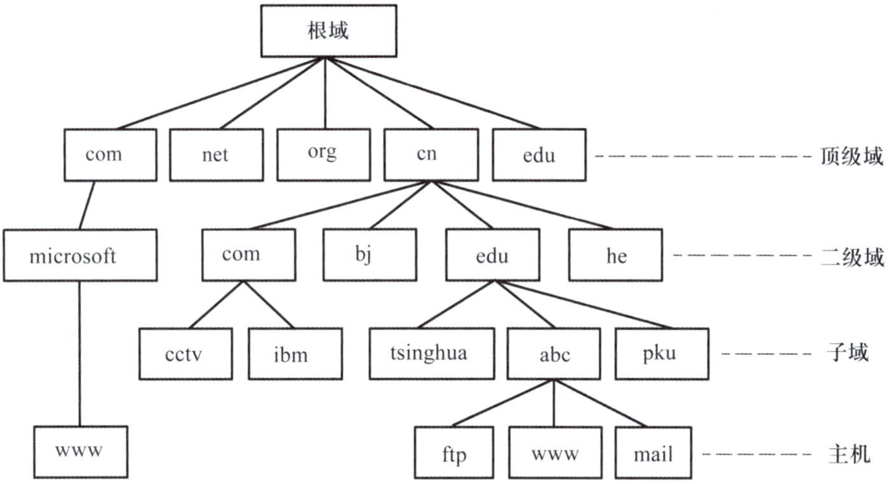

图 3-2-1　层次树状结构的命名方法

（1）根域：位于层次结构的最顶端，是域名树的根，提供根域名服务，以“.”来表示。

（2）顶级域：顶级域位于根域之下，数目有限且不能轻易变动。

（3）二级域：顶级域名（一级域名）之下的域名，在国际顶级域名下，它是指域名注册人的网上名称；在国家或区域顶级域名下，它表示注册企业类别的符号。

（4）子域：二级域下所创建的各级域统称为子域，一个二级域可以有多个子域。

（5）主机：在域名层次结构中，主机可以存在于根域以下各层上。

顶级域所包含的部分域名见表 3-2-1 和表 3-2-2。

表 3-2-1　通用顶级域名

标号	名称
com	商业机构
edu	教育机构、学术机构
gov	官方政府单位
int	国际机构

续表

标号	名称
mil	军事机构
net	网络服务机构
org	非营利性组织

表 3-2-2　国家顶级域名

标号	描述
cn	中国
us	美国
jp	日本
uk	英国
ge	德国

二、DNS 服务的工作过程

DNS 采用 UDP 作为传输协议，常用 53 号端口，详细的工作过程如下：

1. 客户机提出域名解析请求，并将该请求发送给本地的域名服务器。

2. 当本地的域名服务器收到请求后，先查询本地的缓存，如果有该记录项，则本地的域名服务器就直接把查询的结果返回；如果本地的缓存中没有该记录项，则本地的域名服务器就直接把请求发送给根域名服务器，根域名服务器再返回给本地域名服务器一个所查询域（根的子域）的主域名服务器地址。

3. 本地服务器向上一步返回的域名服务器发送请求，接受请求的服务器查询自己的缓存，如果没有该记录项，则返回相关的下级域名服务器地址。

4. 重复步骤 3，直到找到正确的记录项。

5. 本地域名服务器把返回的结果保存到缓存，以备下一次使用，同时还将结果返回给客户机。

一次完整的 DNS 查询过程示例（DNS 客户端向域名服务器查询 www.abc.com 的 IP 地址的过程）如图 3-2-2 所示。

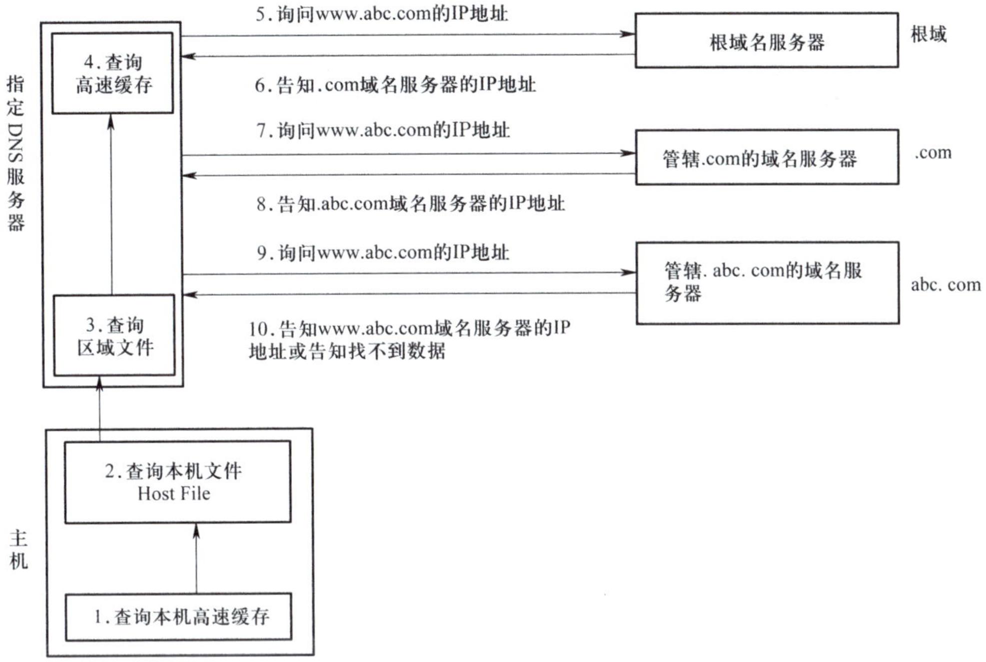

图 3-2-2　一次完整的 DNS 查询过程示例

任务实施

一、DNS 服务器的安装

1. 安装条件

DNS 服务器要为客户端提供域名解析服务，必须要具备以下条件：

（1）有固定的 IP 地址。

（2）安装并启动 DNS 服务。

（3）有区域文件，配置转发器或配置根提示。

2. 安装 DNS 服务器

如果本机已经是域控制器，则 DNS 服务器已经默认安装。如果要安装独立的 DNS 服务器，其步骤如下：

（1）在桌面任务栏左侧单击“服务器管理器”图标，在弹出的“服务器管理器”窗口中选择“仪表板”，单击“添加角色和功能”，如图 3-2-3 所示。

图 3-2-3　添加角色和功能

（2）弹出“添加角色和功能向导”窗口，单击“下一步”按钮，如图 3-2-4 所示。

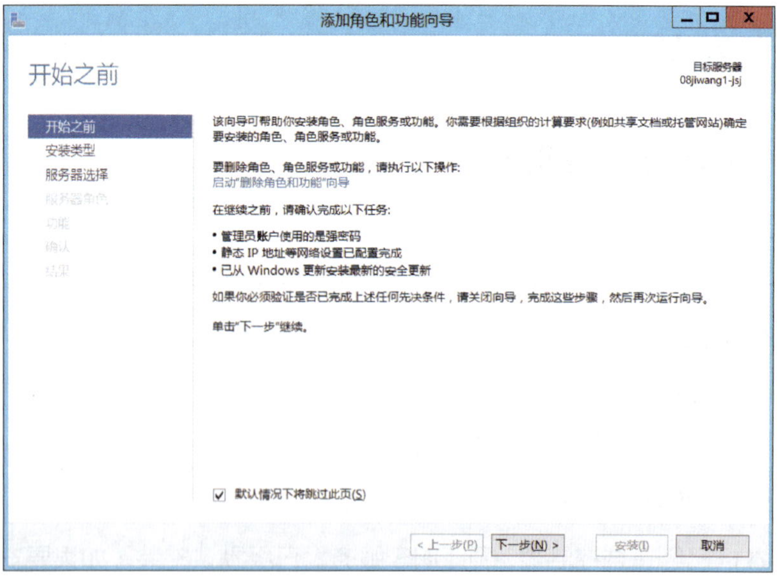

图 3-2-4　“添加角色和功能向导”窗口

（3）进入“选择安装类型”界面，选中“基于角色或基于功能的安装”单选框，单击“下一步”按钮，如图 3-2-5 所示。

（4）进入“选择目标服务器”界面，选中“从服务器池中选择服务器”单选框，在“服务器池”列表框内选择要安装的服务器，然后单击“下一步”按钮，如图 3-2-6 所示。

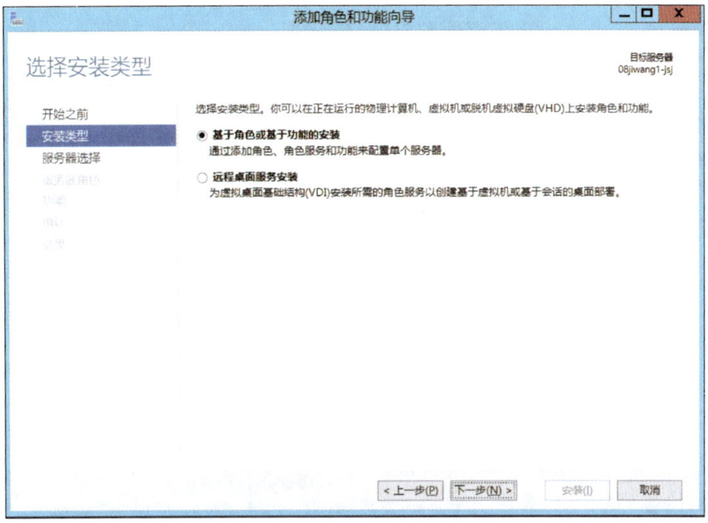

图 3-2-5　选择安装类型

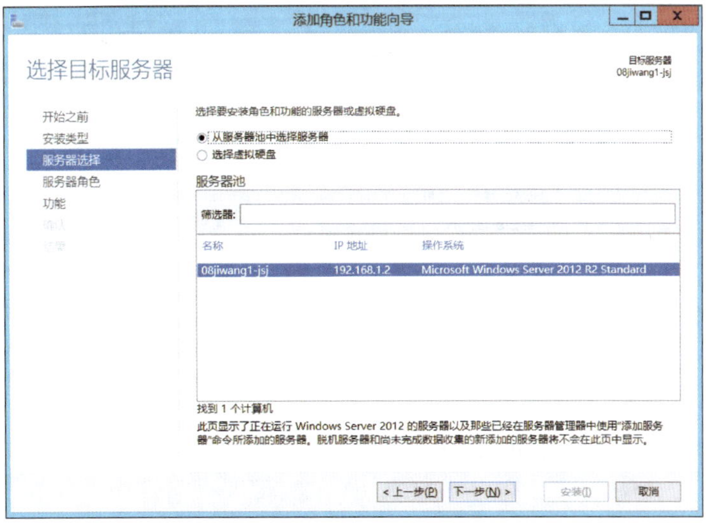

图 3-2-6　选择目标服务器

（5）进入“选择服务器角色”界面，勾选“DNS 服务器”复选框（图 3-2-7），在“添加 DNS 服务器所需的功能”界面勾选“包括管理工具（如果适用）”复选框，单击“添加功能”按钮（图 3-2-8），系统返回“选择服务器角色”界面。

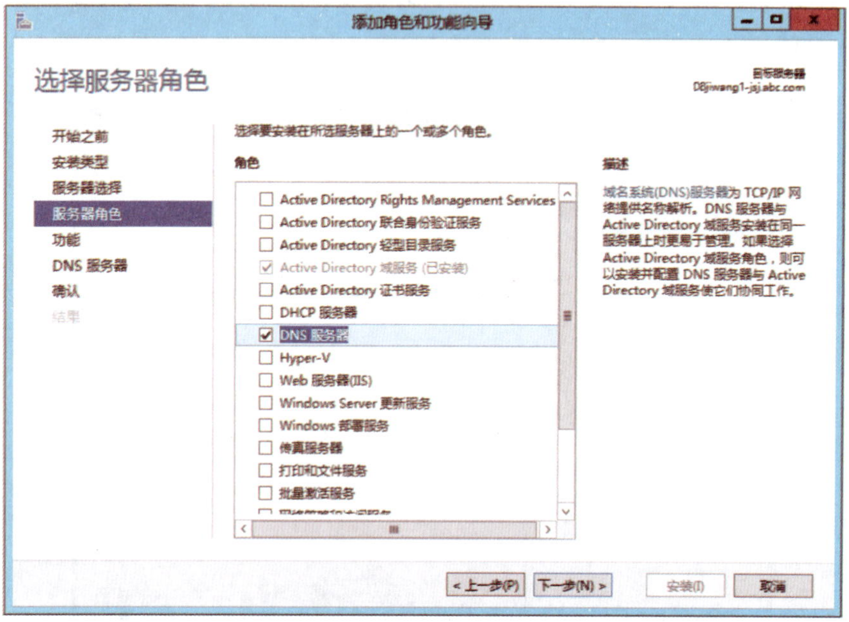

图 3-2-7　选择服务器角色

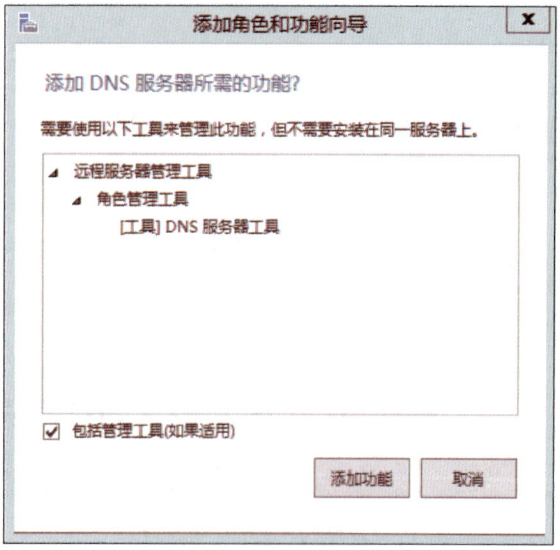

图 3-2-8　添加所需功能

（6）连续单击“下一步”按钮，直到进入“确认安装所选内容”界面，如图 3-2-9 所示。单击“安装”按钮系统开始安装，等待至安装进度结束。

（7）单击“关闭”按钮，至此，DNS 服务器安装完成，如图 3-2-10 所示。

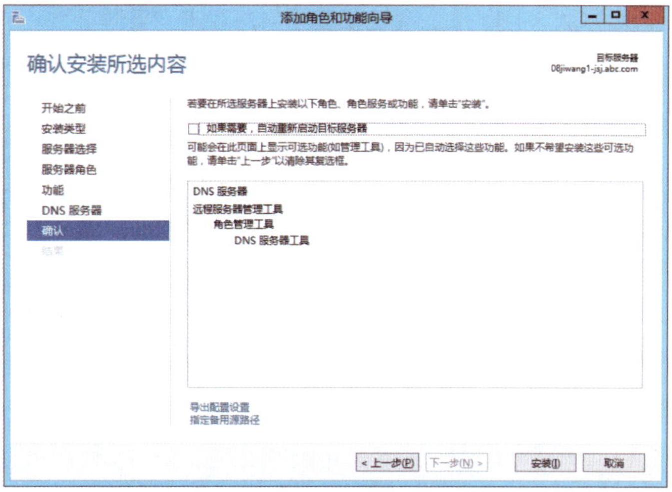

图 3-2-9　确认安装所选内容

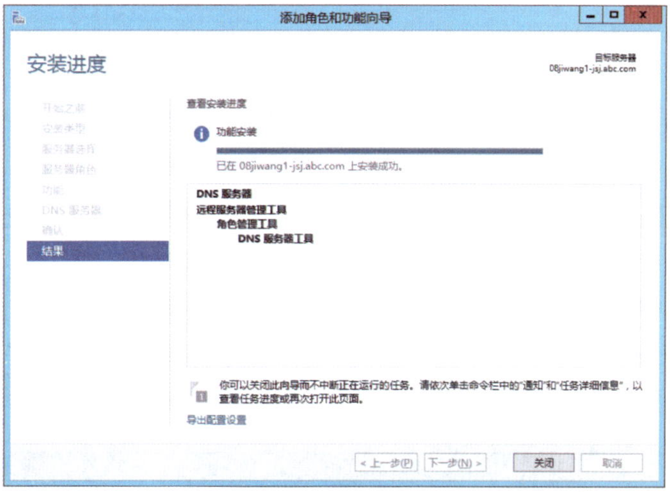

图 3-2-10　完成 DNS 配置

二、主要区域的创建与配置主要区域选项

DNS 新建区域时，区域类型有三类：主要区域、辅助区域和存根区域。主服务器使用的区域就是主要区域，同样，辅助服务器使用的区域就是辅助区域。存根区域则可以看作是一个特殊的、简化的辅助区域。这里介绍主要区域的创建方法。

1. 创建正向查找区域

在域环境下，DNS 服务的正向查找区域已经创建了与域名同名的区域。若在非域环境下创建主要区域，其步骤如下：

（1）在“控制面板”中打开“系统和安全”，双击“管理工具”中的“DNS”，打开“DNS 管理器”面板，展开左侧 DNS 目录，右击左侧窗格中的“正向查找区域”，在弹出的菜单中选择“新建区域”，如图 3-2-11 所示。

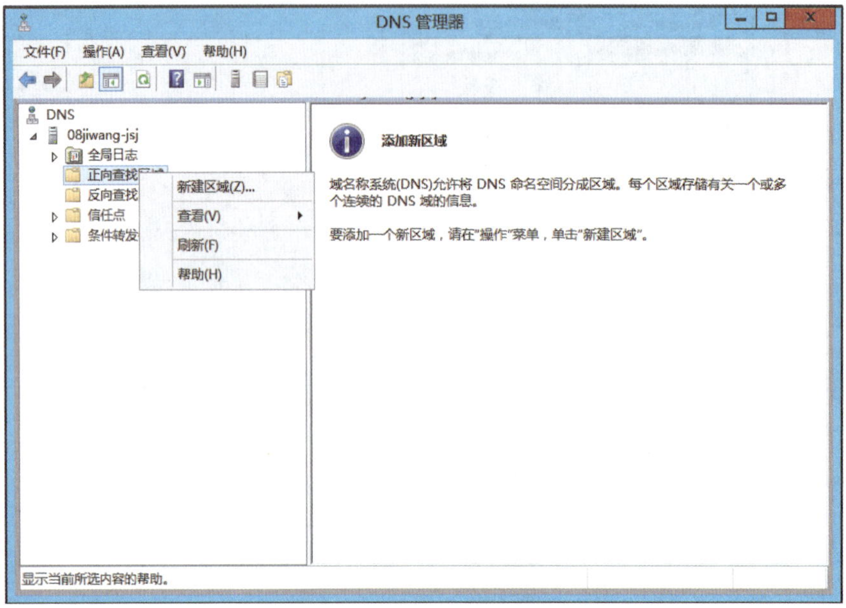

图 3-2-11　新建区域

（2）单击“下一步”按钮，进入“区域类型”界面，选中“主要区域”单选框，单击“下一步”按钮，如图 3-2-12 所示。

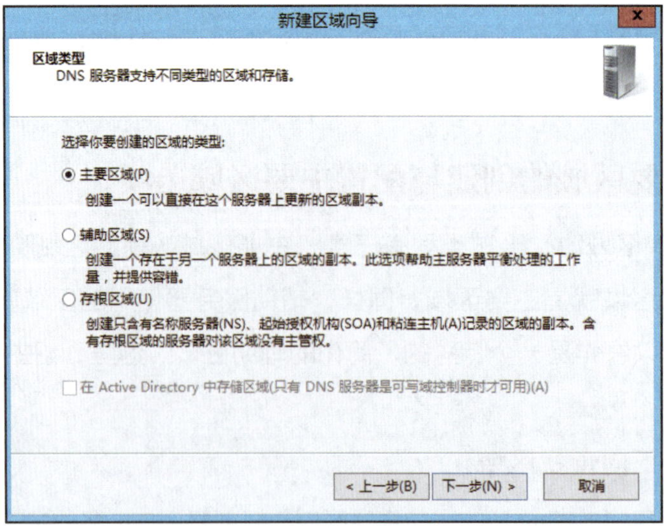

图 3-2-12　“区域类型”界面

（3）进入“区域名称”界面，在“区域名称”编辑框中输入区域名称（如 abc.com），单击“下一步”按钮，如图 3-2-13 所示。

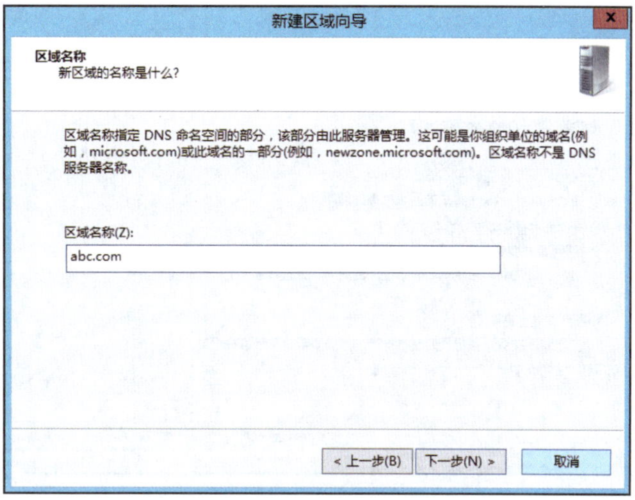

图 3-2-13　设置区域名称

（4）进入“区域文件”界面，选中“创建新文件，文件名为”单选框，文件名称保持默认设置，单击“下一步”按钮，如图 3-2-14 所示。

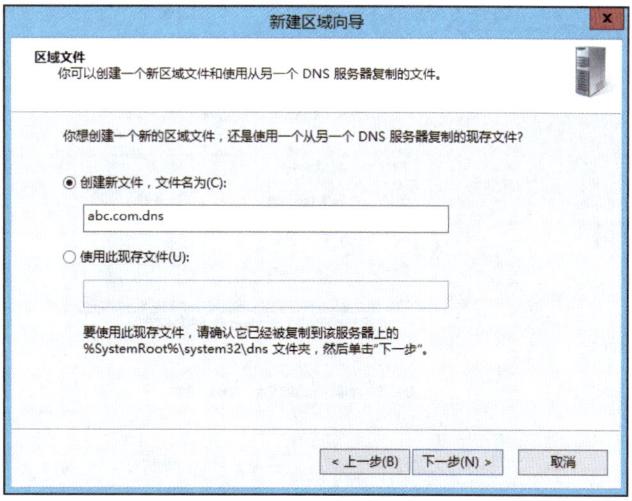

图 3-2-14　创建新文件名称

（5）进入“动态更新”界面，选中“不允许动态更新”单选框，单击“下一步”按钮，如图 3-2-15 所示。

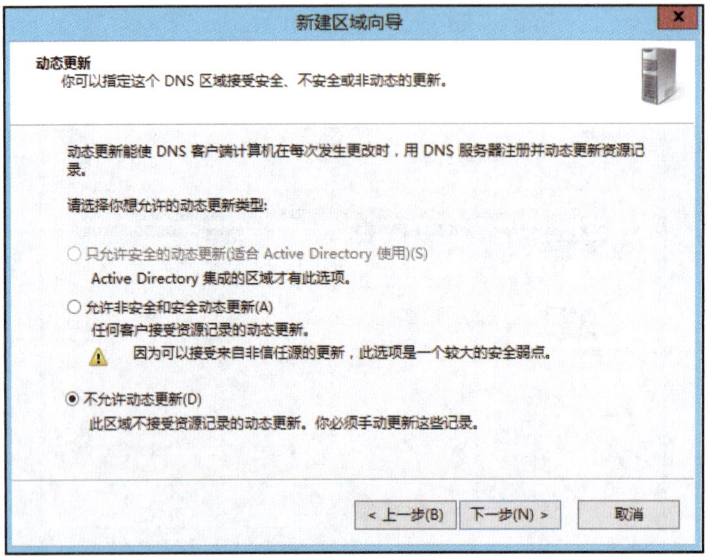

图 3-2-15　不允许动态更新

（6）单击“完成”按钮，完成正向查找区域主要区域的创建，如图 3-2-16 所示。

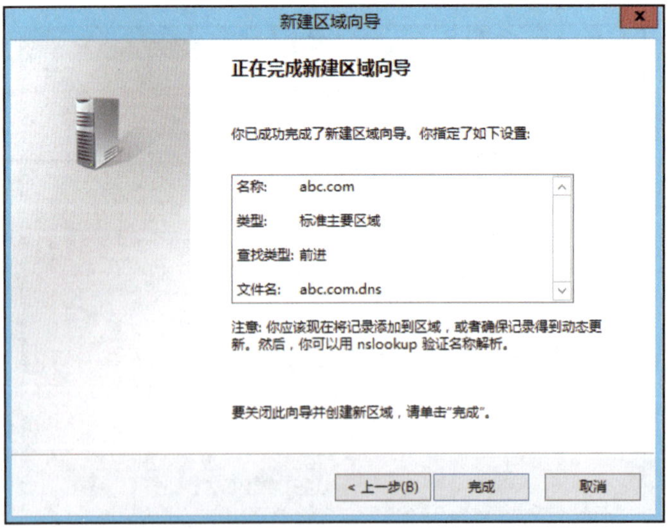

图 3-2-16　完成正向查找区域主要区域的创建

2. 创建反向查找区域

（1）右击“DNS 管理器”窗口左侧窗格的“反向查找区域”，在弹出的菜单中选择“新建区域”，如图 3-2-17 所示。

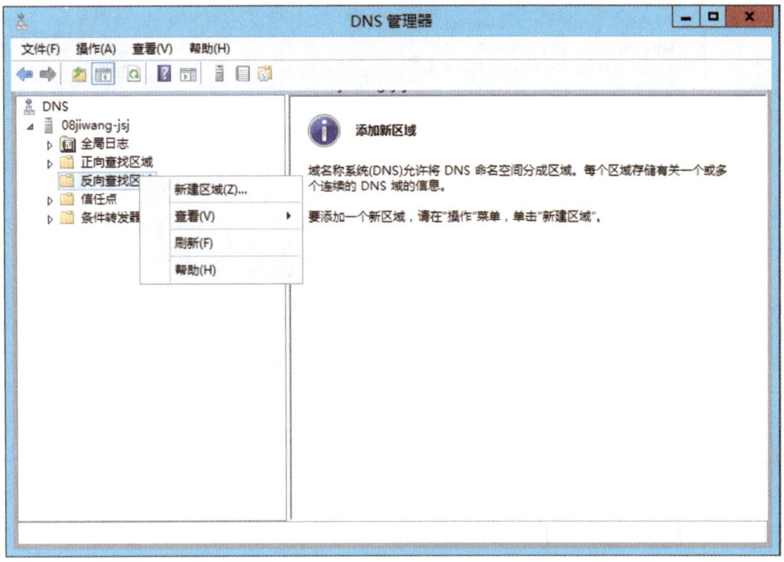

图 3-2-17　新建区域

（2）单击“下一步”按钮，进入“区域类型”界面，选中“主要区域”单选框，单击“下一步”按钮，如图 3-2-18 所示。

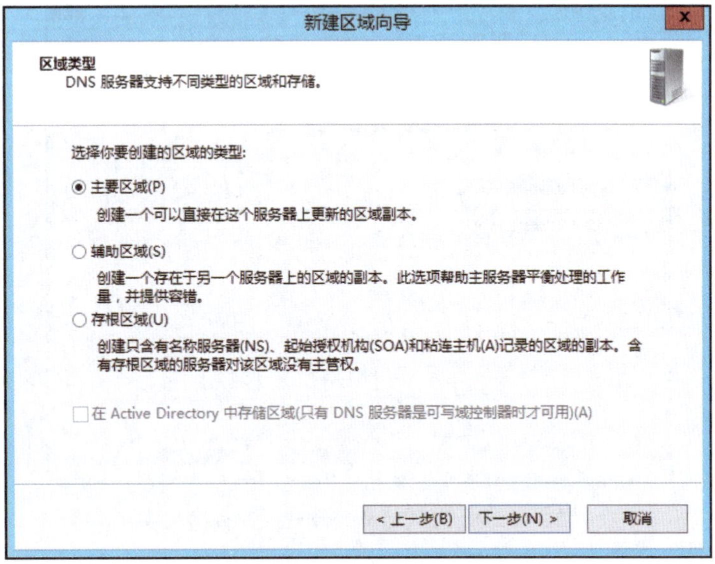

图 3-2-18　选择区域类型

（3）进入“Active Directory 区域传送作用域”界面，选中“至此域中域控制器上运行的所有 DNS 服务器”单选框，单击“下一步”按钮，如图 3-2-19 所示。

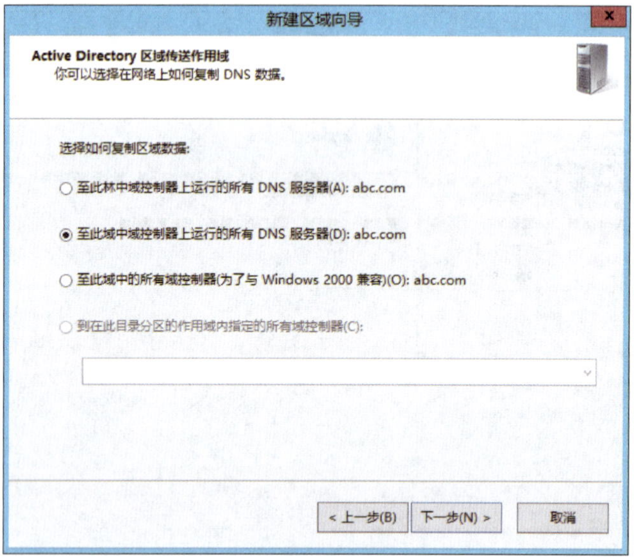

图 3-2-19　传送作用域

（4）进入“反向查找区域名称”界面，选中“IPv4 反向查找区域”单选框，单击“下一步”按钮，如图 3-2-20 所示。

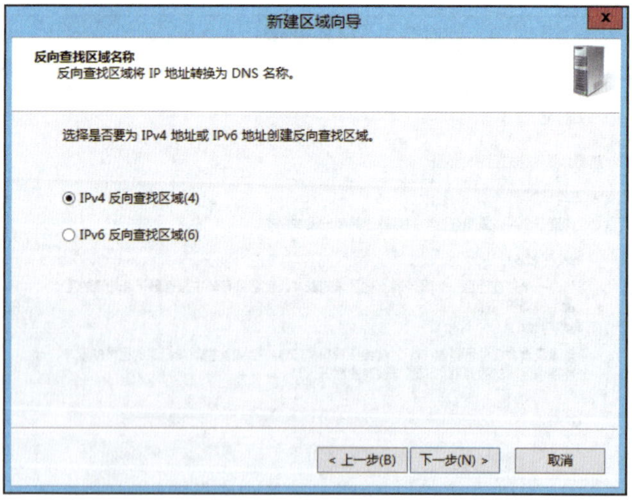

图 3-2-20　为 IPv4 地址创建反向查找区域

（5）在“网络 ID”编辑框中输入“192.168.1.”，单击“下一步”按钮，如图 3-2-21 所示。

（6）选中“创建新文件，文件名为”单选框，文件名称保持默认设置，单击“下一步”按钮，如图 3-2-22 所示。

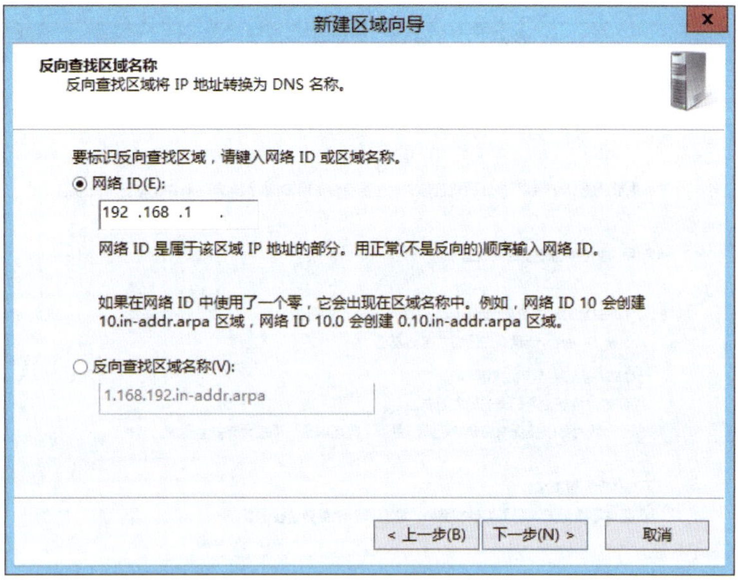

图 3-2-21　设置网络 ID

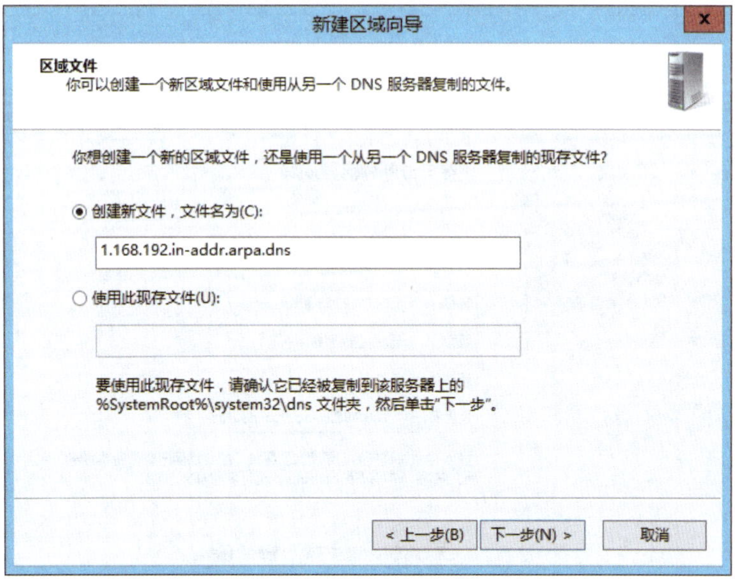

图 3-2-22　创建新文件名称

（7）进入“动态更新”界面，选中“只允许安全的动态更新（适合 Active Directory 使用）”，单击“下一步”按钮，如图 3-2-23 所示。

（8）单击“完成”按钮，完成反向查找区域主要区域的创建，如图 3-2-24 所示。

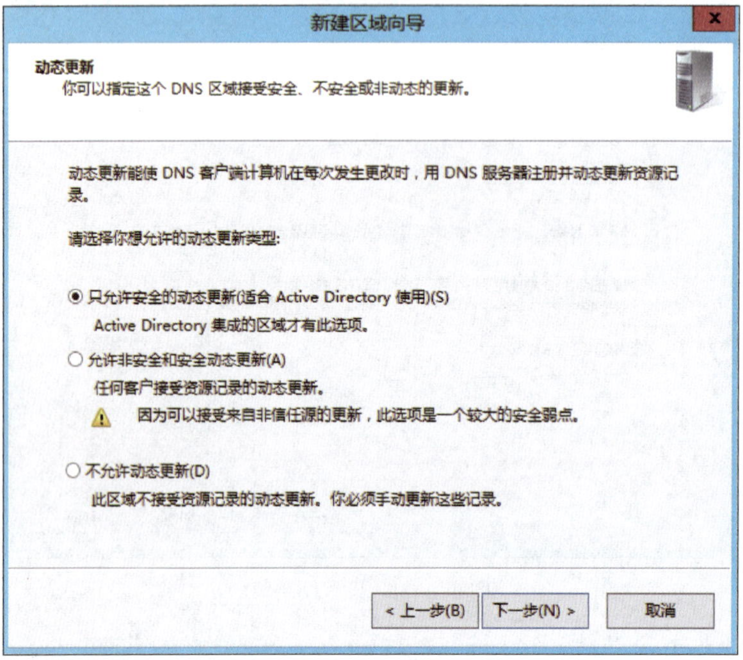

图 3-2-23　动态更新

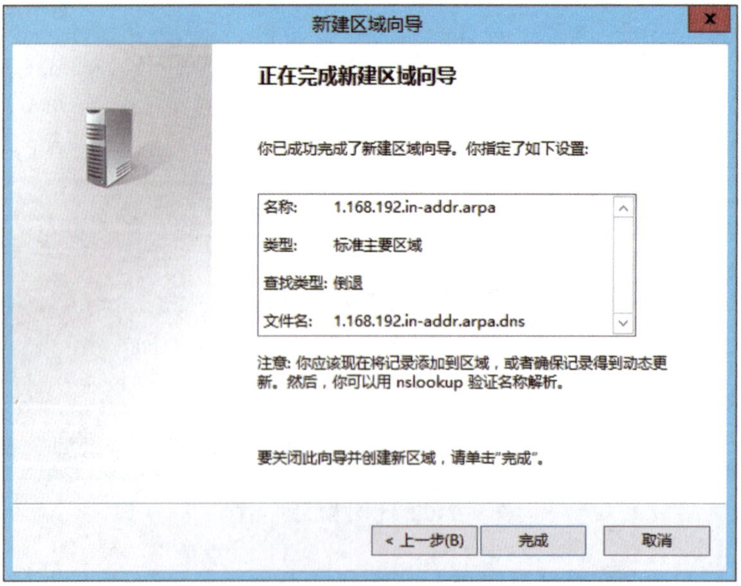

图 3-2-24　完成反向查找区域主要区域的创建

这时会在“反向查找区域”右侧窗格中显示“1.168.192.in-addr.arpa”，如图 3-2-25 所示。

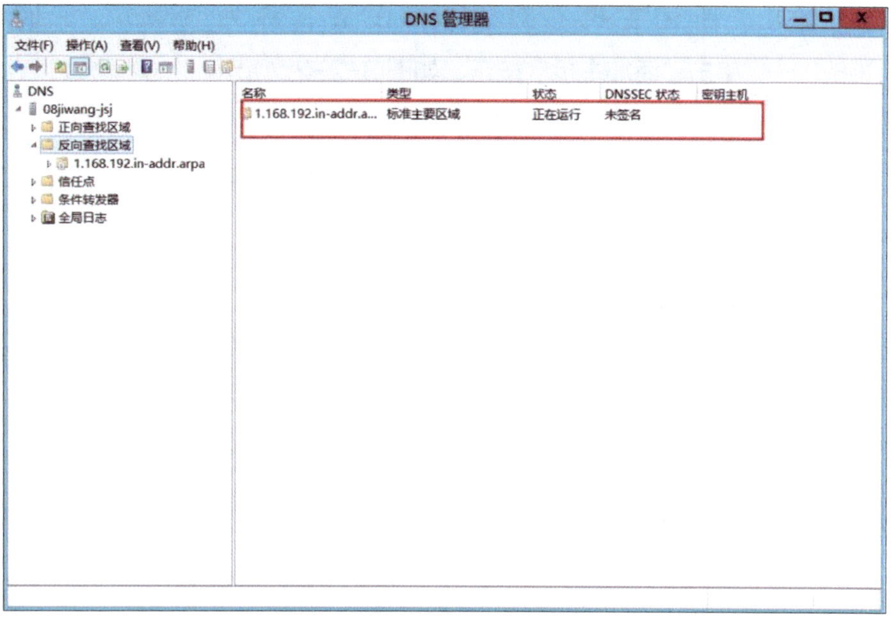

图 3-2-25　添加新区域结果

3. 在主要区域内添加资源记录

（1）右击新创建的正向查找区域“abc.com”，在弹出的菜单中选择“新建主机”，如图 3-2-26 所示。

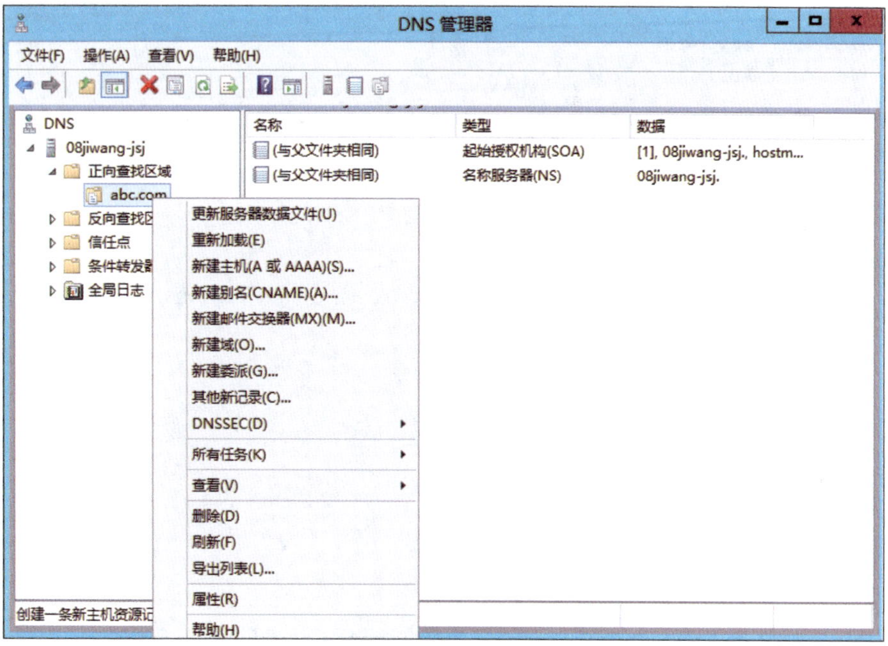

图 3-2-26　新建主机

（2）弹出“新建主机”对话框，设置名称为“www”、IP 地址为“192.168.1.1”，单击“添加主机”按钮，如图 3-2-27 所示。

（3）弹出“成功地创建了主机记录 www.abc.com”提示信息，如图 3-2-28 所示。在“DNS 管理器”窗口右侧窗格中列出了刚添加成功的主机，如图 3-2-29 所示。

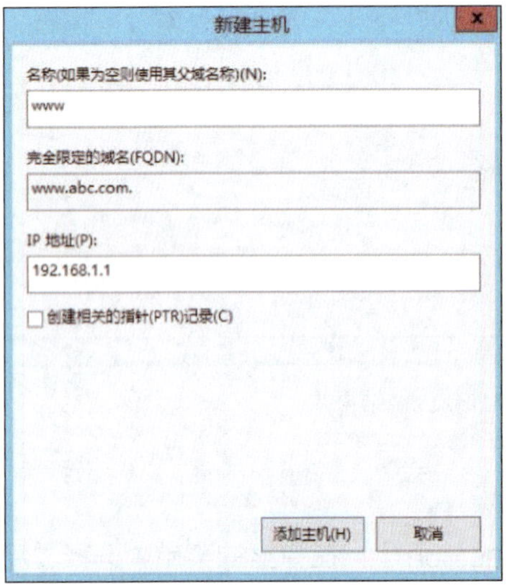

图 3-2-27　主机信息设置

图 3-2-28　成功创建主机记录提示信息

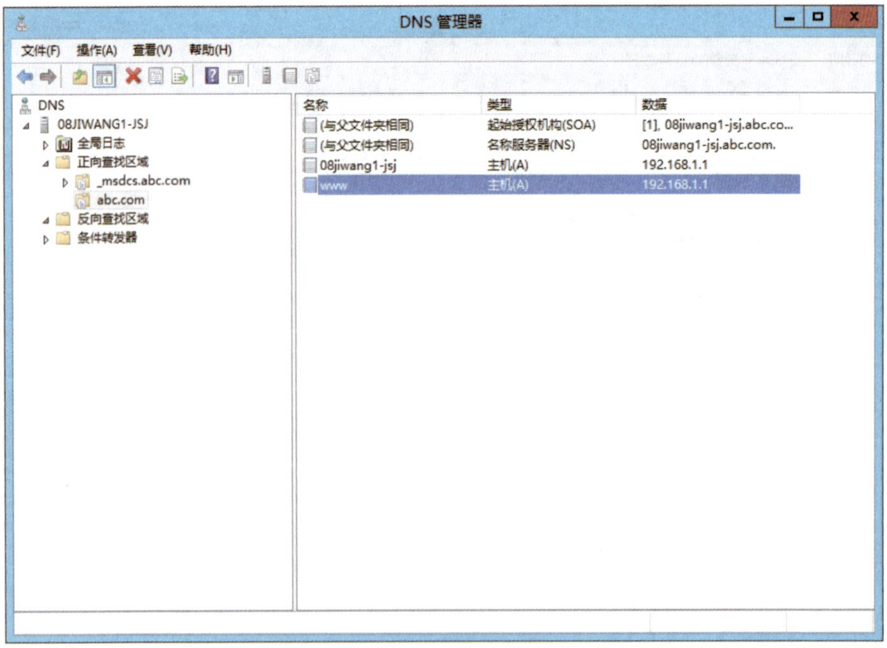

图 3-2-29　添加主机结果

小贴士

1. 正向查找区域

正向查找区域是指将域名解析为 IP 地址的过程。当用户输入一个服务器域名时，借助于该记录可以将域名解析为 IP 地址，从而实现对服务器的访问。

2. 反向查找区域

反向查找区域是从 IP 地址到域名的解析过程。反向查找区域的作用是为服务器提供身份验证。

在大部分的 DNS 搜索中，客户机一般执行正向查找，DNS 同时提供反向查找，允许客户机根据一台计算机的 IP 地址搜索它的 DNS 名称。反向查找的域名信息保存在反向查找区域中。为了进行反向查找，需要在 DNS 服务器中创建反向查找区域。

三、DNS 客户机的设置与验证

在局域网的计算机通过 DNS 服务器解析域名，还必须对 DNS 客户端计算机进行相应的设置，具体操作如下：

1. 打开客户端计算机，右击“网络”，在弹出的菜单中选择“属性”，打开“网络和共享中心”窗口，单击“更改适配器配置”，打开“网络连接”窗口，右击“本地连接”，在弹出的菜单中选择“属性”，在弹出的网络属性对话框中双击“Internet 协议版本 4（TCP/IPv4）”，弹出“Internet 协议版本 4（TCP/IPv4）属性”对话框，选中“使用下面的 IP 地址”和“使用下面的 DNS 服务器地址”单选框，单击“确定”按钮，如图 3-2-30 所示（若启用 DHCP 服务，则通过 DHCP 服务配置 DNS 服务器地址，可以设置“自动获得 IP 地址”和“自动获得 DNS 服务器地址”）。

2. 客户机验证。在“命令提示符”窗口中输入“ping www.abc.com”命令查看结果信息，如图 3-2-31 所示。

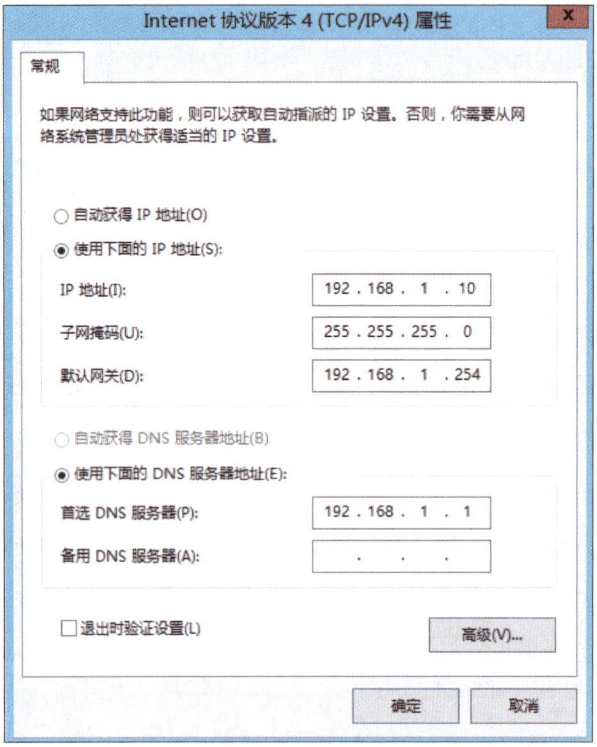

图 3-2-30　设置网络地址

图 3-2-31　查看结果信息

工作评价

根据任务完成情况，进行学习任务综合评价，见表 3-2-3。

表 3-2-3　学习任务综合评价表

考核项目	评价内容	配分（分）	评价分数		
			自我评价	小组评价	教师评价
职业素养	安全和责任意识强，遵守健康及安全标准	10			
	团队合作意识强，能与同学分享知识及专业资料	10			
	现场管理符合 8S 标准，做好定期整理工作	10			
专业能力	能复述 DNS 服务器安装所需的条件	10			
	能复述安装和配置 DNS 服务器的过程	10			
	能区分正向查找和反向查找	10			
	能正确配置 DNS 并实现域名解析功能	10			
工作成果	能安装 DNS 服务器	10			
	能按要求配置 DNS 服务器	10			
	能正确配置 DNS 客户机	10			
总分		100			
综合评分	综合评分 = 自我评价 ×20%+ 小组评价 ×30%+ 教师评价 ×50%	教师（签名）：			

思考与练习

一、选择题

1．在 DNS 服务器中，将 IP 地址解析为域名时，使用（　　）。

A．反向域　　B．正向域　　C．国家域　　D．逆向域

2．域名与 IP 地址通过（　　）服务器进行转换。

A．DNS　　B．FTP　　C．POP 3　　D．IIS

3．我国的一级域名代码是（　　）。

A．.net　　B．.cn　　C．.zg　　D．.com

4．将 DNS 客户机请求的 IP 地址解析为对应的完全限定域名的过程称为（　　）查询。

A．反向　　B．正向　　C．递归　　D．逆向

5．当 DNS 服务器收到 DNS 客户机查询 IP 地址的请求后，如果自己无法解析，就会把这个请求发送给（　　），继续进行查询。

A．邮件服务器　　B．DHCP 服务器

C．打印服务器　　D．Internet 上的根 DNS 服务器

二、简答题

1．什么是 DNS？

2．DNS 服务器的安装条件有哪些？

3．简述 DNS 的工作流程。

任务 3
Web 服务器的安装与配置

学习目标

1. 了解 Web 服务器的作用与工作原理。
2. 能安装、配置 Web 服务器，并在客户端进行验证。

任务描述

某公司为对外展示公司业务，已安装了域环境，现需要架设一台 Web 服务器来运行公司网站，为公司内部和互联网用户提供浏览服务。现要求网络管理员完成 Web 服务器的安装与配置，具体要求如下：

1. 安装 Web 服务器。
2. 创建并配置网站。
3. 访问、验证客户端。

相关知识

一、Web 服务概述

WWW（World Wide Web，万维网）服务，又称为 Web 服务，是目前最方便和最受欢迎的信息服务类型之一，也是 Internet 发展最快、使用最多的一项服务。

WWW 服务采用客户 / 服务器工作模式，客户机即浏览器（Browser），服务器即 Web 服务器，它以超文本标记语言（HTML）和超文本传输协议（HTTP）为基础，为用户提供界面一致的信息浏览服务。信息资源以页面（也称为网页或 Web 页面）的形式存储在 Web 服务器上（通常称为 Web 站点），这些页面采用超文本方式对信息进行组织，页面之间通过超链接连接起来。这些通过超链接连接的页面信息既可以放置在同一主机上，又可以放置在不同的主机上。超链接采用统一资源定位符（URL）的形式。图 3-3-1 所示为 Web 服务的工作原理。

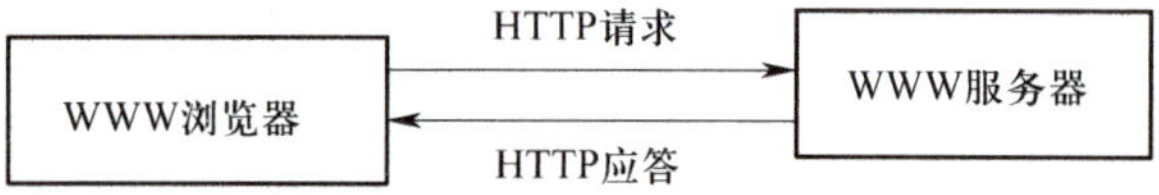

图 3-3-1　Web 服务的工作原理

小贴士

简单来讲，超链接就是指按内容链接。

超链接在本质上属于一个网页的一部分，它是一种允许与其他网页或站点进行链接的元素。各个网页链接在一起后，才能真正构成一个网站。所谓超链接，是指从一个网页指向一个目标的链接关系，这个目标可以是另一个网页，也可以是相同网页上的不同位置，还可以是一幅图片、一个电子邮件地址、一个文件，甚至是一个应用程序。而在一个网页中用来超链接的对象，可以是一段文本或是一幅图片。当浏览者单击带有链接的文字或图片后，链接目标将显示在浏览器上，并且根据目标的类型来打开或运行。

二、Web 服务的作用

1. 静态网站

静态网站是指全部由 HTML 代码格式页面组成的网站，所有的内容包含在网页文件中。网页上可以出现各种视觉动态效果，如 gif 动画、flash 动画、滚动字幕等。静态网站主要包括静态化的页面和代码，一般文件名均以 htm、html、shtml 等为后缀。图 3-3-2 所示为静态网站的访问流程。

2. 动态网站

动态网站并不是指具有动画功能的网站，而是指网站内容可以根据不同的情况动态变更的网站，一般情况下动态网站通过数据库进行架构。动态网站除了要设计网页外，还要通过数据库和编程来使网站具有更多自动的和高级的功能。动态网站的

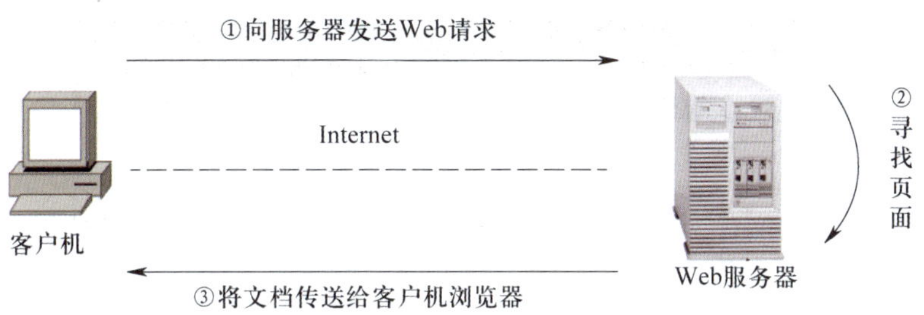

图 3-3-2　静态网站的访问流程

网页一般是以 asp、jsp、php、aspx 等为后缀。动态网站服务器的空间配置要比静态网站的要求高，费用也较高，不过动态网页更有利于网站内容的更新，适合企业建站。动态网站的访问流程如图 3-3-3 所示。

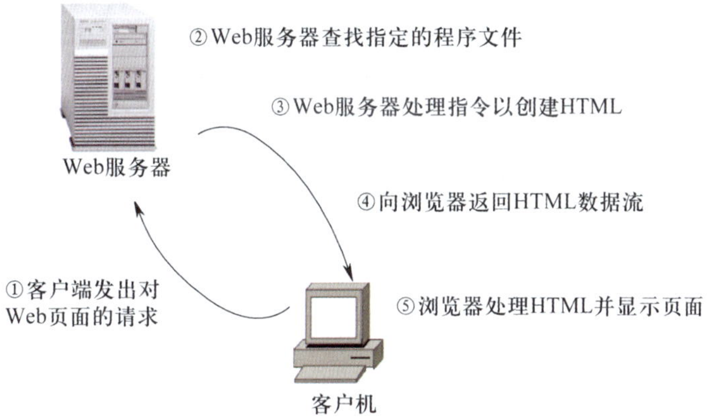

图 3-3-3　动态网站的访问流程

任务实施

一、Web 服务器的安装

1. 在桌面任务栏左侧单击“服务器管理器”图标，在弹出的“服务器管理器”窗口中选择“仪表板”，单击“添加角色和功能”，如图 3-3-4 所示。

2. 弹出“添加角色和功能向导”窗口，单击“下一步”按钮，如图 3-3-5 所示。

3. 进入“选择安装类型”界面，选中“基于角色或基于功能的安装”单选框，单击“下一步”按钮，如图 3-3-6 所示。

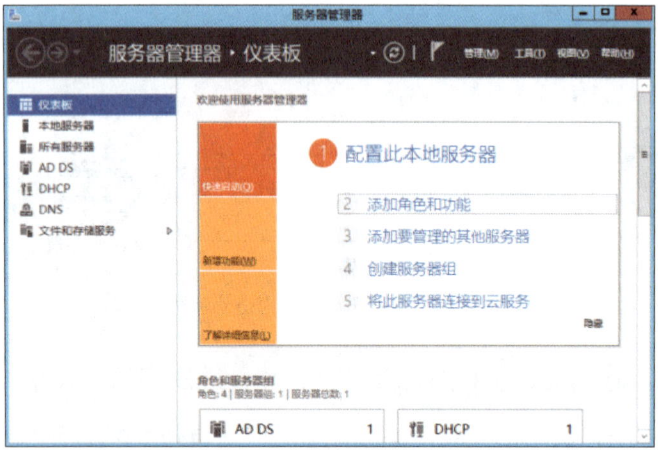

图 3-3-4　添加角色和功能

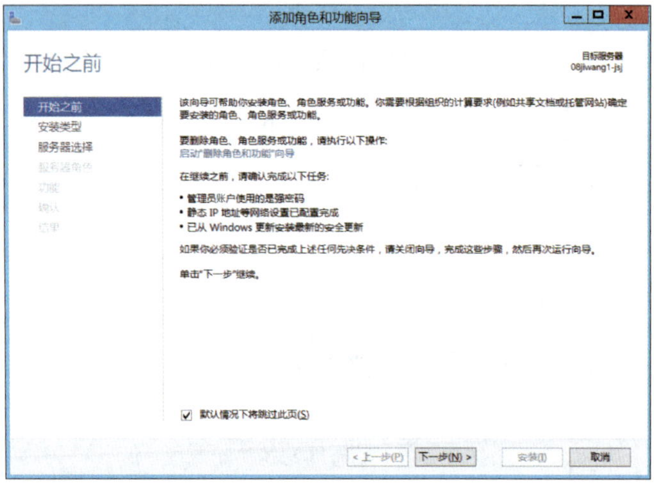

图 3-3-5　“添加角色和功能向导”窗口

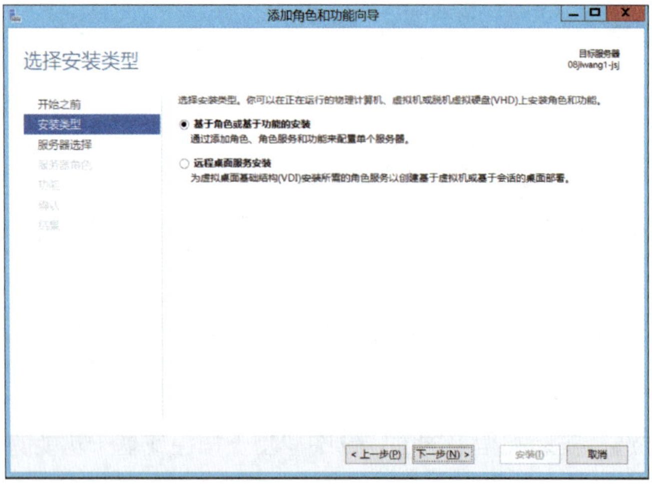

图 3-3-6　选择安装类型

4. 进入“选择目标服务器”界面，选中“从服务器池中选择服务器”单选框，在“服务器池”列表框内选择要安装的服务器，然后单击“下一步”按钮，如图 3-3-7 所示。

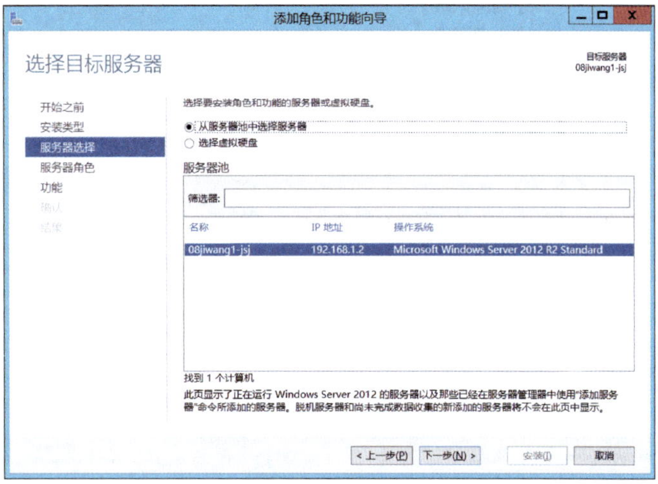

图 3-3-7　选择目标服务器

5. 进入“选择服务器角色”界面，勾选“Web 服务器（IIS）”复选框（图 3-3-8），在“添加 Web 服务器（IIS）所需的功能”界面勾选“包括管理工具（如果适用）”复选框，单击“添加功能”按钮（图 3-3-9），系统返回“选择服务器角色”界面。

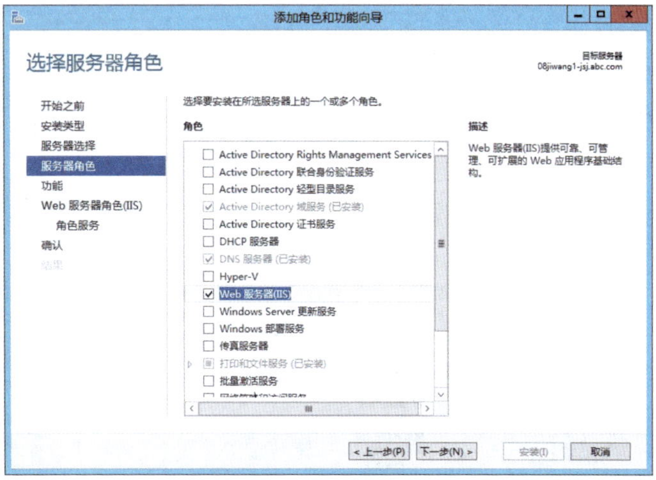

图 3-3-8　选择服务器角色

6. 连续单击“下一步”按钮，直到进入“确认安装所选内容”界面，如图 3-3-10 所示。单击“安装”按钮系统开始安装，完成安装后单击“关闭”按钮，如图 3-3-11 所示。

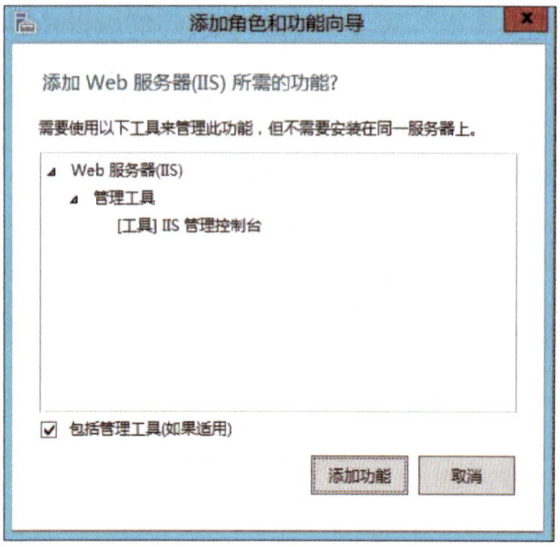

图 3-3-9　添加所需功能

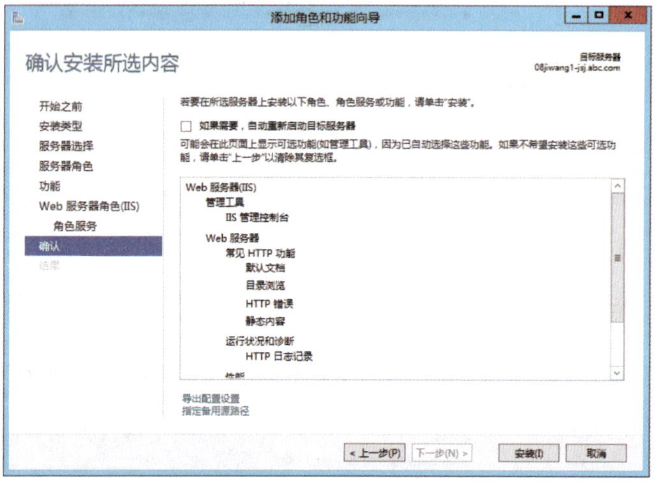

图 3-3-10　确认安装所选内容

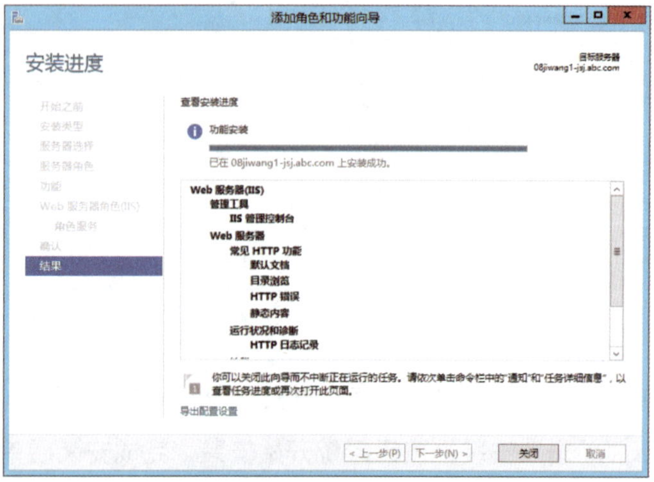

图 3-3-11　完成 Web 服务器的安装

小贴士

一般在安装 Web 服务器时会勾选 FTP 服务，两者一并安装。

二、配置 Web 服务器

Web 服务器安装完成后，打开浏览器，在地址栏中输入“http: //localhost”，按【Enter】键进行测试，显示如图 3-3-12 所示网页，说明安装成功。

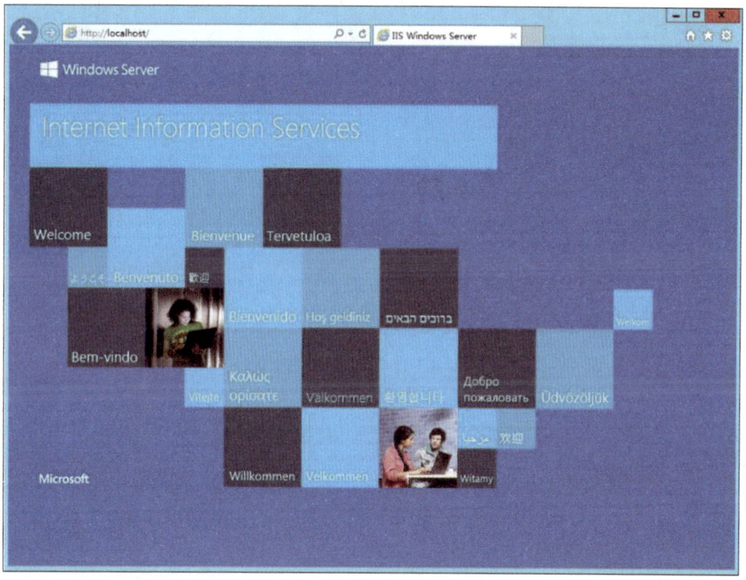

图 3-3-12 测试 Web 服务

1. 添加网站

（1）在“控制面板”中打开“系统和安全”，双击“管理工具”中的“Internet Information Services（IIS）管理器”，打开“Internet Information Services（IIS）管理器”窗口，展开左侧目录，已经有一个名为“Default Web Site”的默认网站，右击“Default Web Site”，在弹出的菜单中选择“管理网站”→“停止”，将默认的网站关闭，如图 3-3-13 所示。

（2）右击“网站”，在弹出的菜单中选择“添加网站”，如图 3-3-14 所示。

（3）弹出“添加网站”对话框，在“网站名称”“物理路径”编辑框中输入相应的信息，在“IP 地址”下拉列表中选择本机的 IP 地址，然后单击“确定”按钮，如图 3-3-15 所示，在左侧目录中即显示新建立的网站，如图 3-3-16 所示。

图 3-3-13　关闭默认的网站

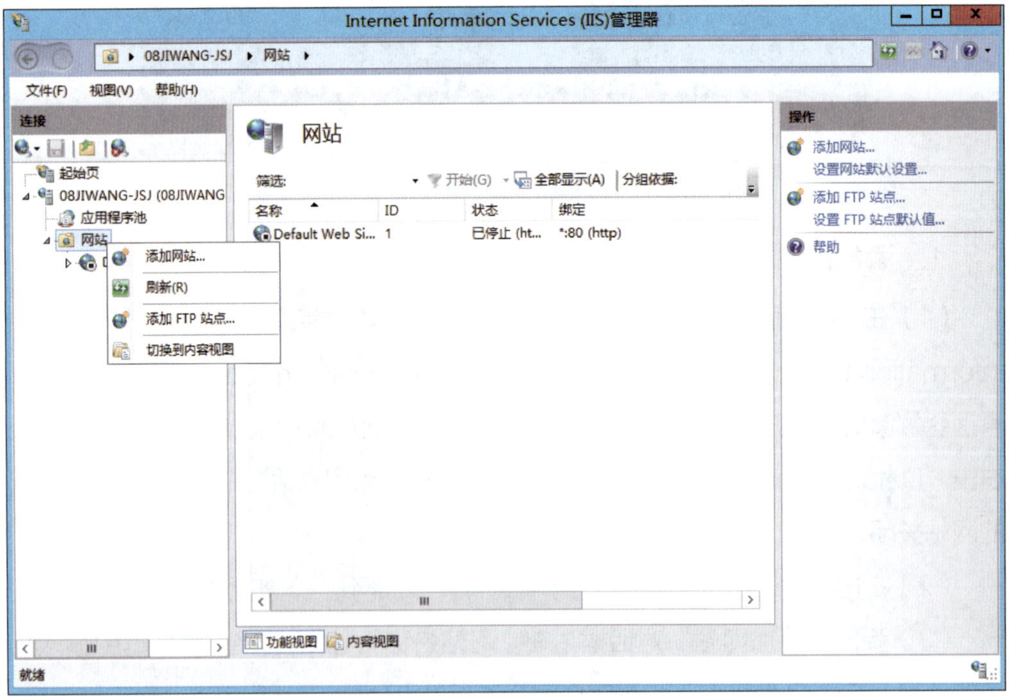

图 3-3-14　添加网站

图 3-3-15　设置网站名称、物理路径和 IP 地址

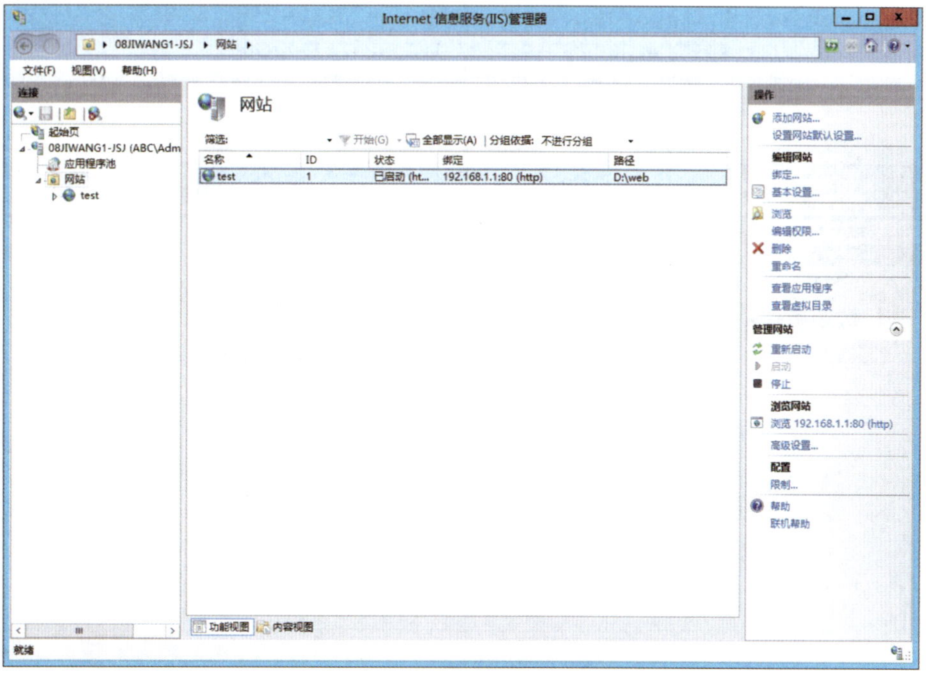

图 3-3-16　在目录中显示新建立的网站

（4）在新建网站的根目录建立“index.html”文件，内容为“hello，world！”，如图 3-3-17 所示。

（5）单击新建立的网站，双击中间窗格中的“默认文档”（图 3-3-18），在“默认文档”窗格中可以添加、删除或调整默认文档的顺序，如图 3-3-19 所示。

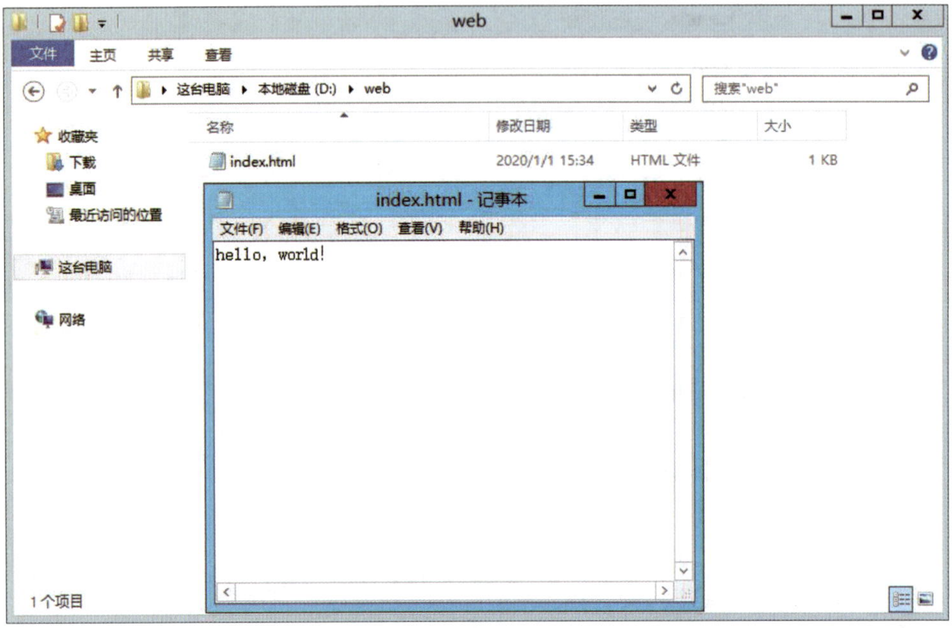

图 3-3-17　在新建网站的根目录建立“index.html”文件

图 3-3-18　双击中间窗格中的“默认文档”

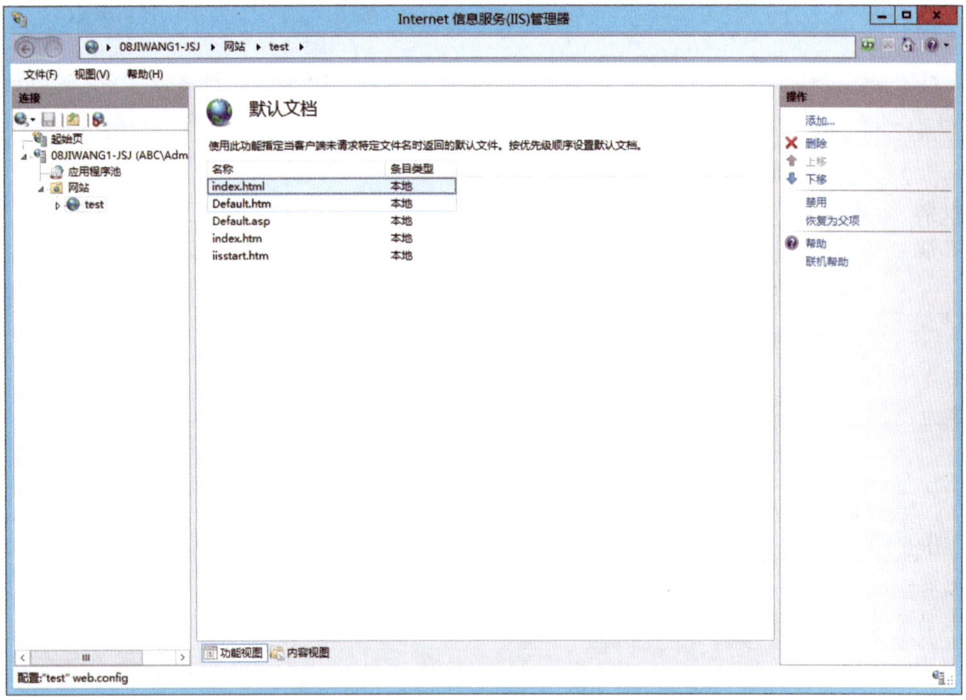

图 3-3-19 “默认文档”窗格

2. 客户端验证

打开客户端的浏览器，在地址栏内输入 Web 服务器的 IP 地址“http://192.168.1.1”，访问 Web 服务器，显示如图 3-3-20 所示，则表示测试成功，网站工作正常。

图 3-3-20 客户端访问网站

工作评价

根据任务完成情况，进行学习任务综合评价，见表 3-3-1。

表 3-3-1　学习任务综合评价表

<table>
<tr><th rowspan="2">考核项目</th><th rowspan="2">评价内容</th><th rowspan="2">配分（分）</th><th colspan="3">评价分数</th></tr>
<tr><th>自我评价</th><th>小组评价</th><th>教师评价</th></tr>
<tr><td rowspan="3">职业素养</td><td>安全和责任意识强，遵守健康及安全标准</td><td>10</td><td></td><td></td><td></td></tr>
<tr><td>团队合作意识强，能与同学分享知识及专业资料</td><td>10</td><td></td><td></td><td></td></tr>
<tr><td>现场管理符合 8S 标准，做好定期整理工作</td><td>10</td><td></td><td></td><td></td></tr>
<tr><td rowspan="3">专业能力</td><td>能复述 Web 服务器的主要功能</td><td>15</td><td></td><td></td><td></td></tr>
<tr><td>能复述安装 Web 服务器所需的软、硬件条件</td><td>15</td><td></td><td></td><td></td></tr>
<tr><td>能复述配置 Web 服务器的常用方法</td><td>10</td><td></td><td></td><td></td></tr>
<tr><td rowspan="3">工作成果</td><td>能安装 Web 服务器</td><td>10</td><td></td><td></td><td></td></tr>
<tr><td>能按要求配置 Web 服务器</td><td>10</td><td></td><td></td><td></td></tr>
<tr><td>能通过客户机对 Web 站点进行访问</td><td>10</td><td></td><td></td><td></td></tr>
<tr><td colspan="2">总分</td><td>100</td><td></td><td></td><td></td></tr>
<tr><td rowspan="2">综合评分</td><td>综合评分 = 自我评价 ×20%+ 小组评价 ×30%+ 教师评价 ×50%</td><td rowspan="2">教师（签名）：</td><td rowspan="2" colspan="3"></td></tr>
<tr><td></td></tr>
</table>

思考与练习

一、选择题

1. Internet Information Services（IIS）服务的默认端口是（　　）。

A. 53　　B. 80　　C. 21　　D. 139

2. 在一台 Windows Server 2012 上利用 Internet Information Services（IIS）实现主页浏览服务，创建了一个 Web 站点并指定了一个主页文件“index.htm”，将其放到 Web 站点的主目录下，当启动 Web 站点后利用 IE 浏览器访问站点时提示无法显示主页，解决这个问题的方法是（　　）。

A. 在 Web 服务器上停止 Web 站点并重新启动

B. 重新启动 Web 服务器

C．在 Web 服务器上先停止 Web 站点，然后在站点属性页文档标签上手动添加文档“index.htm”并将其移至最高位，最后重新启动站点

D．在 IE 浏览器上指定 Web 站点的服务端口 80

3．Web 服务器不能进行（　　）。

A．HTTP 服务　　B．简单邮件服务

C．网络打印服务　　D．FTP 服务

4．HTTP 协议实现的 Internet 主要应用是（　　）。

A．Web 浏览　　B．代理服务

C．远程登录　　D．网上聊天

5．在浏览器的地址栏中输入（　　），可以访问该 Web 服务器默认的 Web 站点。

A．192.168.0.1　　B．计算机名

C．local host　　D．WWW

二、简答题

1．什么是 WWW 服务？

2．动态网站的访问流程有哪些？

任务 4 文件和打印服务器的安装与配置

学习目标

1. 了解文件服务和打印服务的基本概念。
2. 能安装和配置文件服务器。
3. 能安装和配置打印服务器。

任务描述

某企业组建了单位的局域网，采用了 Windows Server 2012 操作系统，现需要根据员工的身份创建不同的用户账户，这些账户根据身份不同可使用的计算机资源不同，可访问的文件及文件夹的权限也不同。办公设备（尤其是打印设备）不能每人配备一台，需要在同一办公室内配置网络打印机供办公室的人员使用，选择部署文件服务和打印服务，以满足业务需求。现要求网络管理员完成文件服务器和打印服务器的安装与配置。下面以在域环境下为例进行讲述，具体要求如下：

1. 安装、配置文件服务器。
2. 安装、配置打印服务器。

相关知识

一、文件服务概述

文件服务器是企业里面用得最多的服务器之一，它主要用于提供文件共享。文件服务器资源管理器具有对文件服务器上存储的数据进行管理和分类的功能，具体如下：

1. 文件分类基础结构

文件分类基础结构通过分类流程的自动化提供对数据的洞察力，从而更有效地管理数据。可以基于此分类对文件进行分类并应用策略。示例策略包括限制访问文件的动态访问控制、文件加密和文件过期。可以使用文件分类规则自动分类文件，也可以通过修改所选文件或文件夹的属性手动分类文件。

2. 文件管理任务

文件管理任务可以基于此分类对文件应用有条件的策略或操作。文件管理任务的条件包括文件位置、分类属性、创建文件的数据、文件上一次的修改日期或上一次访问文件的时间。文件管理任务可以采取的操作包括使文件过期、加密文件或运行自定义命令。

3. 配额管理

可以通过创建配额来限制或允许卷和文件夹使用的空间，并在接近或达到配额限制时生成通知。配额管理可生成应用于卷或文件夹中所有现有文件夹以及以后创建的任何子文件夹的自动配额，还可以定义可应用于新卷或文件夹的配额模板。

4. 文件屏蔽管理

文件屏蔽管理可以帮助用户控制存储在文件服务器上的文件类型，可以限制存储在共享文件夹中的文件扩展名。例如，文件屏蔽管理可以创建文件屏蔽，不允许包含 MP3 扩展名的文件存储在文件服务器上的个人共享文件夹中。

5. 存储报告

存储报告可用于确定磁盘使用的趋势以及数据分类的方式，还可用于监视用户保存未授权的文件。

二、打印系统概述

1. 打印设备（物理打印机）

打印设备是指可以放置打印纸的硬件设备。

（1）本地打印设备：连接在打印服务器物理端口的打印设备。

（2）网络打印设备：通过网络而不是通过物理端口连接到打印服务器的打印设备。网络打印设备要求有自己的网络适配器和网络地址，或者将其连接到某个外部的网络适配器上。

2. 打印机（逻辑打印机）

打印机是指介于客户端应用程序和打印设备之间的软件接口。打印机定义文档何时到达打印设备，以及通过什么方式到达打印设备。

3. 打印服务器

打印服务器是指特定的计算机，打印机和客户机驱动程序就在该计算机上。打印服务器接收和处理来自客户机的文档，打印服务器提供简单而高效的网络解决方案，一端连接打印机，一端连接网络，可以轻松为局域网内的所有用户提供打印。

4. 打印机驱动程序

打印机驱动程序接收到用户送来的打印文档后，负责将文档转换为打印设备能够识别的格式，送往打印设备进行打印。不同型号的打印设备有其不同的打印机驱动程序。

任务实施

一、文件服务器的安装与配置

1. 安装文件服务器

Windows Server 2012 系统已经默认安装了文件和存储服务，但如果需要进行高级文件共享，还需要添加“文件服务器”和“文件服务器资源管理器”。

（1）在桌面任务栏左侧单击“服务器管理器”图标，在弹出的“服务器管理器”窗口中选择“仪表板”，单击“添加角色和功能”，如图 3-4-1 所示。

（2）弹出“添加角色和功能向导”窗口，单击“下一步”按钮，如图 3-4-2 所示。

（3）进入“选择安装类型”界面，选中“基于角色或基于功能的安装”单选框，单击“下一步”按钮，如图 3-4-3 所示。

（4）进入“选择目标服务器”界面，选中“从服务器池中选择服务器”单选框，在“服务器池”列表框内选择要安装的服务器，然后单击“下一步”按钮，如图 3-4-4 所示。

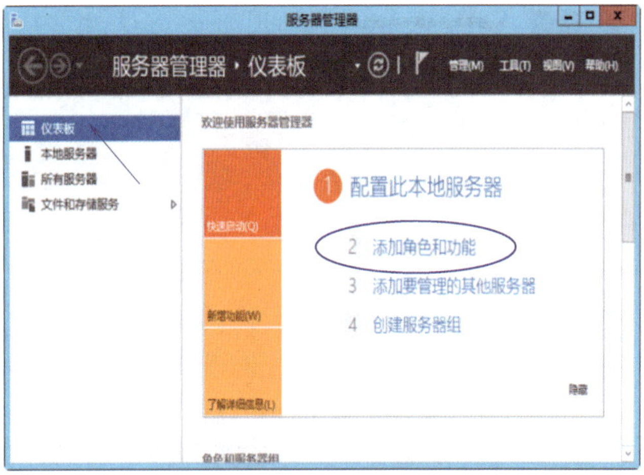

图 3-4-1　添加角色和功能

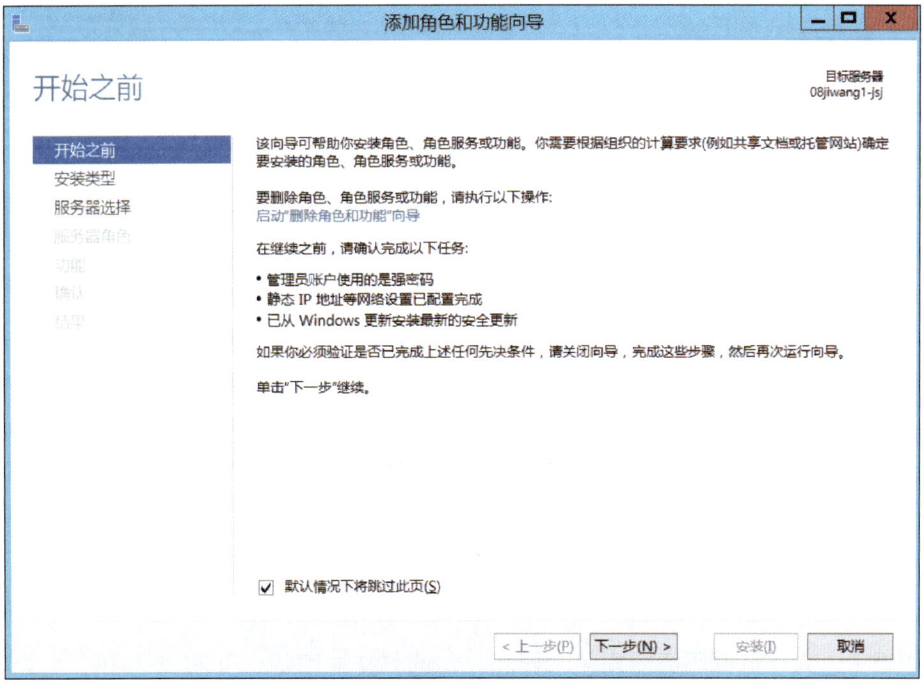

图 3-4-2　“添加角色和功能向导”窗口

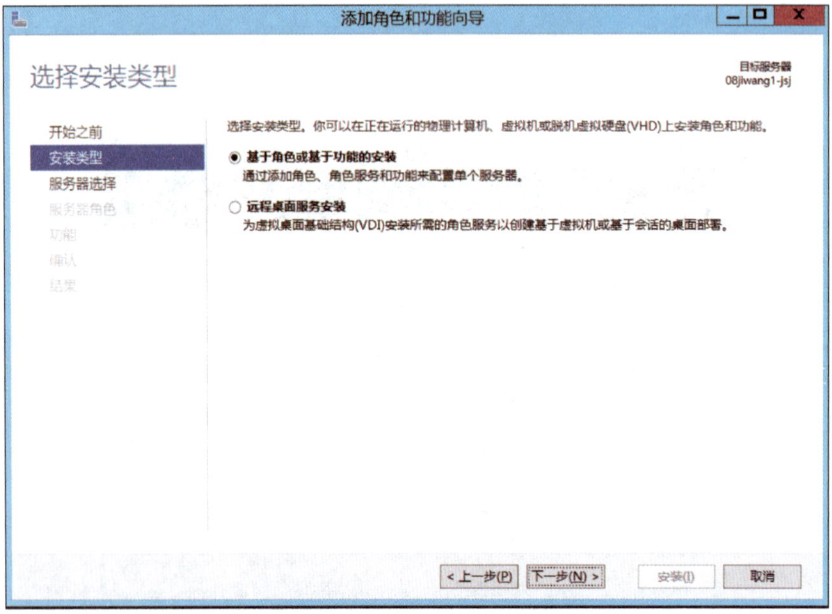

图 3–4–3　选择安装类型

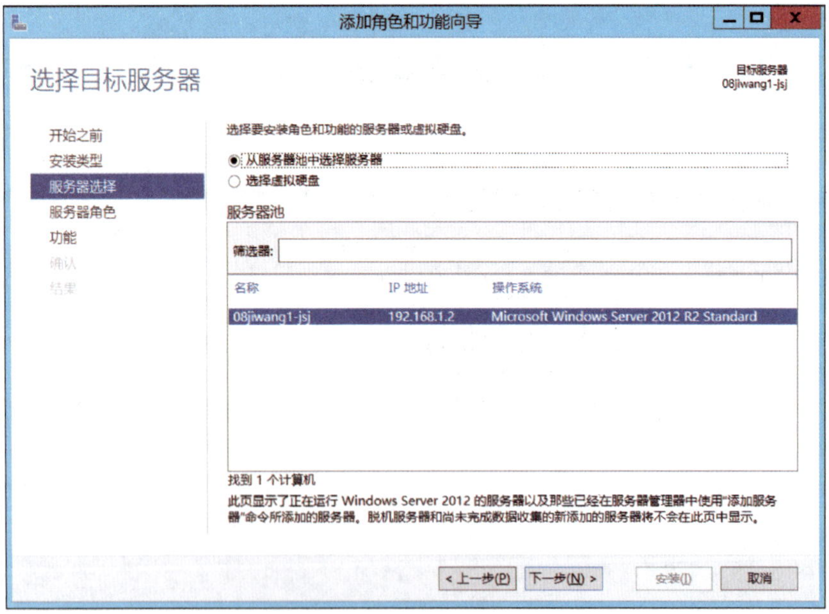

图 3–4–4　选择目标服务器

（5）进入“选择服务器角色”界面，勾选“文件和 iSCSI 服务”中的“文件服务器”和“文件服务器资源管理器”复选框（图 3–4–5），在“添加文件服务器资源管理器所需的功能”界面勾选“包括管理工具（如果适用）”复选框，单击“添加功能”按钮（图 3–4–6），系统返回“选择服务器角色”界面。

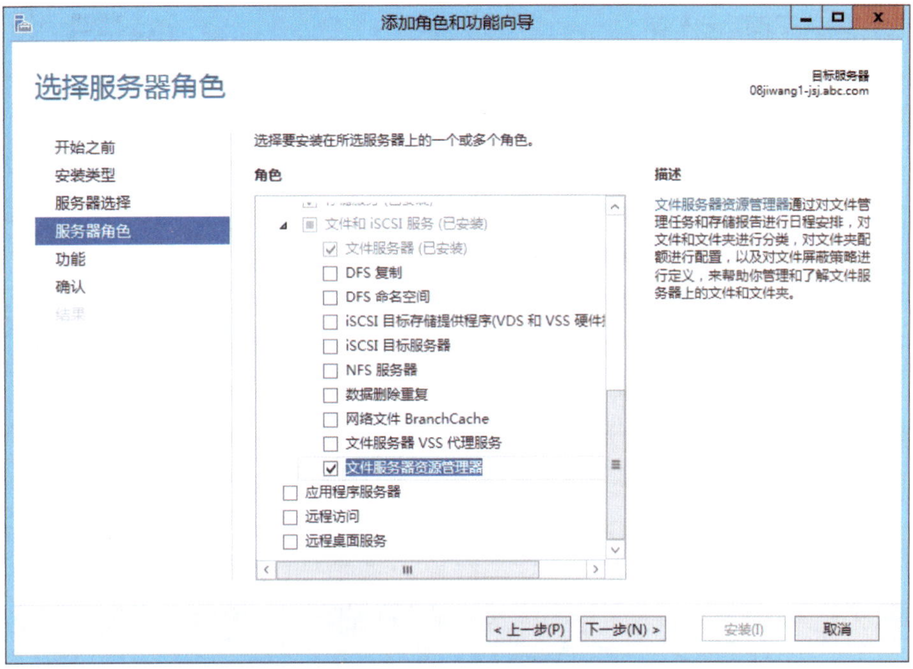

图 3-4-5　选择服务器角色

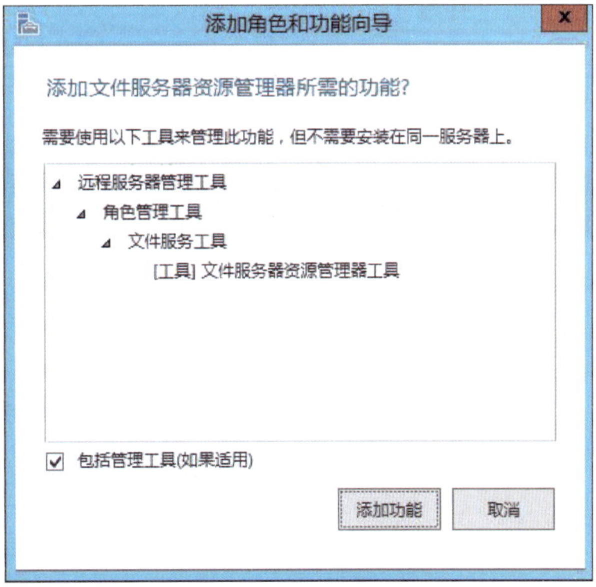

图 3-4-6　添加所需功能

（6）连续单击“下一步”按钮，直到进入“确认安装所选内容”界面，如图 3-4-7 所示。单击“安装”按钮系统开始安装。

图 3-4-7　确认安装所选内容

（7）安装完毕后，单击“关闭”按钮，文件服务器安装完成。

2. 文件服务器配置共享

（1）打开服务器管理器中的“文件和存储服务”，如图 3-4-8 所示。

图 3-4-8　打开“文件和存储服务”

（2）单击“共享”，在右侧窗格中单击“若要创建文件共享，请启动新加共享向导”，如图 3-4-9 所示。

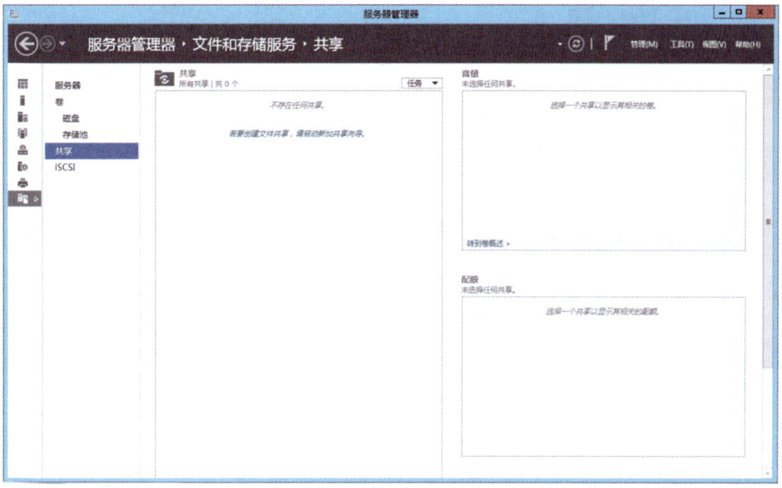

图 3-4-9　打开共享向导

（3）弹出“新建共享向导”窗口，在“为此共享选择配置文件”界面选择“SMB 共享 - 高级”，单击“下一步”按钮，如图 3-4-10 所示。

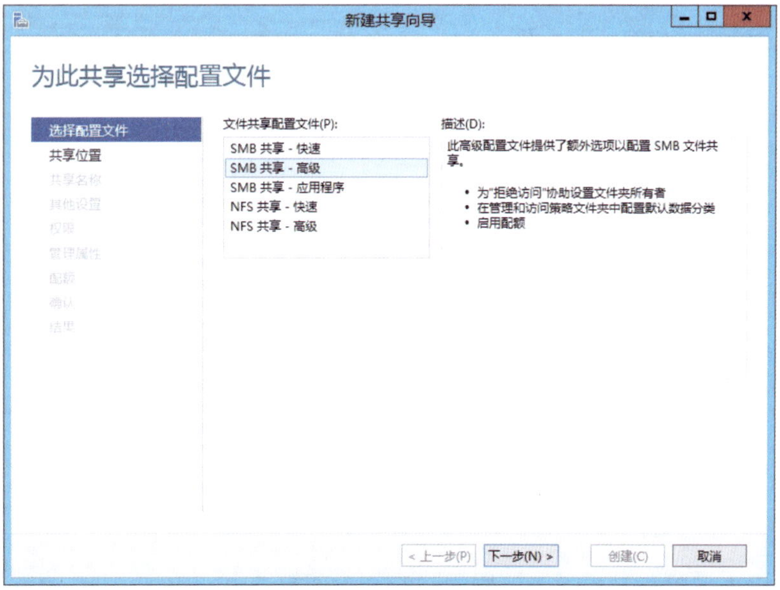

图 3-4-10　文件共享配置

（4）进入“选择服务器和此共享的路径”界面，共享位置选择“D 盘”，单击“下一步”按钮，如图 3-4-11 所示。

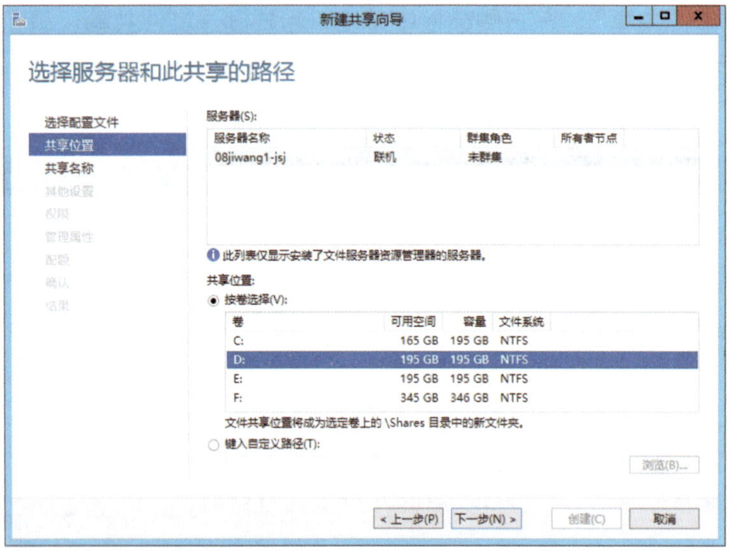

图 3-4-11　设置共享路径

（5）进入“指定共享名称”界面，输入共享名称“public”，单击“下一步”按钮，如图 3-4-12 所示。

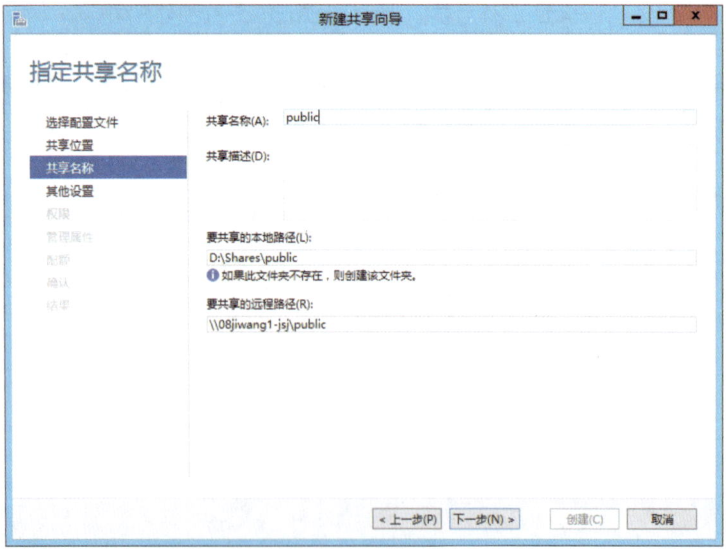

图 3-4-12　指定共享名称

（6）进入“配置共享设置”界面，勾选全部复选框，单击“下一步”按钮，如图 3-4-13 所示。

（7）进入“指定控制访问的权限”界面，此处采用默认设置，单击“下一步”按钮，如图 3-4-14 所示。

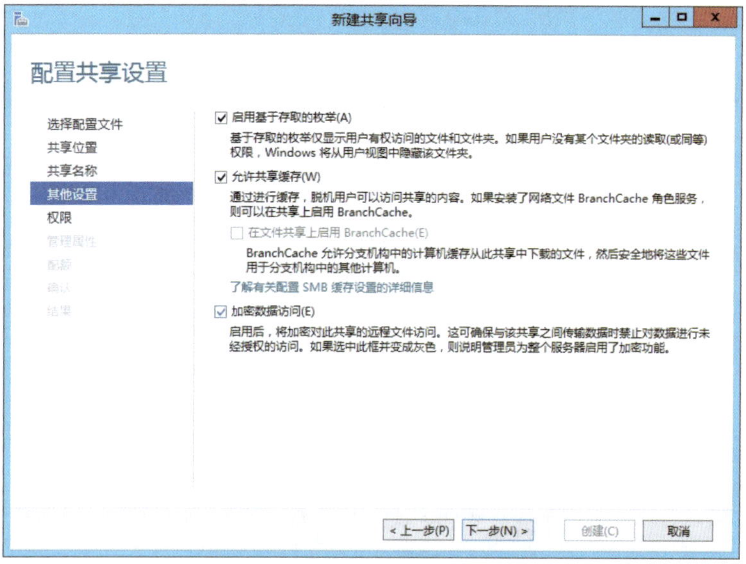

图 3-4-13　设置共享参数

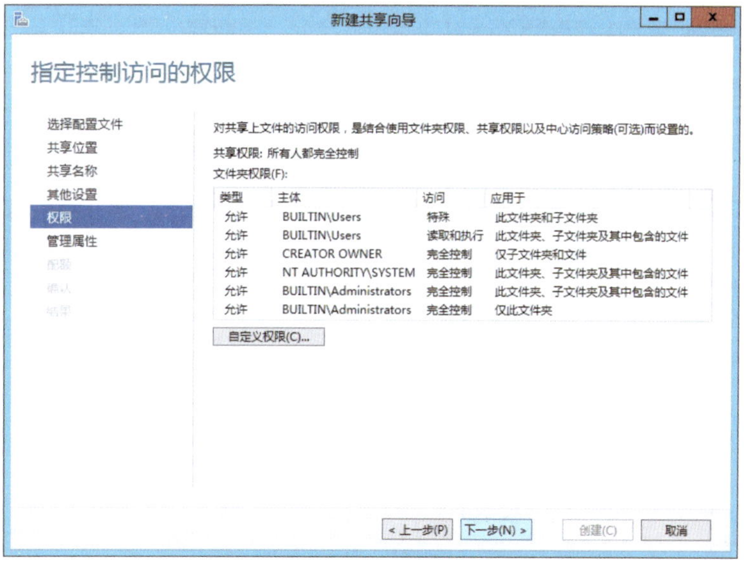

图 3-4-14　指定控制访问的权限

（8）进入“指定文件夹管理属性”界面，勾选“用户文件”复选框，单击“下一步”按钮，如图 3-4-15 所示。

（9）进入“将配额应用到文件夹或卷”界面，选中“不应用配额”单选框，单击“下一步”按钮，如图 3-4-16 所示。

（10）进入“确认选择”界面，单击“创建”按钮，如图 3-4-17 所示。

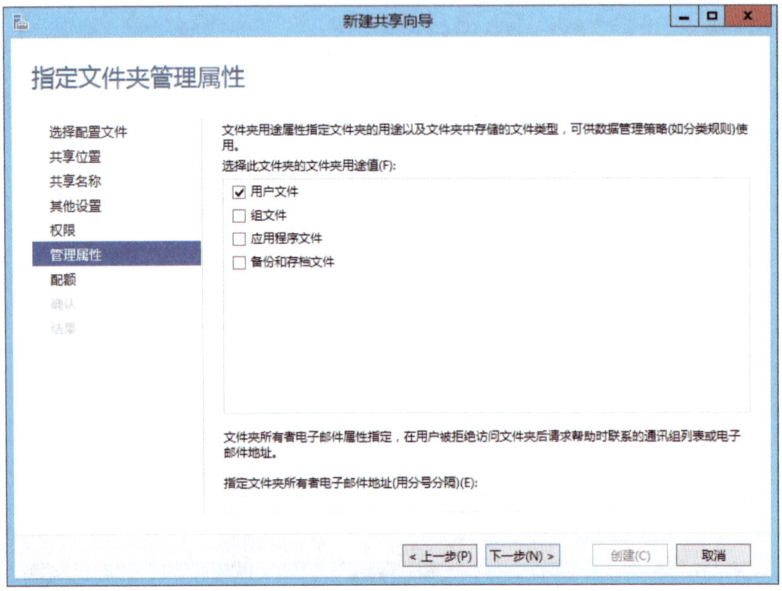

图 3-4-15　指定文件夹管理属性

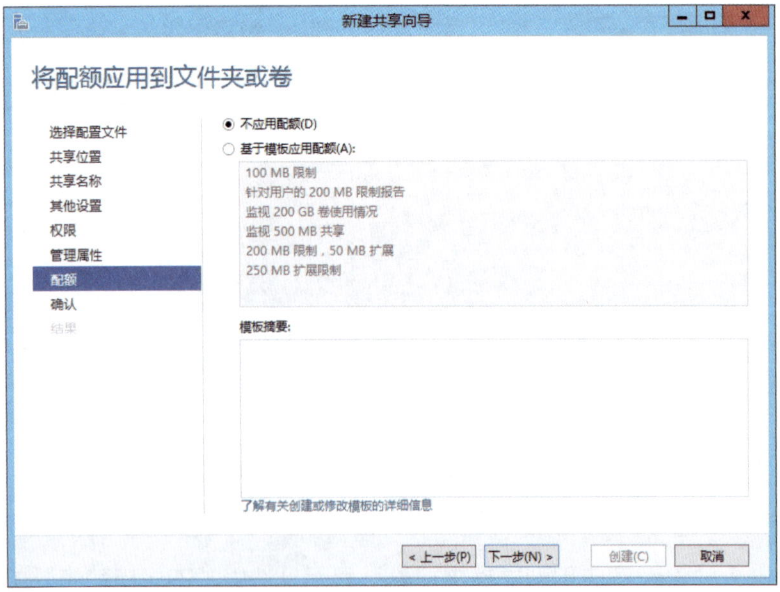

图 3-4-16　设置配额参数

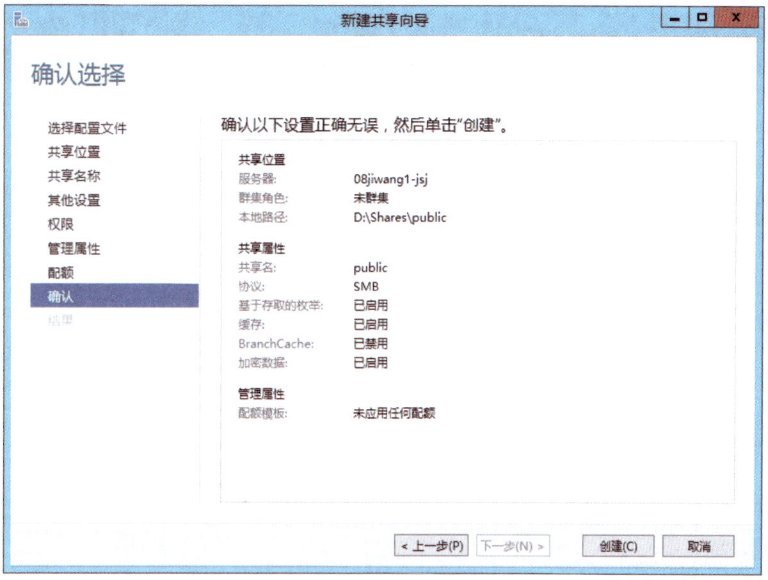

图 3-4-17　确认创建

（11）进入“查看结果”界面，可查看创建共享的结果，单击“关闭”按钮，共享创建完成，如图 3-4-18 所示。

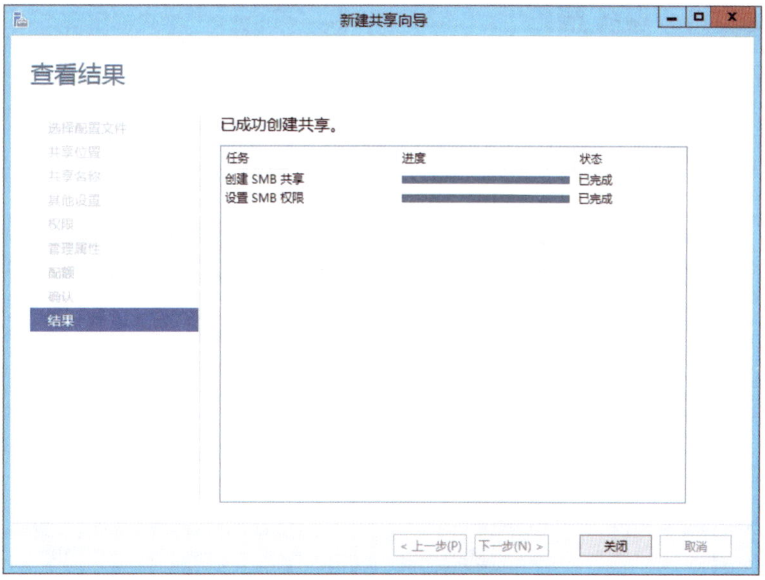

图 3-4-18　共享创建完成

（12）在管理界面中的“共享”中可以查看共享创建结果，如“本地路径”“容量”等，如图 3-4-19 所示。

图 3-4-19　查看共享创建结果

二、打印服务器的安装与配置

1. 安装打印服务器

（1）在桌面任务栏左侧单击“服务器管理器”图标，在弹出的“服务器管理器”窗口中选择“仪表板”，单击“添加角色和功能”，如图 3-4-20 所示。

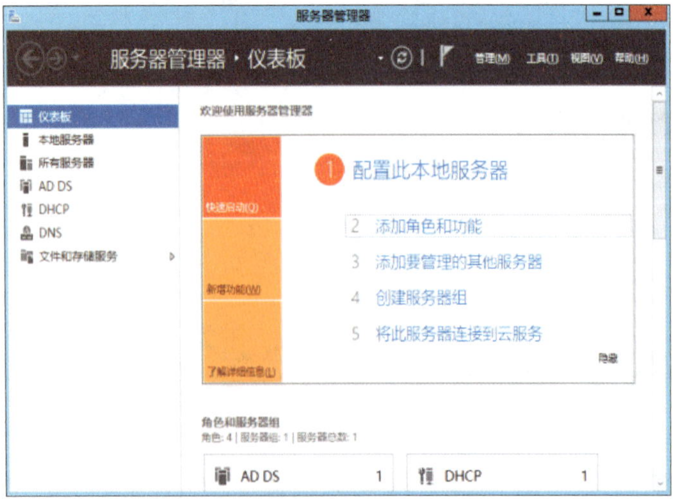

图 3-4-20　添加角色和功能

（2）弹出“添加角色和功能向导”窗口，单击“下一步”按钮，如图 3-4-21 所示。

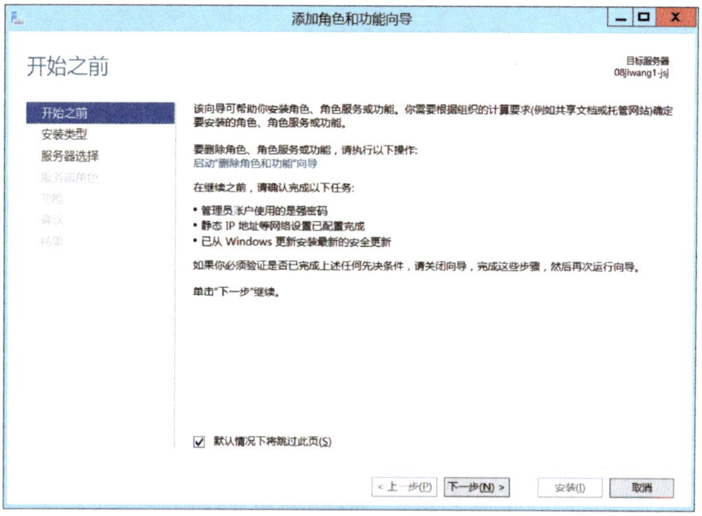

图 3-4-21 “添加角色和功能向导”窗口

（3）进入“选择安装类型”界面，选中“基于角色或基于功能的安装”单选框，单击“下一步”按钮，如图 3-4-22 所示。

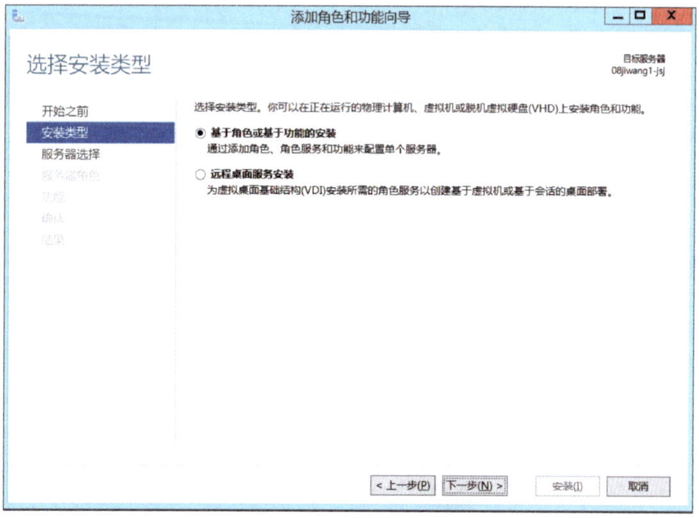

图 3-4-22 选择安装类型

（4）进入“选择目标服务器”界面，选中“从服务器池中选择服务器”单选框，在“服务器池”列表框内选择要安装的服务器，然后单击“下一步”按钮，如图 3-4-23 所示。

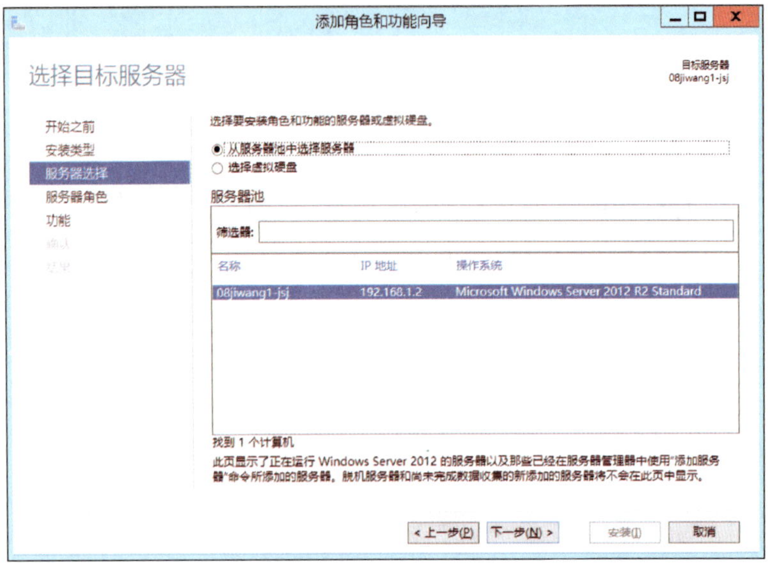

图 3-4-23　选择目标服务器

（5）进入“选择服务器角色”界面，勾选“打印和文件服务”复选框（图 3-4-24），在“添加打印和文件服务所需的功能”界面勾选“包括管理工具（如果适用）”复选框，单击“添加功能”按钮（图 3-4-25），系统返回“选择服务器角色”界面。

图 3-4-24　选择服务器角色

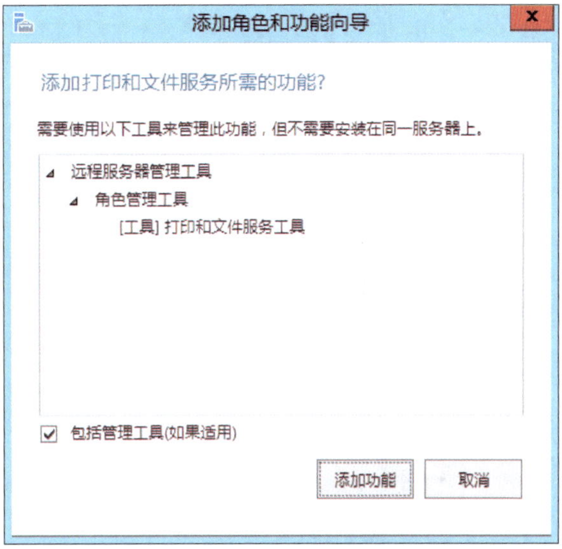

图 3-4-25　添加所需功能

（6）连续单击“下一步”按钮，进入“选择角色服务”界面，确认角色服务，如图 3-4-26 所示。单击“安装”按钮系统开始安装，完成安装后单击“关闭”按钮，如图 3-4-27 所示。

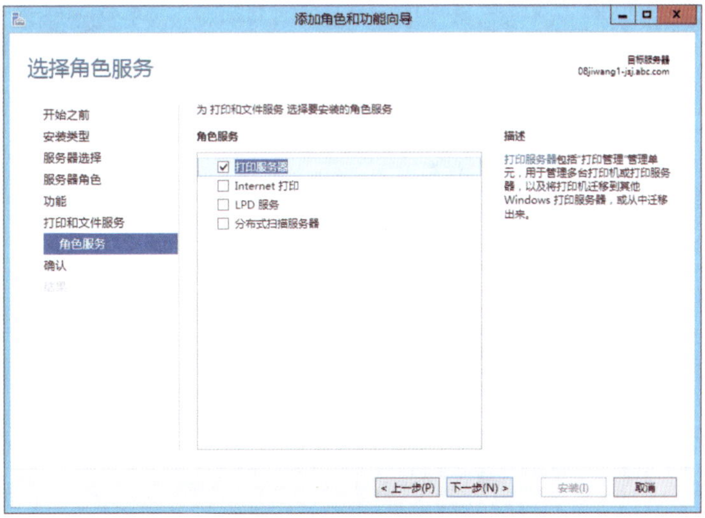

图 3-4-26　确认角色服务

2. 添加打印机

（1）在“控制面板”中打开“系统和安全”，双击“管理工具”中的“打印管理”，打开“打印管理”窗口，展开左侧打印服务目录，右击“打印机”，在弹出的菜单中选择“添加打印机”，如图 3-4-28 所示。

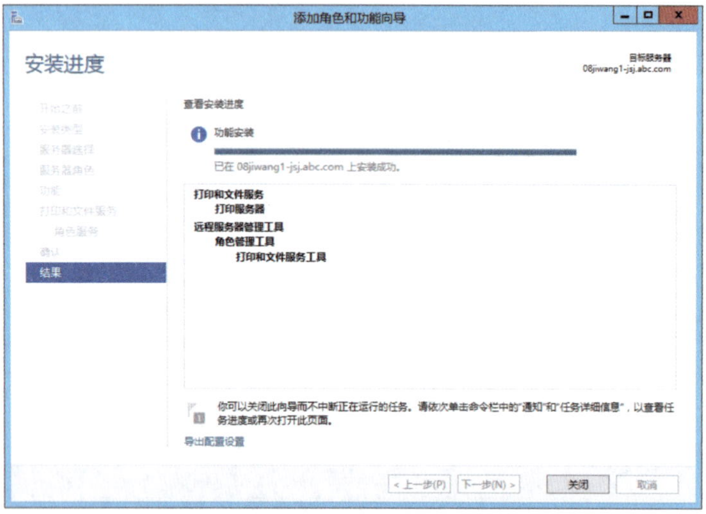

图 3-4-27　完成打印和文件服务安装

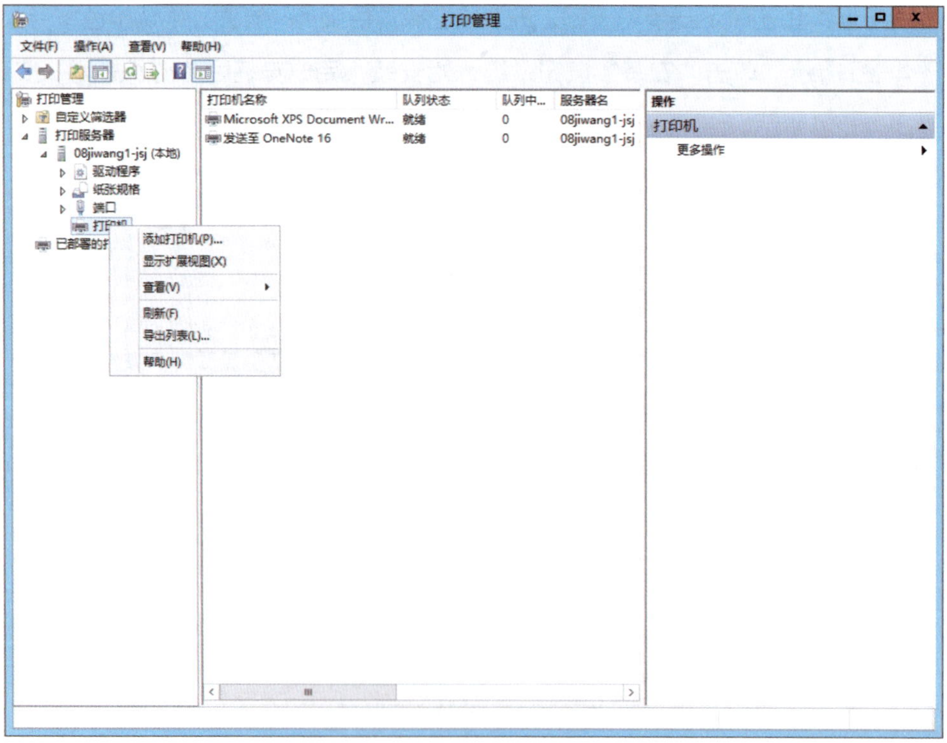

图 3-4-28　添加打印机

（2）弹出“网络打印机安装向导”对话框，在“打印机安装”界面选择“按 IP 地址或主机名添加 TCP/IP 或 Web 服务打印机”，单击“下一步”按钮，如图 3-4-29 所示。

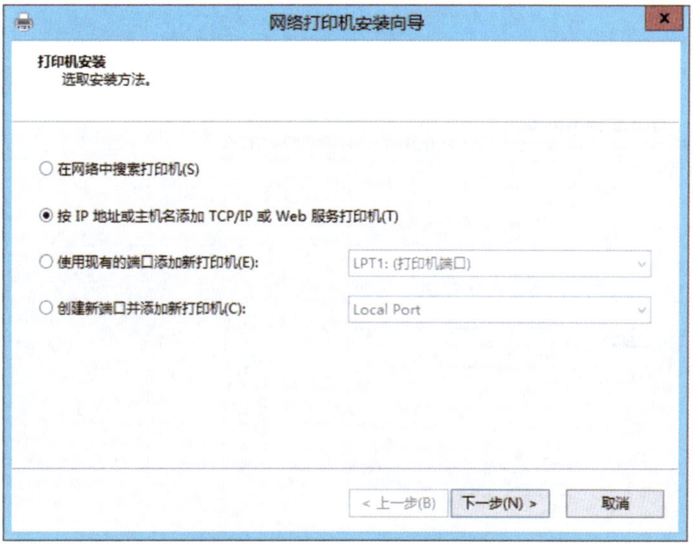

图 3-4-29　选择安装方法

（3）进入“打印机地址”界面，在“主机名称或 IP 地址”编辑框中输入打印机的 IP 地址，勾选“自动检测要使用的打印机驱动程序”复选框（如果系统中已经存在打印机驱动，则会自动安装；如果系统中没有打印机驱动，则需要手动选择安装），单击“下一步”按钮，如图 3-4-30 所示。

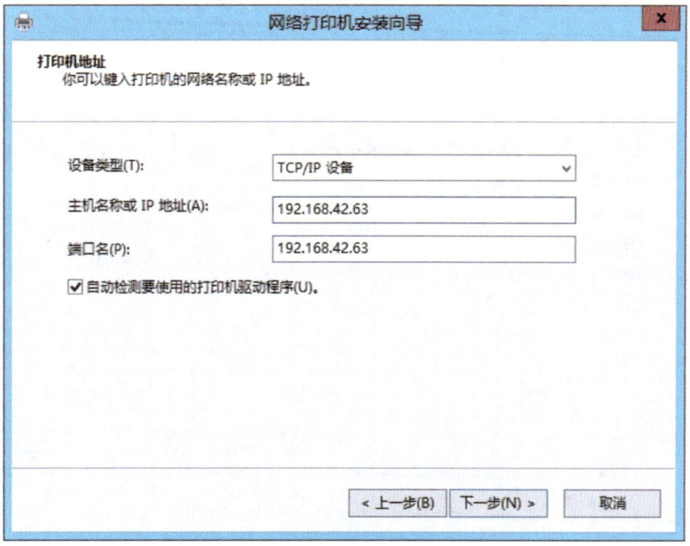

图 3-4-30　输入打印机的 IP 地址

（4）进入“打印机名称和共享设置”界面，此处采用默认设置，单击“下一步”按钮，如图 3-4-31 所示。

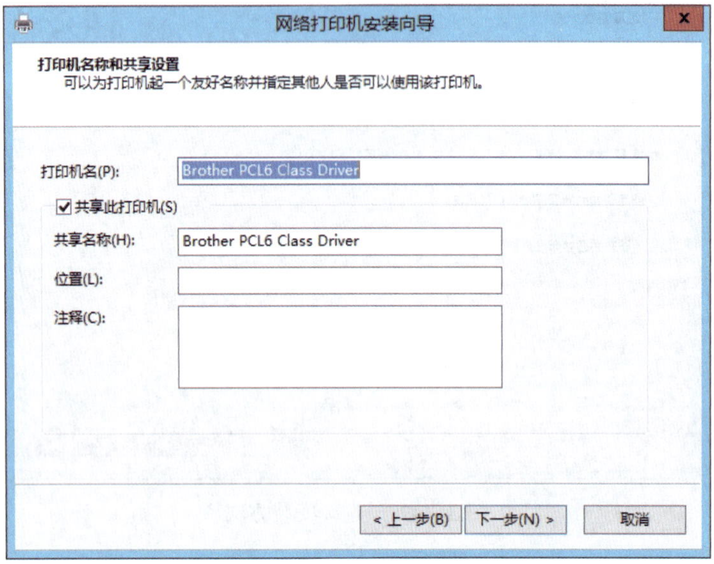

图 3-4-31　设置共享参数

（5）进入“找到打印机”界面，单击“下一步”按钮，如图 3-4-32 所示。

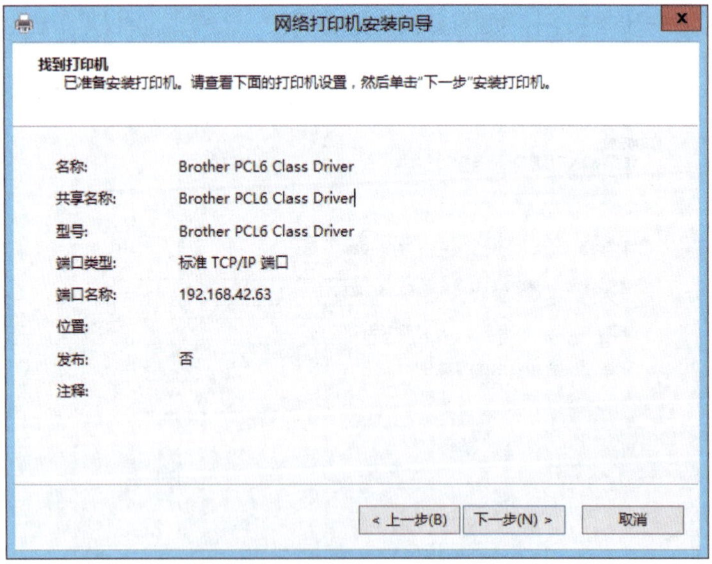

图 3-4-32　“找到打印机”界面

（6）等待打印机安装完毕后，单击“完成”按钮完成打印机的安装，如图 3-4-33 所示。

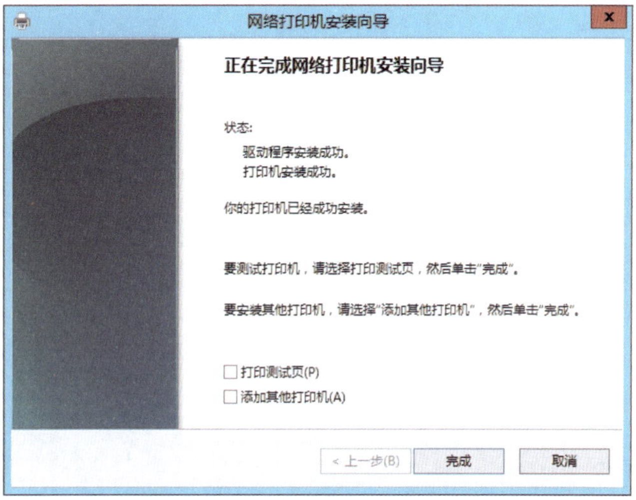

图 3-4-33　完成打印机的安装

工作评价

根据任务完成情况，进行学习任务综合评价，见表 3-4-1。

表 3-4-1　学习任务综合评价表

考核项目	评价内容	配分（分）	评价分数		
			自我评价	小组评价	教师评价
职业素养	安全和责任意识强，遵守健康及安全标准	10			
	团队合作意识强，能与同学分享知识及专业资料	10			
	现场管理符合 8S 标准，做好定期整理工作	10			
专业能力	能复述文件服务器的主要功能和打印系统的基本组成	10			
	能区分文件服务器权限的设置	10			
	能复述文件服务器安装所需的软硬件条件	10			
	能复述常用文件服务器的配置	10			
工作成果	能安装文件服务和打印服务	10			
	能按要求配置文件服务和打印服务	10			
	能正确配置客户端进行文件共享和打印	10			
总分		100			

续表

考核项目	评价内容	配分（分）	评价分数		
			自我评价	小组评价	教师评价
综合评分	综合评分 = 自我评价 ×20%+ 小组评价 ×30%+ 教师评价 ×50%	教师（签名）:			

思考与练习

一、选择题

1. 如果希望 Windows Server 2012 计算机提供资源共享，必须安装（　　）。

A. 服务器　　B. 网络服务　　C. 服务组件　　D. 协议组件

2. 通过设置打印机的（　　），可以实现在不同的时间段内对不同的文档进行打印，从而充分发挥打印设备的打印能力。

A. 打印权限　　B. 打印时间　　C. 打印内容　　D. 打印设备

3. 在一个 Windows 网络中，执行打印工作的物理设备称为（　　）。

A. 打印机　　B. 打印设备　　C. 打印机池　　D. 打印驱动

4. Windows Server 2012 中为网络打印机提供三种常用的权限，以下不属于网络打印机权限的是（　　）。

A. 打印　　B. 管理打印机

C. 管理文档　　D. 添加 / 删除打印机

5. 文件管理任务可以采取的操作不包括（　　）的功能。

A. 使文件过期　　B. 加密文件

C. 运行自定义命令　　D. 执行文件

二、简答题

1. 什么是文件服务器资源管理器？

2. 简述打印机和打印服务器的区别。

3. 简述共享打印机的优点并举例说明。

任务 5
SMTP 服务器的安装与配置

学习目标

1. 了解 E-Mail 和邮件服务协议。
2. 能安装、配置 SMTP 服务器。

任务描述

某公司员工内部沟通和部门之间信息交换频繁，需要在公司网络内架设邮件服务器，以实现各部门员工之间邮件的快速传递。现要求网络管理员完成 SMTP 服务器的安装与配置，具体要求如下：

1. 安装 SMTP 服务器。
2. 配置 SMTP 服务器。

相关知识

一、什么是 E-mail

E-mail 是 Electronic Mail 的缩写，即电子邮件，也称为电子函件，是一种常用的互联网服务，是通过电子通信系统进行书写、发送和接收的信件，是网络中比较流行的电子交互工具之一，它的出现大大方便了人们之间的交往与了解。

二、邮件服务协议

1. SMTP

SMTP（Single Mail Transfer Protocol，简单邮件传输协议），它是一组用于

由源地址到目的地址传送邮件的规则，由它来控制信件的中转方式。

2. POP 3

POP 3（Post Office Protocol Version 3，邮局协议版本 3），它是规定如何将个人计算机连接到 Internet 的邮件服务器和下载电子邮件的电子协议。

3. IMAP 协议

IMAP（Internet Message Access Protocol，Internet 消息访问协议），主要提供的是通过 Internet 获取信息的一种协议。

任务实施

一、SMTP 服务器的安装

1. 在桌面任务栏左侧单击“服务器管理器”图标，在弹出的“服务器管理器”窗口中选择“仪表板”，单击“添加角色和功能”，如图 3-5-1 所示。

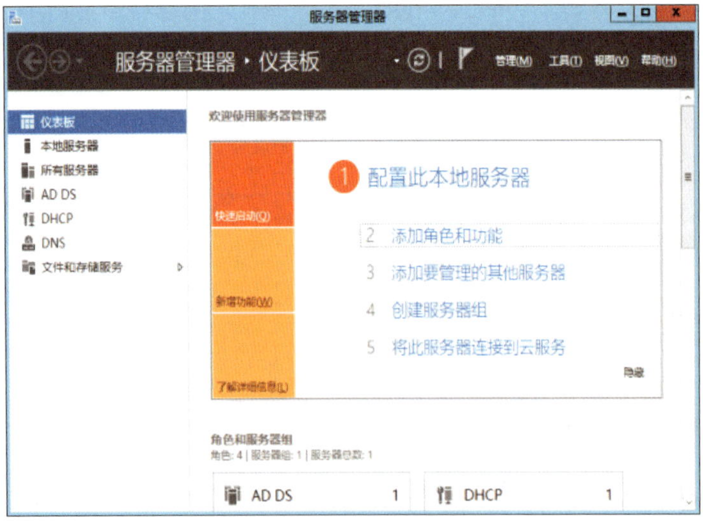

图 3-5-1　添加角色和功能

2. 弹出“添加角色和功能向导”窗口，单击“下一步”按钮，如图 3-5-2 所示。

3. 进入“选择安装类型”界面，选中“基于角色或基于功能的安装”单选框，单击“下一步”按钮，如图 3-5-3 所示。

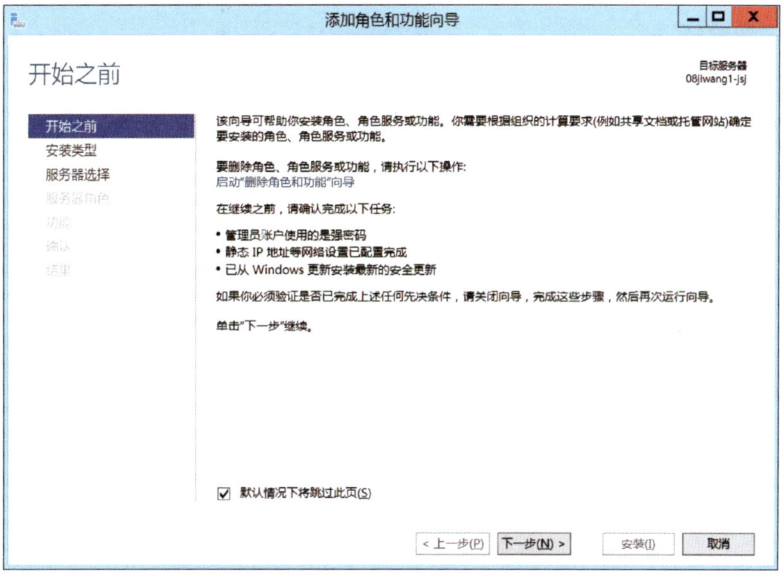

图 3-5-2 “添加角色和功能向导”窗口

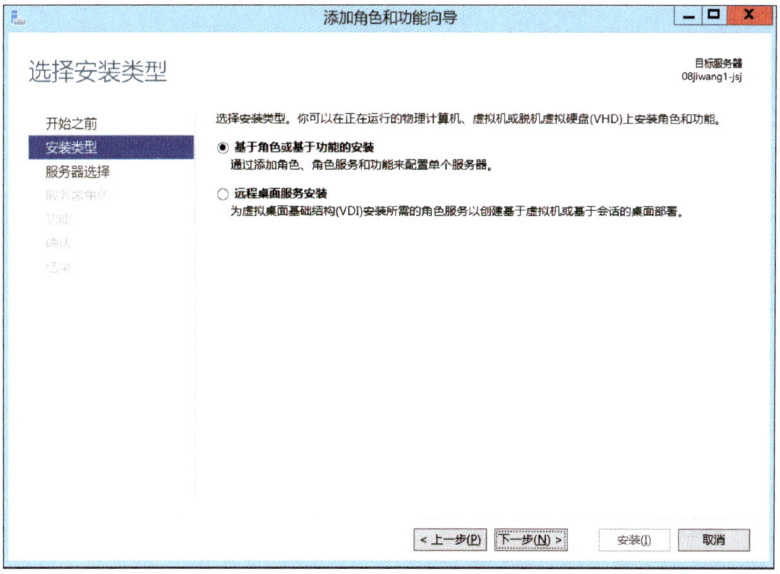

图 3-5-3 选择安装类型

4. 进入“选择目标服务器”界面，选中“从服务器池中选择服务器”单选框，在“服务器池”列表框内选择要安装的服务器，然后单击“下一步”按钮，如图 3-5-4 所示。

5. 进入“选择服务器角色”界面，勾选“Web 服务器（IIS）”复选框，然后单击“下一步”按钮，在功能选择窗口中勾选“SMTP 服务器”复选框，单击“下

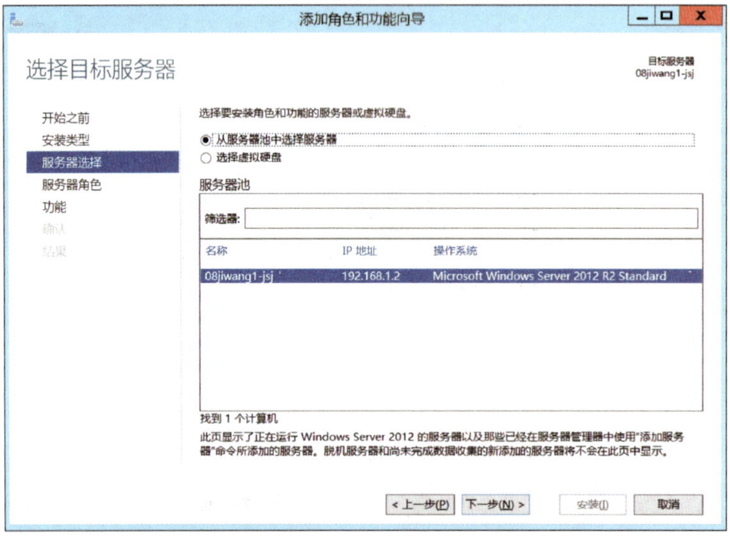

图 3-5-4　选择目标服务器

一步”按钮（图 3-5-5），在“添加 SMTP 服务器所需的功能”界面勾选“包括管理工具（如果适用）”复选框，单击“添加功能”按钮（图 3-5-6），系统返回“选择服务器角色”界面。

6. 连续单击“下一步”按钮，直到进入“确认安装所选内容”界面，如图 3-5-7 所示。单击“安装”按钮系统开始安装，完成安装后单击“关闭”按钮，如图 3-5-8 所示。

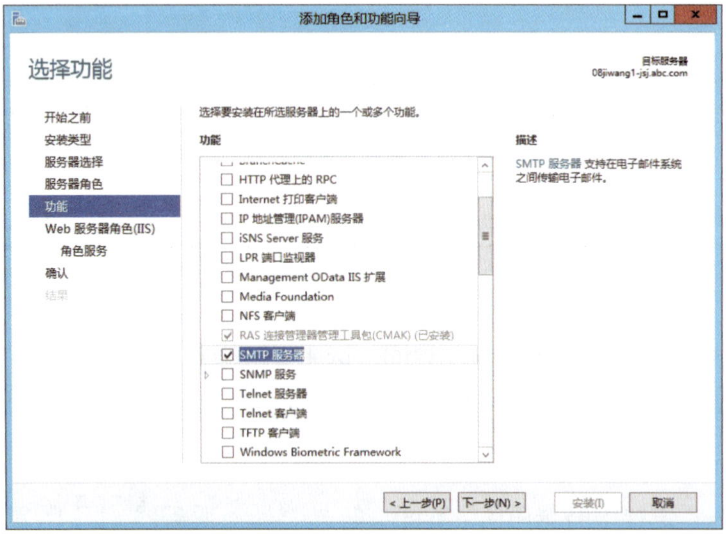

图 3-5-5　选择功能

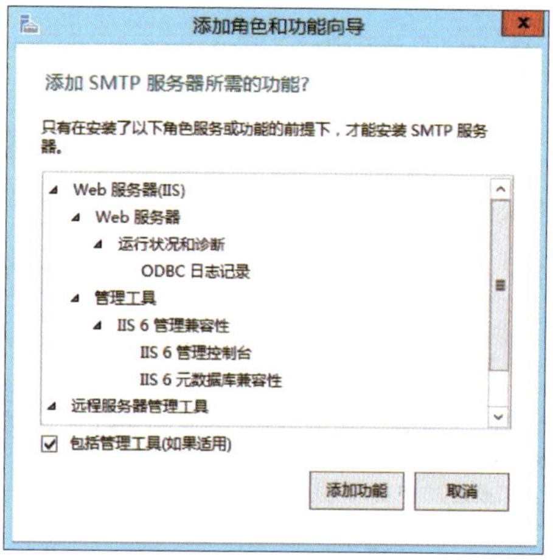

图 3-5-6　添加所需功能

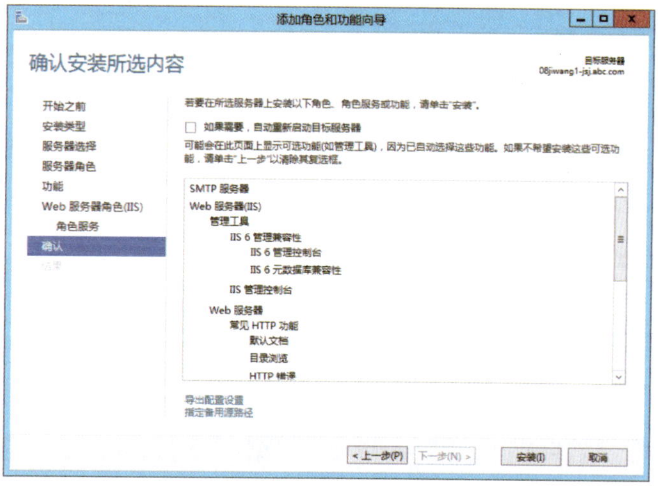

图 3-5-7　确认安装所选内容

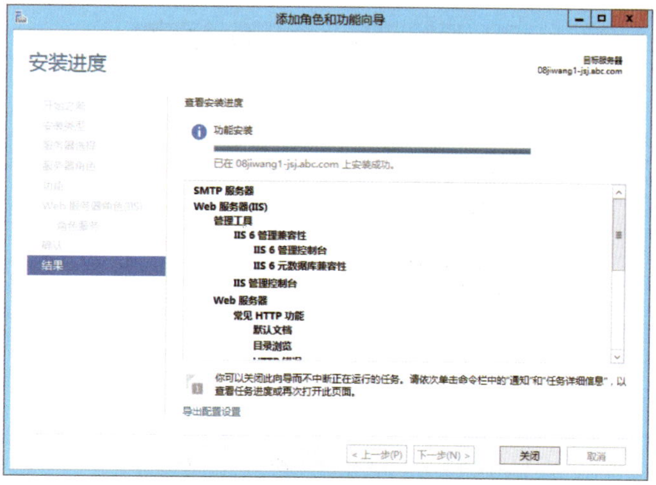

图 3-5-8　完成 SMTP 服务器的安装

二、SMTP 服务器的配置

1. 在“控制面板”中打开“系统和安全”，双击“管理工具”中的“Internet Information Services（IIS）6.0 管理器”，打开“Internet Information Services（IIS）6.0 管理器”窗口，展开左侧 Internet Information Services 目录，右击“SMTP Virtual Server #1”，在弹出的菜单中选择“属性”，如图 3-5-9 所示。

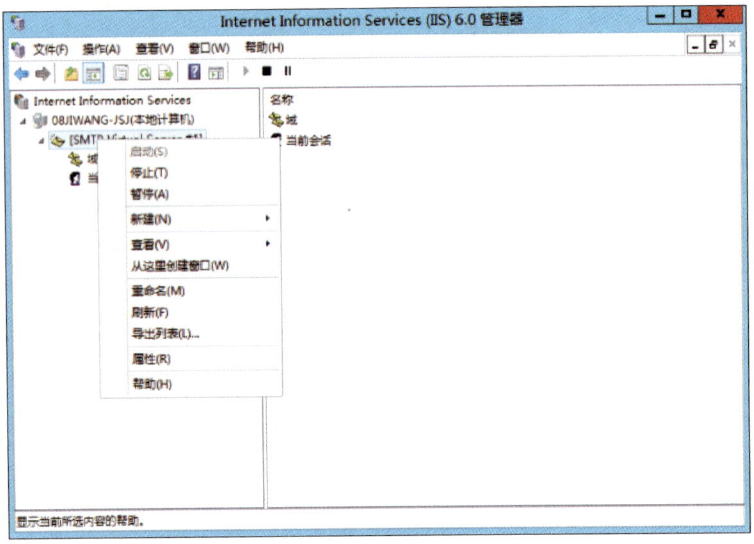

图 3-5-9　选择 SMTP 服务属性

2. 弹出“[SMTP Virtual Server #1] 属性”对话框，在“常规”选项卡的“IP 地址”下拉列表中选择本机的 IP 地址，如图 3-5-10 所示。

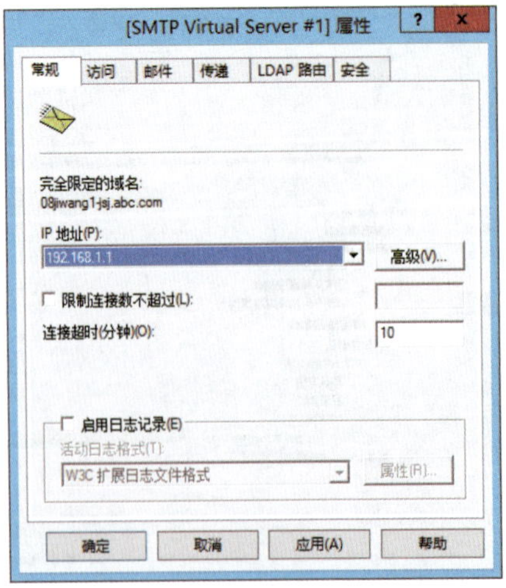

图 3-5-10　选择本机的 IP 地址

3. 在“访问”选项卡中单击“身份验证”按钮，如图 3-5-11 所示。

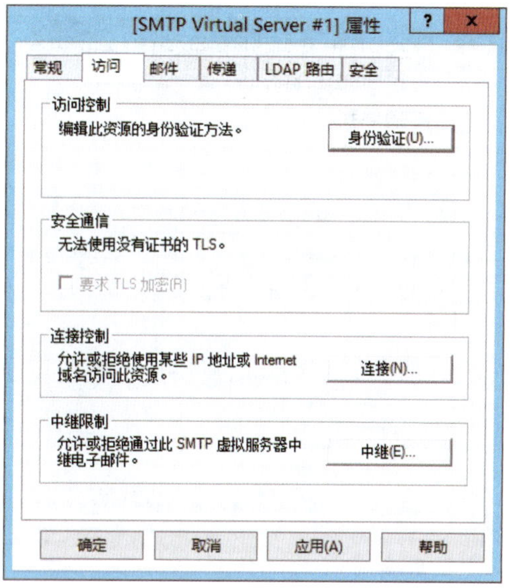

图 3-5-11　选择身份验证

4. 弹出“身份验证”对话框，勾选“基本身份验证”和“集成 Windows 身份验证”复选框，并在“默认域”编辑框中输入域名“abc.com”，如图 3-5-12 所示。

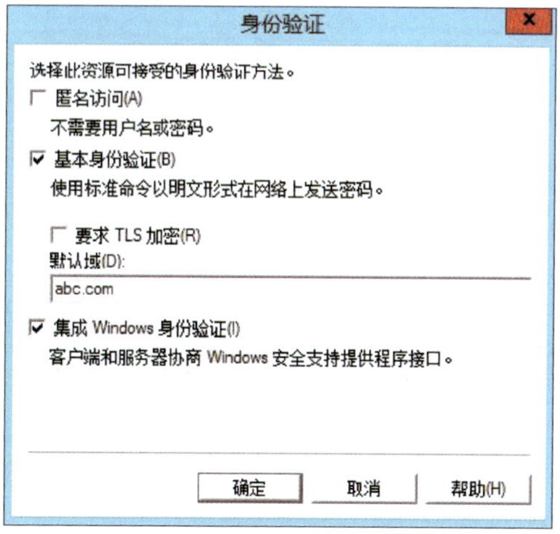

图 3-5-12　设置身份验证方式

5. 在勾选“基本身份验证”复选框时弹出“基本身份验证”对话框，单击“是”按钮，如图 3-5-13 所示。

6. 分别单击“[SMTP Virtual Server #1] 属性”对话框中的“应用”和“确定”按钮，SMTP 服务的基本属性配置完成。

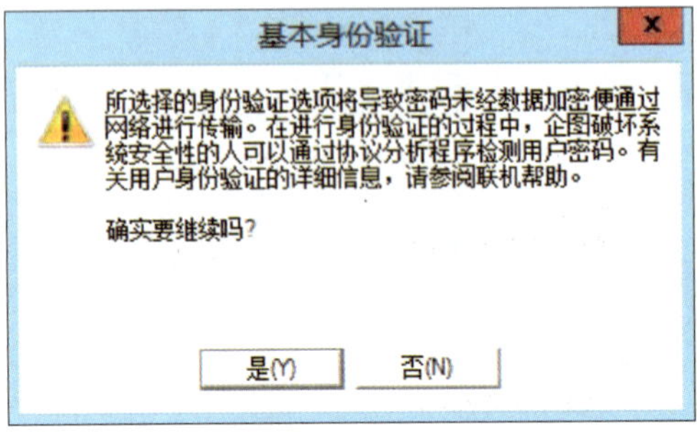

图 3-5-13　确认身份验证提示

7. 配合第三方 POP 3 服务，即可实现邮件服务器的电子邮件收发功能。

小贴士

搭建邮件服务器，需要在服务器上配置 SMTP 和 POP 3 服务，SMTP 服务负责发送邮件，POP 3 服务负责接收邮件。

Windows Server 2012 中，POP 3 组件已经不再是系统功能中的一项（系统功能中只有 SMTP 服务），所以使用 Windows Server 2012 自带的 SMTP 服务配合一个第三方的 POP 3 服务搭建邮件服务器。

工作评价

根据任务完成情况，进行学习任务综合评价，见表 3-5-1。

表 3-5-1　学习任务综合评价表

考核项目	评价内容	配分（分）	评价分数		
			自我评价	小组评价	教师评价
职业素养	安全和责任意识强，遵守健康及安全标准	10			
	团队合作意识强，能与同学分享知识及专业资料	10			
	现场管理符合 8S 标准，做好定期整理工作	10			
专业能力	能复述 SMTP 服务器的主要功能	15			
	能复述 SMTP 服务器安装所需的软、硬件条件	15			
	能复述常用 SMTP 的配置方法	10			

续表

<table>
<tr><th rowspan="2">考核项目</th><th rowspan="2">评价内容</th><th rowspan="2">配分（分）</th><th colspan="3">评价分数</th></tr>
<tr><th>自我评价</th><th>小组评价</th><th>教师评价</th></tr>
<tr><td rowspan="3">工作成果</td><td>能正确安装 SMTP 服务器</td><td>10</td><td></td><td></td><td></td></tr>
<tr><td>能按要求配置 SMTP 服务器</td><td>10</td><td></td><td></td><td></td></tr>
<tr><td>能通过第三方软件实现邮件收发</td><td>10</td><td></td><td></td><td></td></tr>
<tr><td colspan="2">总分</td><td>100</td><td></td><td></td><td></td></tr>
<tr><td rowspan="2">综合评分</td><td>综合评分 = 自我评价 ×20%+ 小组评价 ×30%+ 教师评价 ×50%</td><td rowspan="2">教师（签名）：</td><td rowspan="2" colspan="3"></td></tr>
<tr><td></td></tr>
</table>

思考与练习

一、选择题

1. 下面的协议中，（　　）不是电子邮件服务主要涉及的协议。

A．POP 3　　B．IMAP 4　　C．HTTP　　D．SMTP

2. Internet 中发送的邮件协议是（　　）。

A．FTP　　B．DHCP　　C．HTTP　　D．SMTP

3.（　　）服务使用 POP 3 协议。

A．FTP　　B．E-mail　　C．WWW　　D．DHCP

4.（　　）是简单邮件传输协议。

A．SNMP　　B．SMTP　　C．MAIL　　D．NNTP

5. SMTP 协议是关于（　　）的协议。

A．邮件传输　　B．超文本传输　　C．文件传送　　D．网络新闻组播

二、简答题

1. 什么是电子邮件服务器？

2. 简述电子邮件服务器的功能。

任务 6
远程访问服务器的安装与配置

学习目标

1. 了解远程桌面及 VPN 的相关知识。
2. 能安装、配置远程访问服务器。
3. 能配置远程访问服务器的客户机并测试效果。

任务描述

某公司商务和技术人员经常出差，需要随时访问公司内部网络，为了保证他们和公司之间数据的安全传输，选择部署 VPN 服务，以满足业务需求。现要求网络管理员完成远程访问服务器的安装与配置。下面以在域环境下为例进行讲述，具体要求如下：

1. 安装远程访问服务器。
2. 进行远程访问服务的基本设置。
3. 设置、验证客户端。

相关知识

一、远程桌面

当某台计算机开启了远程桌面连接功能后，可以在网络的另一端控制这台计算机，通过远程桌面功能可以实时操作这台计算机，在上面安装软件、运行程序，与直接在该计算机上操作一样。

通过把在互联网中的计算机和在局域网中的远程访问服务器（Remote Access Service，RAS）相连接，在 RAS 和 RAC（远程访问客户机，就是在互联网中的某计算机）之间建立一个虚拟专用线路，使远程访问客户机可以直接接入到 RAS。远程访问客户机连接上 RAS 后，就可以访问处于 RAS 的局域网，从而获取局域网中的资源。

远程访问服务允许客户机通过拨号连接或虚拟专用连接登录网络。远程访问客户机一旦得到 RAS 服务器的确认，就可以访问网络服务，就好像远程访问客户机直接连接在局域网上一样。

例如，在外地工作的公司人员若需要公司的重要文件，为防泄密，不希望用邮件或其他方式传输文件，这时 RAC 就可以连接上 RAS，通过 RAS 和 RAC 之间的虚拟专用网络来访问处于 RAS 的局域网（公司局域网）并下载文件。

要建立一个 RAS，操作系统必须为服务器版本，且具有双网卡，用以连接局域网和互联网。

二、VPN 相关知识

1. VPN 服务概述

VPN（Virtual Private Network）一般是指虚拟专用网络，是在公用网络上建立专用网络，进行加密通信，在企业网络中有广泛的应用。VPN 网关通过对数据包的加密和数据包目标地址的转换实现远程访问，VPN 可通过服务器、硬件、软件等多种方式实现。

VPN 属于远程访问技术，简单地说，就是利用公用网络架设专用网络。例如，某公司员工出差到外地，他想访问公司内网的服务器资源，这种访问就属于远程访问。

在公司网络配置中，要进行远程访问，传统的方法是租用数字数据网专线或帧中继，这样的通信方案必然导致较高的网络通信和维护费用。对于移动用户（移动办公人员）与远端个人用户而言，一般会通过拨号线路（Internet）进入公司的局域网，但这样必然会带来安全上的隐患。

让在外地的员工访问内网资源，VPN 的解决方法就是在内网中架设一台 VPN 服务器。员工在当地连上互联网后，通过互联网连接 VPN 服务器，然后通过 VPN 服务器进入公司内网。为了保证数据安全，VPN 服务器和客户机之间的通信数据都进行了加密处理。有了数据加密，就可以认为数据是在一条专用的数据链路上进行安全传输，就如同专门架设了一个专用网络一样，但实际上 VPN 使用的是互联网上的公用链路，因此，VPN 被称为虚拟专用网络，其实质就是利用加密技术在公用链路上封装出一个数据通信隧道。有了 VPN 技术，员工无论是在外地出差，还是在家中办公，只要能上互联网，就能利用 VPN 访问内网资源，这就是 VPN 在各个公司中应用如此广泛的原因。

2. VPN 的工作原理

通常情况下，VPN 网关采用双网卡结构，外网卡使用公网 IP 接入 Internet。

网络一（假定为公网 Internet）的终端 A 访问网络二（假定为公司内网）的终端 B，其发出的访问数据包的目标地址为终端 B 的内部 IP 地址。

网络一的 VPN 网关在接收到终端 A 发出的访问数据包时对其目标地址进行检查，如果目标地址属于网络二的地址，则将该数据包进行封装，封装的方式根据所采用的 VPN 技术不同而不同，同时 VPN 网关会构造出一个新的 VPN 数据包，并将封装后的原数据包作为 VPN 数据包的负载，VPN 数据包的目标地址为网络二的 VPN 网关的外部地址。

网络一的 VPN 网关将 VPN 数据包发送到 Internet，因为 VPN 数据包的目标地址是网络二的 VPN 网关的外部地址，所以该数据包将被 Internet 中的路由正确地发送到网络二的 VPN 网关。

网络二的 VPN 网关对接收到的数据包进行检查，如果发现该数据包是从网络一的 VPN 网关发出的，即可判定该数据包为 VPN 数据包，并对该数据包进行解包处理。解包的过程主要是先将 VPN 数据包的包头剥离，再将数据包反向处理还原成原始的数据包。

网络二的 VPN 网关将还原后的原始数据包发送到终端 B，因为原始数据包的目标地址是终端 B 的 IP 地址，所以该数据包能够被正确地发送到终端 B。在终端 B 看来，它收到的数据包就和从终端 A 直接发过来的一样。

从终端 B 返回终端 A 的数据包处理过程和上述过程一样，这样，两个网络内的终端就可以相互通信了。

任务实施

一、远程访问服务器的安装

1. 在桌面任务栏左侧单击“服务器管理器”图标，在弹出的“服务器管理器”窗口中选择“仪表板”，单击“添加角色和功能”，如图 3-6-1 所示。

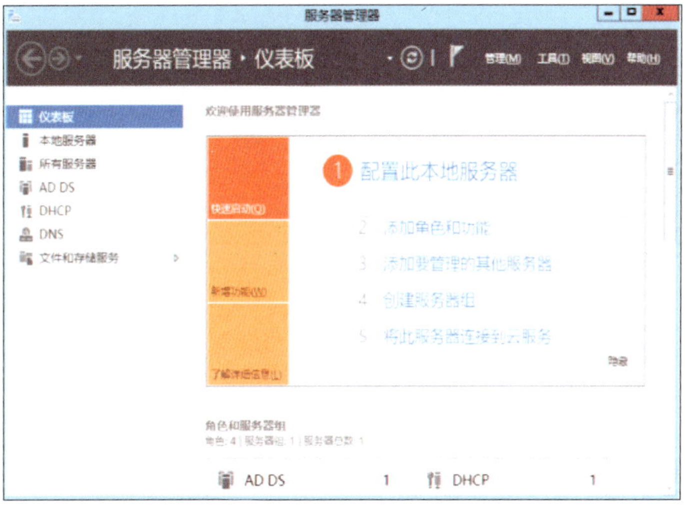

图 3-6-1　添加角色和功能

2. 弹出“添加角色和功能向导”窗口，单击“下一步”按钮，如图 3-6-2 所示。

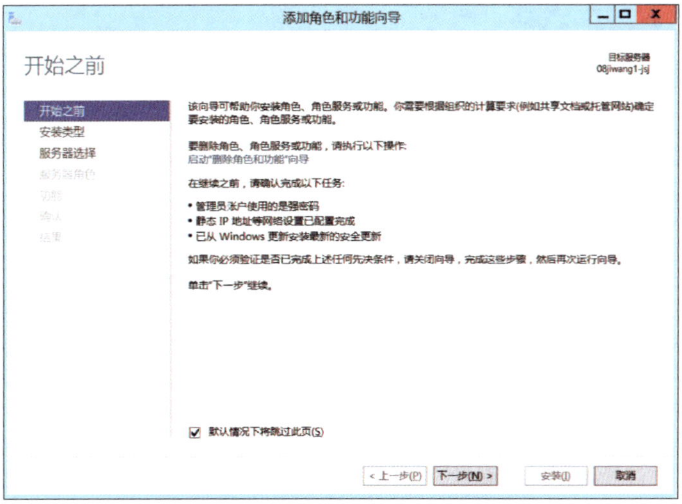

图 3-6-2　“添加角色和功能向导”窗口

3. 进入“选择安装类型”界面，选中“基于角色或基于功能的安装”单选框，单击“下一步”按钮，如图 3-6-3 所示。

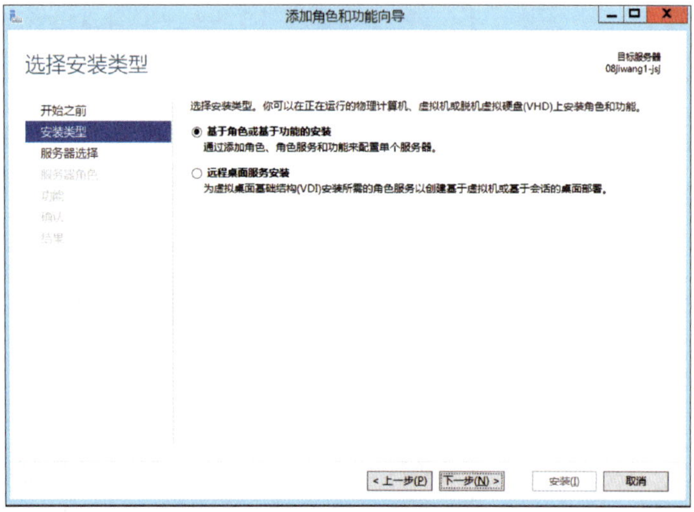

图 3-6-3　选择安装类型

4. 进入“选择目标服务器”界面，选中“从服务器池中选择服务器”单选框，在“服务器池”列表框内选择要安装的服务器，然后单击“下一步”按钮，如图 3-6-4 所示。

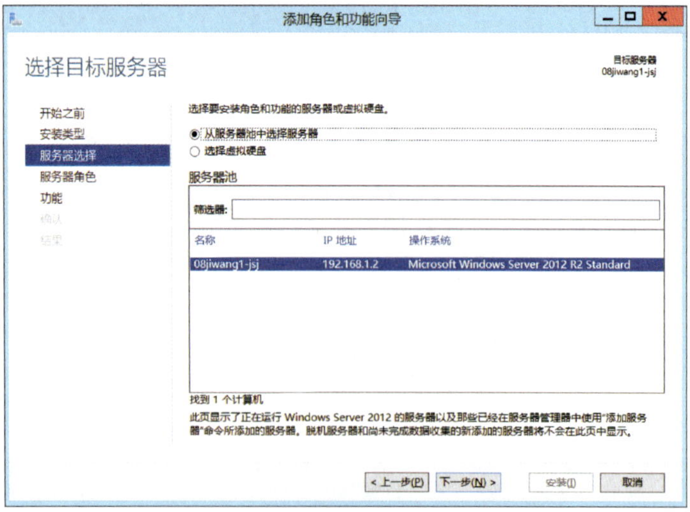

图 3-6-4　选择目标服务器

5. 进入“选择服务器角色”界面，勾选“远程访问服务”复选框，连续单击“下一步”按钮，直到进入“选择角色服务”界面，勾选“DirectAccess 和

VPN（RAS）”和“路由”复选框（图 3-6-5），在“添加 DirectAccess 和 VPN（RAS）所需的功能”界面勾选“包括管理工具（如果适用）”复选框，单击“添加功能”按钮（图 3-6-6），系统返回“选择服务器角色”界面。

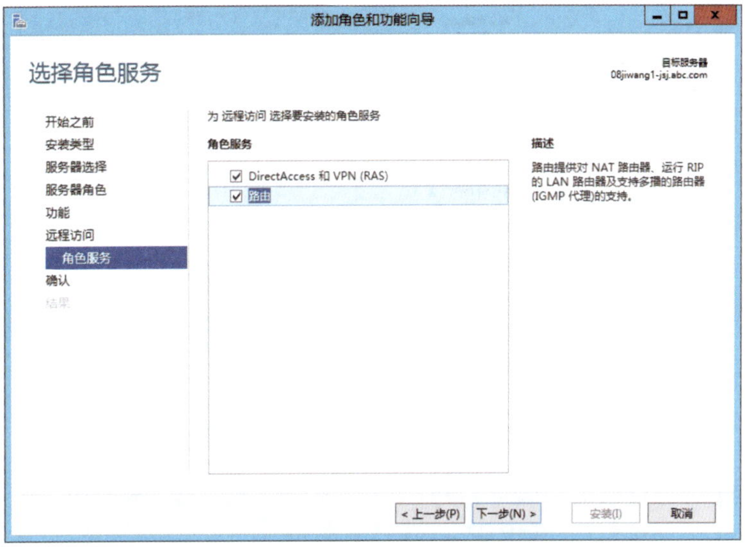

图 3-6-5　选择角色服务

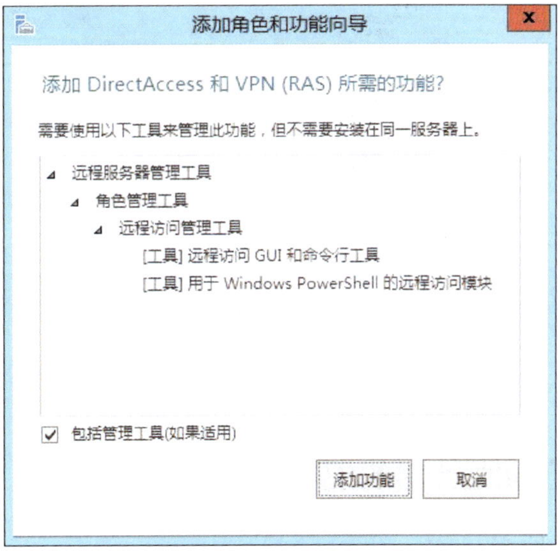

图 3-6-6　添加所需功能

6. 单击“下一步”按钮，进入“确认安装所选内容”界面，如图 3-6-7 所示。单击“安装”按钮系统开始安装，安装完成后单击“关闭”按钮，如图 3-6-8 所示。

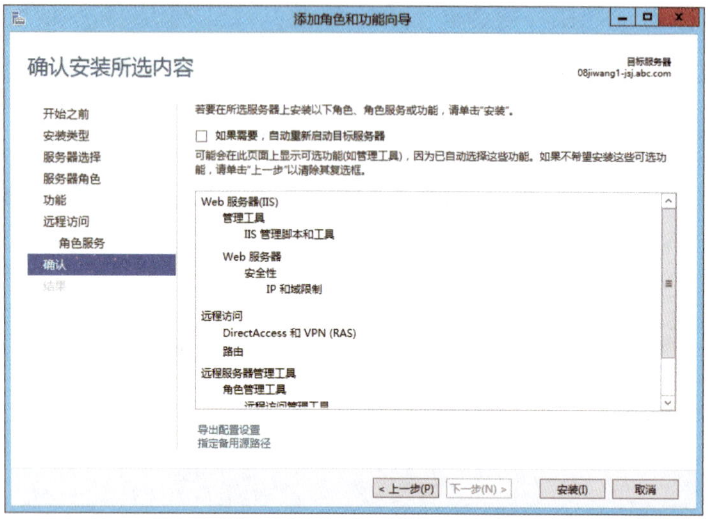

图 3-6-7　确认安装所选内容

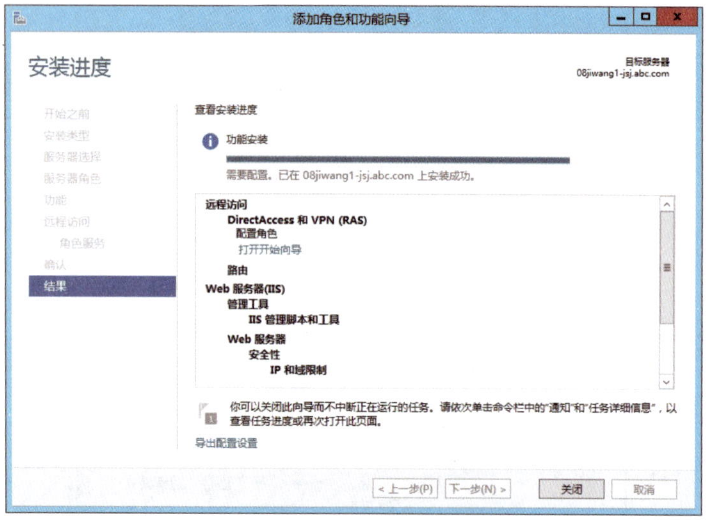

图 3-6-8　完成远程访问服务器的安装

二、远程访问服务器的配置

1. 启动远程服务

（1）在"控制面板"中打开"系统和安全"，双击"管理工具"中的"路由和远程访问"，打开"路由和远程访问"窗口，展开左侧路由和远程访问目录，右击计算机名称，在弹出的菜单中选择"配置并启用路由和远程访问"，如图 3-6-9 所示，单击"下一步"按钮。

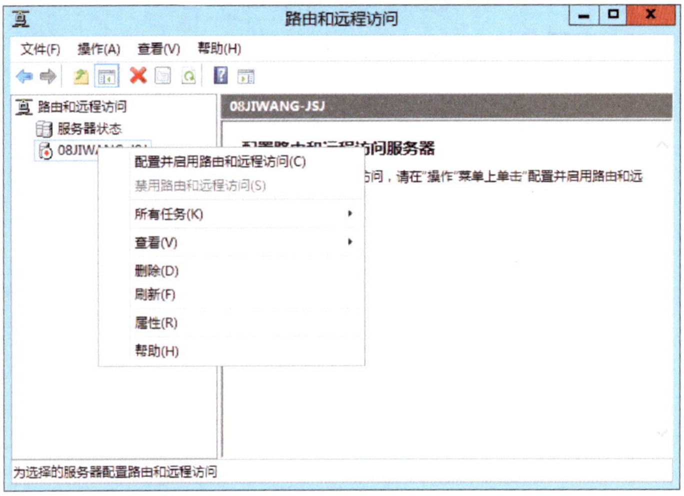

图 3-6-9　配置并启用路由和远程访问

（2）连续单击“下一步”按钮，在配置选项中选择“自定义配置”，单击“下一步”按钮，如图 3-6-10 所示。

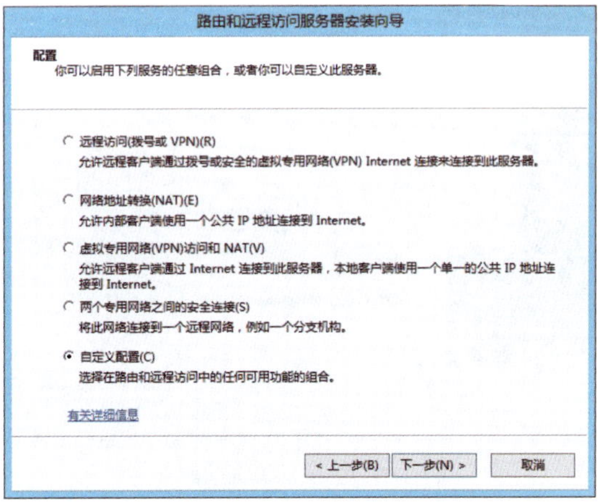

图 3-6-10　选择自定义配置

（3）在“自定义配置”界面勾选“VPN 访问”复选框（如果要使客户机能够通过 VPN 共享上网，需要勾选“NAT”进行地址转换），然后单击“下一步”按钮，如图 3-6-11 所示。

（4）单击“完成”按钮，在弹出的对话框中单击“启动服务”按钮（图 3-6-12），等待服务启动完成后，在“路由和远程访问”窗口中将显示远程访问服务启动后的状态。

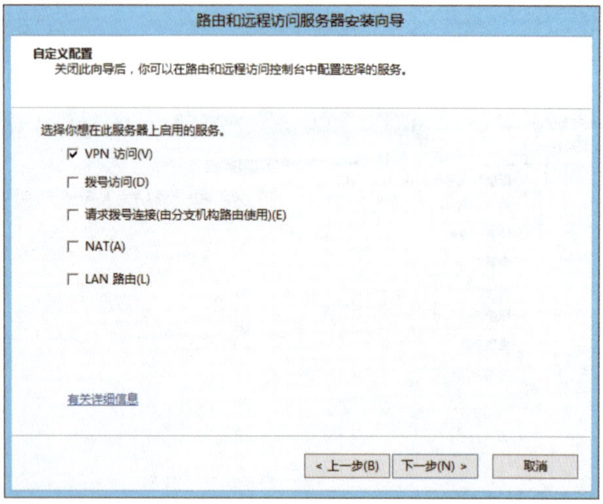

图 3-6-11　选择 VPN 访问服务

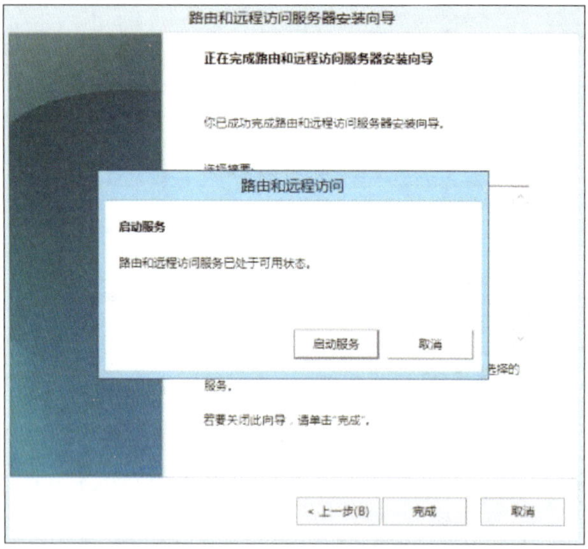

图 3-6-12　选择启动服务

2. 创建远程访问服务用户

（1）在“控制面板”中打开“系统和安全”，双击“管理工具”中的“Active Directory 用户和计算机”，打开“Active Directory 用户和计算机”窗口，展开左侧 Active Directory 用户和计算机目录，右击“Users”，在弹出的菜单中依次选择“新建”/“用户”，如图 3-6-13 所示。

（2）弹出“新建对象 - 用户”对话框，填写“姓”“名”和“用户登录名”，然后单击“下一步”按钮，如图 3-6-14 所示。

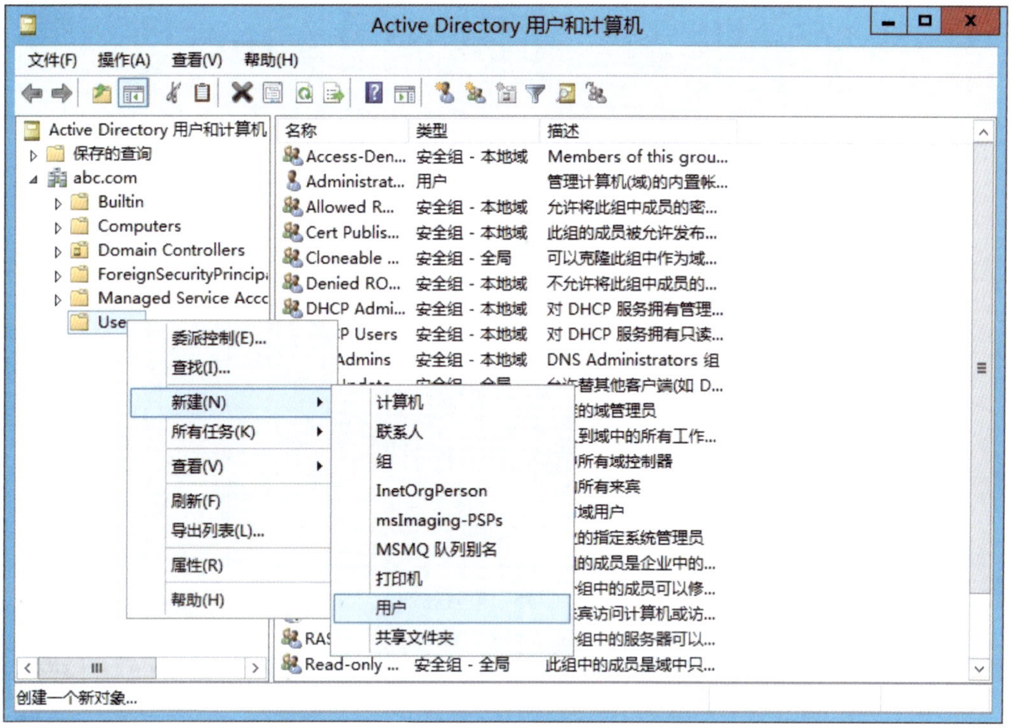

图 3-6-13　新建用户

图 3-6-14　设置登录名等参数

（3）进入如图 3-6-15 所示的界面，取消选择“用户下次登录时须更改密码”并勾选“密码永不过期”复选框，输入并确认密码，然后单击“下一步”按钮。

（4）在“Active Directory 用户和计算机”窗口右击中间窗格中新创建的用户名，在弹出的菜单中选择“属性”，如图 3-6-16 所示。

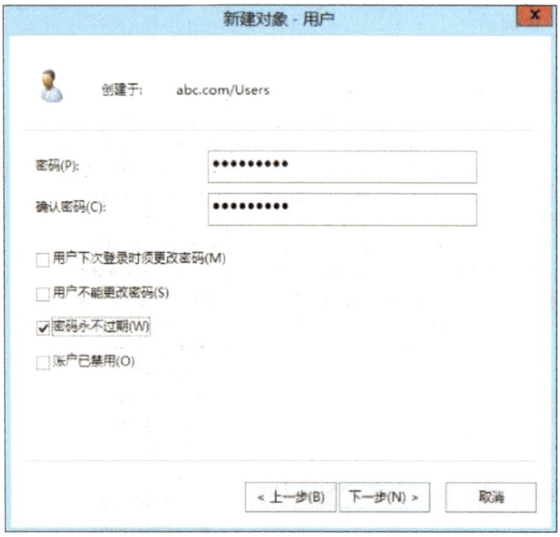

图 3-6-15　设置密码

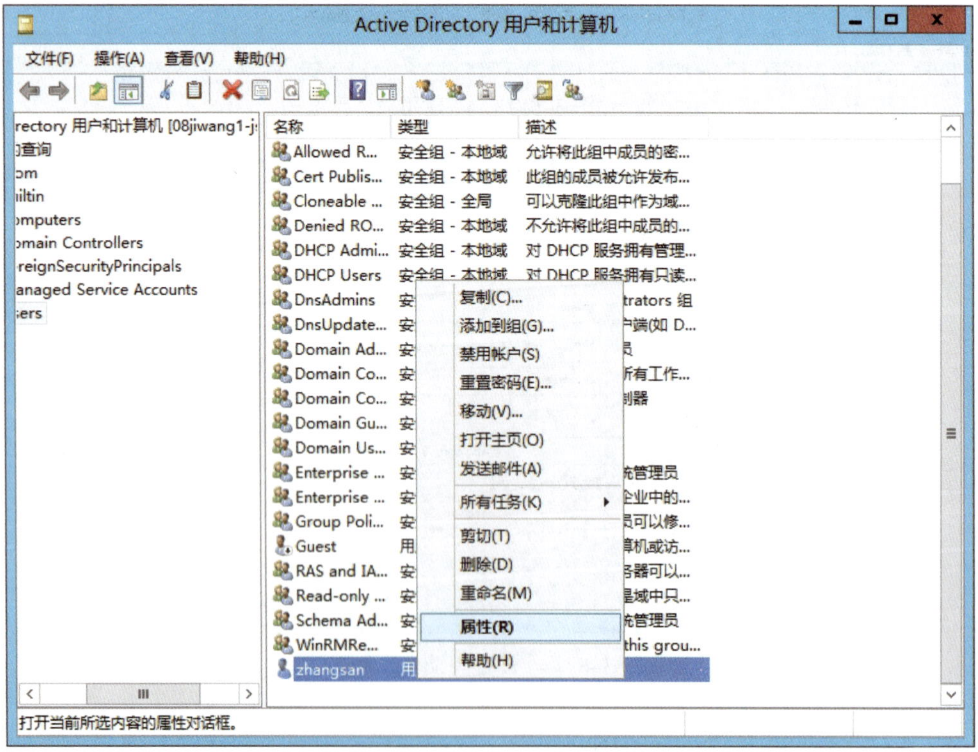

图 3-6-16　设置用户属性

（5）在弹出的用户属性窗口的“拨入”选项卡中设置“网络访问权限”为“允许访问”，如图 3-6-17 所示，单击“确定”按钮，配置完成。

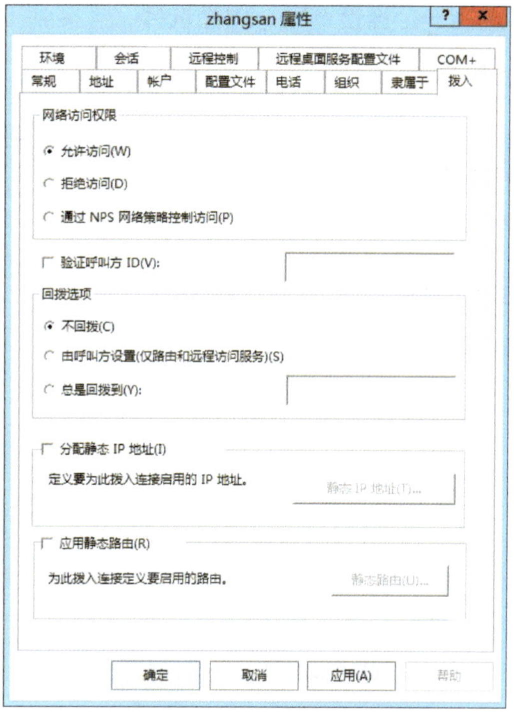

图 3-6-17　设置网络访问权限

3. VPN 客户端的设置与验证

（1）打开客户端计算机，右击“网络”，在弹出的菜单中选择“属性”，在打开的“网络和共享中心”窗口中单击“设置新的连接或网络”，如图 3-6-18 所示。

图 3-6-18　设置新的连接或网络

（2）在打开的“选择一个连接选项”界面选择“连接到工作区”，单击“下一步”按钮，如图 3-6-19 所示。

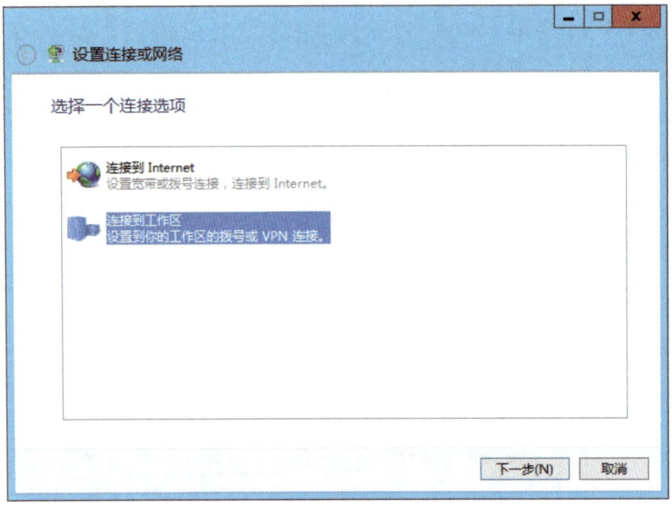

图 3-6-19　选择“连接到工作区”

（3）进入“您希望如何连接”界面，单击“使用我的 Internet 连接（VPN）”，如图 3-6-20 所示。

图 3-6-20　设置连接方式

（4）进入“键入要连接的 Internet 地址”界面，在“Internet 地址”编辑框中输入 VPN 服务器的 IP 地址，单击“下一步”按钮，如图 3-6-21 所示。

（5）进入“键入您的用户名和密码”界面，在“用户名”和“密码”编辑框中分别输入在 VPN 服务中创建的用户名及密码，然后单击“连接”按钮，如图 3-6-22 所示。

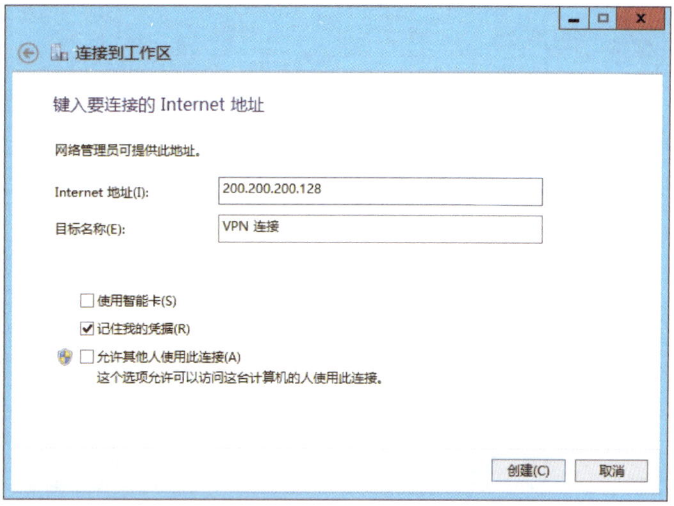

图 3-6-21　输入 VPN 服务器的 IP 地址

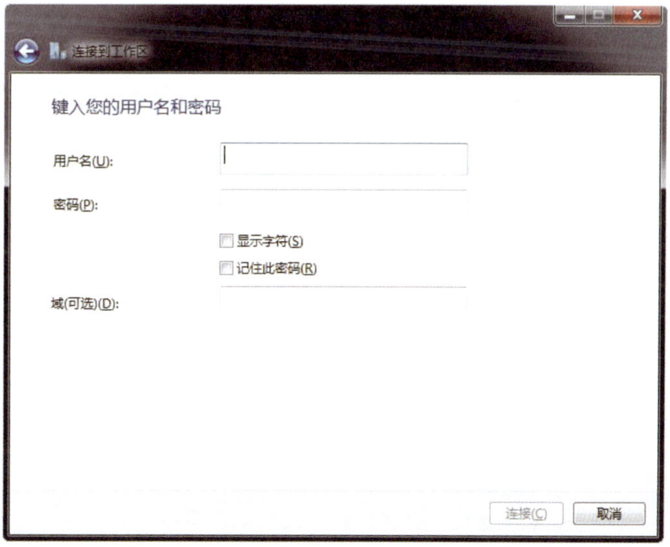

图 3-6-22　“键入您的用户名和密码”界面

（6）界面显示连接过程，最终显示“您已经连接”的结果状态，单击“关闭”按钮，如图 3-6-23 所示。

（7）在“网络和共享中心”窗口中“查看活动网络”项内增加了“VPN 连接 2”，客户端已经连接到 VPN 服务器，如图 3-6-24 所示。

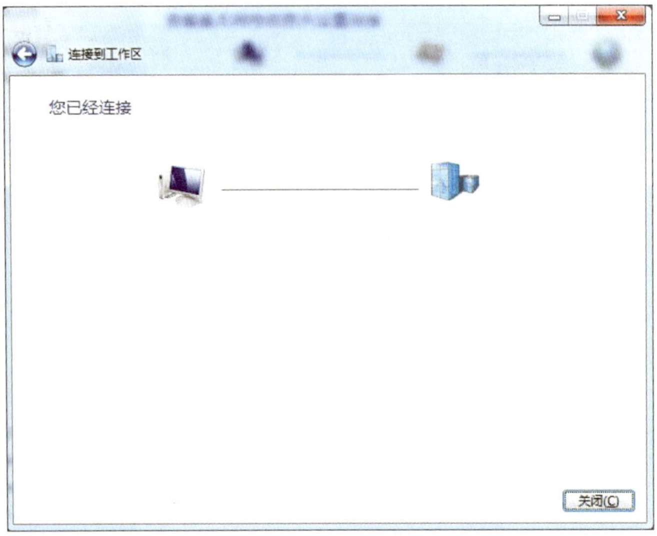

图 3-6-23　显示连接成功

图 3-6-24　显示新创建的 VPN 连接

工作评价

根据任务完成情况，进行学习任务综合评价，见表 3-6-1。

表 3-6-1　学习任务综合评价表

考核项目	评价内容	配分（分）	评价分数		
			自我评价	小组评价	教师评价
职业素养	安全和责任意识强，遵守健康及安全标准	10			
	团队合作意识强，能与同学分享知识及专业资料	10			
	现场管理符合 8S 标准，做好定期整理工作	10			
专业能力	能复述远程访问服务器的主要功能	10			
	能复述远程访问服务器安装所需的条件	15			
	能复述常用 VPN 的配置方法	15			
工作成果	能正确安装 VPN	10			
	能按要求配置 VPN	10			
	能通过 VPN 客户机进行通信	10			
总分		100			
综合评分	综合评分 = 自我评价 ×20%+ 小组评价 ×30%+ 教师评价 ×50%	教师（签名）：			

思考与练习

一、选择题

1. 安装了（　　）服务的计算机被称为“远程访问服务器”，由它提供对远程访问的支持，接受用户的远程访问。

A. 路由　　B. 远程访问　　C. 搜索引擎　　D. WINS 代理

2. 关于 VPN 的优点，下列描述错误的是（　　）。

A. 降低费用　　B. 加快通信速度　　C. 网络协议支持　　D. IP 地址安全

3. 一台基于 Windows Server 2012 的远程访问服务器主要支持的远程访问连接类

型有（　　）。

A．VPN 连接　　B．网页连接　　C．UNC 连接　　D．开放连接

4．远程访问服务允许客户机通过拨号连接或（　　）登录网络。

A．WWW　　B．FTP　　C．VPN　　D．Telnet

5．VPN 不能通过（　　）方式实现。

A．服务器　　B．硬件　　C．软件　　D．邮件

二、简答题

1．什么是远程访问服务？

2．什么是 VPN？

3．简述 VPN 的工作过程。

项目四
网络中心机房MySQL数据库服务器的安装与管理

MySQL 是目前非常受欢迎的开源数据库软件。MySQL 凭借经济高效、安全可靠、高性能、易于扩展的电子商务、联机事务处理和嵌入式数据库应用成为全球广泛使用的开源数据库。MySQL 不仅简便易用、性能卓越，而且还提供了一整套数据库驱动程序和可视化工具，可以帮助开发人员和数据库管理人员自主构建与管理 MySQL 数据库应用。

任务 1
MySQL 数据库的安装与配置

学习目标

1. 了解数据库的常用术语和工作过程。
2. 了解 MySQL 数据库的基本特性、运行环境及软件版本。
3. 能正确下载和安装 MySQL。
4. 能进行 MySQL 数据库基本配置。

任务描述

某电商平台注册用户数达到 5.6 亿，在线商品数达到 8 亿，在旺季时该公司网站每天最多有 8 000 万人次的访问量。为了解决该公司快速增长的业务需求问题，提供更加高效、优质的服务，该公司网站开发团队决定重新组建电商平台，数据库选用 MySQL。现要求网络管理员在 Windows Server 2012 上部署 MySQL，对 MySQL 数据库服务器进行专业配置并不断调整，具体要求如下：

1. 在 Windows Server 2012 上部署 MySQL。
2. 开启并登录 MySQL 数据库。

相关知识

一、数据库常用术语

1. 数据库

数据库（Database）是一个按数据结构来存储和管理数据的计算机软件系统。

它是存放数据的仓库，存储空间很大，可以存放百万条、千万条甚至上亿条数据。

2. 数据库系统

数据库系统（Database System，DBS）是由数据库及其管理软件组成的系统，通常由软件、数据库和数据库管理员组成。

3. 数据库管理系统

数据库管理系统（Database Management System，DBMS）是一种操纵和管理数据库的大型软件，用于建立、使用和维护数据库。它对数据库进行统一的管理和控制，以保证数据库的安全性和完整性。

4. 数据库应用系统

数据库应用系统（Database Application System，DBAS）是在数据库管理系统支持下建立的计算机应用系统，是由数据库系统、应用程序系统、用户组成的系统，具体包括数据库、数据库管理系统、数据库管理员、硬件平台、软件平台、应用软件、应用界面。

5. 数据库管理员

数据库管理员（Database Administrator，DBA）是从事管理和维护数据库管理系统的相关工作人员的统称，属于运维工程师的一个分支，主要负责业务数据库从设计、测试、部署交付全生命周期的管理。

二、数据库概述

打开某电商公司网站，在首页的“搜索”框中输入“运动鞋”，按【Enter】键，显示部分运动鞋的信息，这些运动鞋信息源自后台数据库的“商品信息”数据表。这些数据库事先都已设计完成，通过应用程序对数据库中的数据进行存取操作。数据库应用的相关内容见表 4-1-1。

表 4-1-1 数据库应用的相关内容

数据库应用系统	开发模式	数据库	主要数据表	用户	典型操作
某网上商城	B/S	购物数据库	商品类型、商品信息、供应商、客户、支付方式、提货方式、购物车	客户、职员	商品查询、商品选购、下订单、订单查询、用户注册、用户登录、密码修改

数据库应用程序通过数据库管理系统取出数据。数据库管理系统的主要任务是管理数据库，并负责处理用户的各种请求。应用程序实际上只是一个数据处理者，它所处理的数据必然是从某个数据源中取得的，这个数据源就是数据库。数据库应用系统的基本工作过程如下：

用户通过数据库应用系统从数据库取出数据时，首先输入所需的查询条件，应用程序将查询条件转换为查询命令，然后将该命令发送给 DBMS，DBMS 根据收到的查询命令从数据库中取出数据返回给应用程序，再由应用程序以直观易懂的格式显示出查询结果。

用户通过数据库应用系统向数据库存储数据时，首先在数据库应用程序的数据输入界面输入相应的数据，所需数据输入完毕，用户向数据库应用程序发出存储数据的命令，数据库应用程序将该命令发送给 DBMS，DBMS 执行存储数据命令并将数据存储到数据库中。

数据库应用系统工作过程示意图如图 4-1-1 所示。

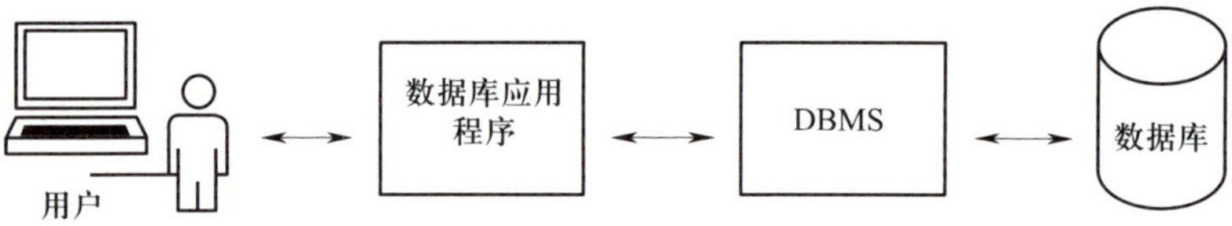

图 4-1-1　数据库应用系统工作过程示意图

通常一个完整的数据库应用系统由数据库（DB）、数据库管理系统（DBMS）、数据库应用程序、用户和硬件组成。用户与数据库应用程序交互，数据库应用程序与 DBMS 交互，DBMS 访问数据库中的数据。

三、MySQL 数据库概述

MySQL 是一个关系型数据库管理系统，由瑞典 MySQL AB 公司开发，目前属于 Oracle 公司旗下的产品。MySQL 是最流行的关系型数据库管理系统之一，在 Web 应用方面，MySQL 是最好的 RDBMS（Relational Database Management System，关系数据库管理系统）应用软件之一。MySQL 数据库将数据保存在不同的表中，而不是将所有数据放在一个“大仓库”内，这样就增加了速度并提高了灵活性。

MySQL 所使用的 SQL 语言是用于访问数据库的最常用标准化语言。MySQL

软件采用了双授权政策，分为社区版和商业版，由于其体积小、速度快、总成本低，尤其是具有开放源代码这一特点，一般中小型网站的开发都选择 MySQL 作为网站数据库。由于其社区版的性能卓越，搭配 PHP（Hypertext Preprocessor，超文本预处理器）和 Apache 可以组成良好的开发环境。

1. MySQL 数据库的特性

（1）高性能和可扩展性，可以满足呈指数级增长的数据负载和用户的需求。

（2）自我修复式复制集群，可以提升可扩展性、性能和可用性。

（3）联机模式更改，可以满足不断变化的业务需求。

（4）Performance Schema，可以监视各个用户和应用的性能及资源占用情况。

（5）SQL 和 NoSQL 访问，有助于执行复杂的查询以及快速完成简单的键值操作。

（6）独立的平台有助于灵活地在多个操作系统上进行开发和部署工作。

（7）使用 MySQL 作为 Hadoop 和 Cassandra 的业务数据存储，支持大数据互操作性。

2. MySQL 数据库的运行环境

MySQL 支持当前所有的 Windows 版本，无须担心软件、硬件、存储或网络。在 Win 7、Win 10 和 Windows Server 2012 上运行 MySQL，需要用管理员权限来安装 MySQL，安装后运行 MySQL 不需要任何特殊的管理权限。许多管理员也选择以服务方式运行 MySQL，以便可以很容易地使用 Windows 服务控制管理器停止和启动 MySQL。需要 TCP/IP 的支持，以及足够的内存和存储来安装和运行 MySQL 数据库。

3. MySQL 软件版本

MySQL 软件版本众多，具体见表 4-1-2。

表 4-1-2　MySQL 软件版本

版本	适用场合	费用	主要特点
MySQL Enterprise Edition（企业版）	大中型企业	需付费，可以试用 30 天	具有最全面、高级的功能，管理工具和技术支持，以实现最高水平的 MySQL 可扩展性、安全性、可靠性和正常运行时间

续表

版本	适用场合	费用	主要特点
MySQL Standard Edition（标准版）	中小型企业	需付费	包含 InnoDB（MySQL 默认存储引擎），使其成为一个完全集成事务安全的、支持事务处理的数据库；符合数据库事务正确执行的四个基本要素（原子性、一致性、隔离性、持久性）
MySQL Cluster CGE（集群版）	大型企业	需付费	分布式数据库，它提供了跨分区和分布式数据集的事务内一致性的内存实时访问；可进行跨多个内置站点的集群之间的复制
MySQL Embedded（OEM/ISV）（嵌入式）	独立软件开发商、原始设备制造商、增值经销商	需付费	ISV（独立软件开发商）、OEM（原始设备制造商）和 VAR（增值经销商）研发的应用程序、硬件和设备等，采用 MySQL 为其产品的嵌入式数据库
MySQL Community Server（社区版）	中小型企业	开源免费	开源数据库的免费下载版本。它已获得 GPL（General Public License，通用公共许可证）许可，并得到了庞大且活跃的开源开发者社区的支持

任务实施

一、Windows 环境下 MySQL 的下载与安装

目前，MySQL Community Server（社区版）最常见的安装方式是在 MySQL 官方网站 https://dev.mysql.com/downloads/installer/（图 4-1-2）下载用于 Windows 的 MSI 安装包，下载后的 MySQL 数据库服务器安装文件是“mysql-installer-community-8.0.18.0.msi”，运行该程序即可进行 MySQL 数据库服务器的安装。其安装步骤如下：

1. 安装 .NET Framework 4.5.2 组件，安装过程中弹出如图 4-1-3 所示的对话框，说明操作系统尚未安装 .NET Framework 4.5.2 组件，可以通过 360 软件管家协助下载安装，如图 4-1-4 和图 4-1-5 所示。如果安装过程无图 4-1-3 所示弹出窗口，则忽略此步骤，进行下一步骤。

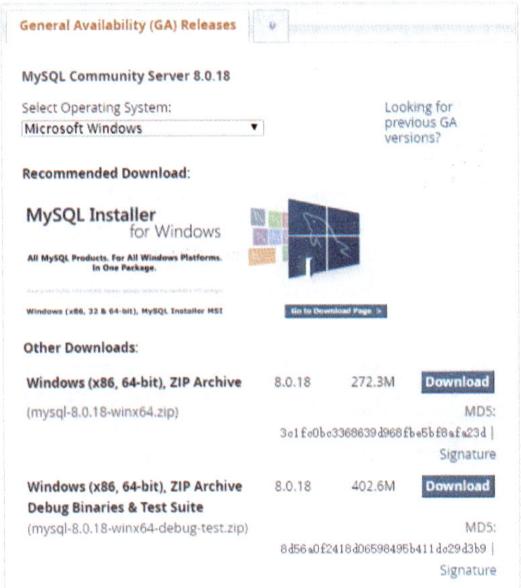

图 4-1-2　下载 MSI 安装包

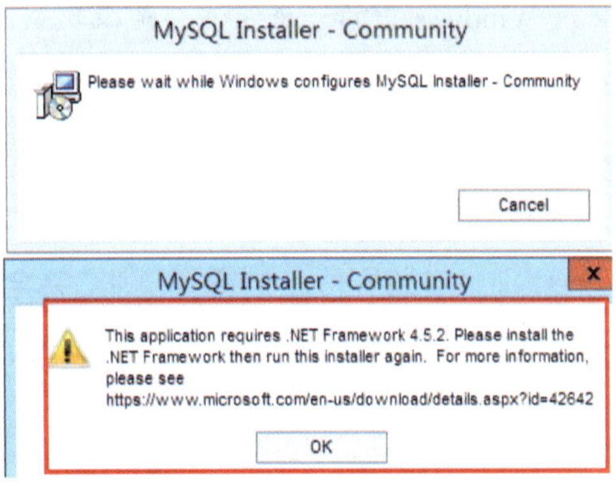

图 4-1-3　未安装 .NET Framework 4.5.2

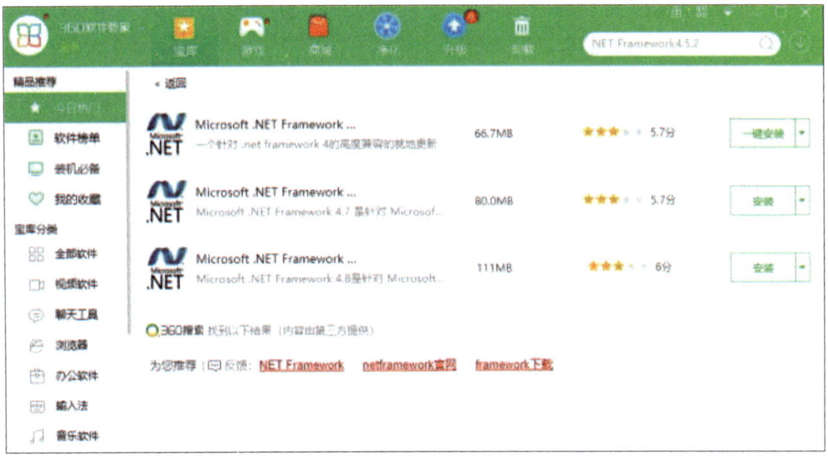

图 4-1-4　选择并安装 .NET Framework 4.5.2

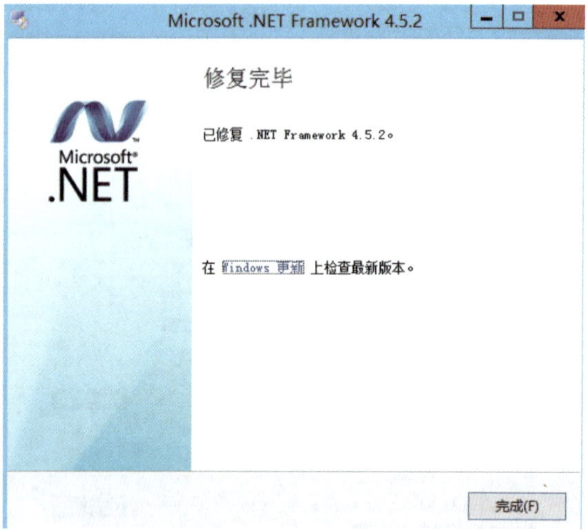

图 4-1-5 .NET Framework 4.5.2 安装完毕

小贴士

.NET Framework 是 Windows 中的一个组件，是微软 Web Services 引擎，是一个可以快速开发、部署网站服务及应用程序的开发平台，包括公共语言运行时（Common Language Runtime，CLR）虚拟执行系统和 .NET Framework 类库。

2. 进入 MySQL Installer 安装界面，选择“Full（完全安装）”，如图 4-1-6 所示，然后单击“Next”按钮，进入“Check Requirements（检查必备条件）”提示界面，如图 4-1-7 所示。

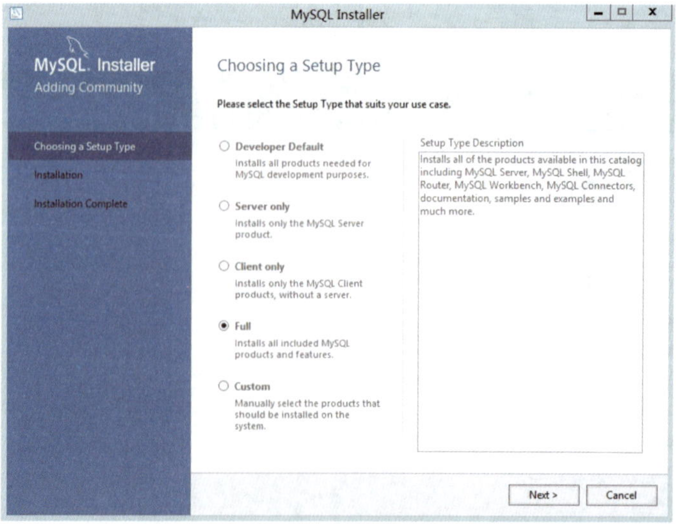

图 4-1-6 选择完全安装

小贴士

MySQL 安装类型：

1.【Developer Default】

开发者默认，此项可以安装 MySQL 服务器和 MySQL 应用开发所需的工具。

2.【Server only】

仅服务器，此项只安装 MySQL 服务器。

3.【Client only】

仅客户机，此项安装 MySQL 应用开发所需的工具，但不包括 MySQL 服务器本身。

4.【Full】

完全安装，此项安装所有可用的功能，包括 MySQL 服务器、MySQL 工作台、MySQL 连接器、文档、示例等。

5.【Custom】

自定义，此项定制安装想要安装的组件。

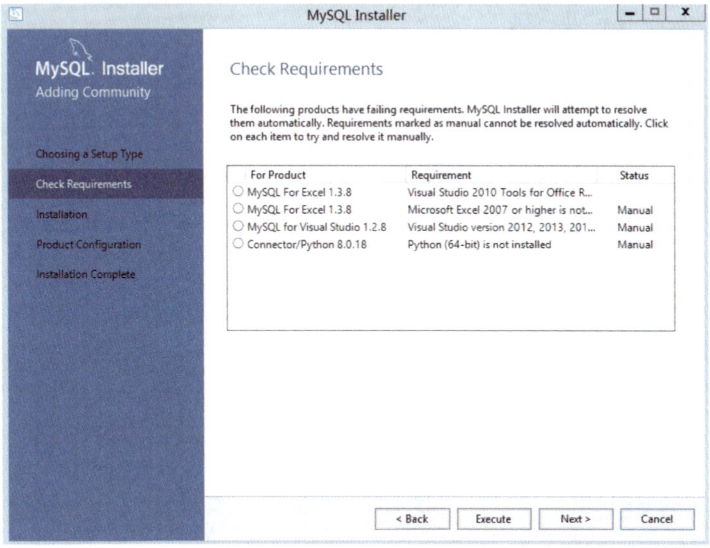

图 4-1-7　检查必备条件

3. 单击“Next”按钮，进入如图 4-1-8 所示的界面，提示有一项或多项产品要求没有得到满足，单击“Yes”按钮，进入“Installation（安装）”界面，如图 4-1-9 所示。

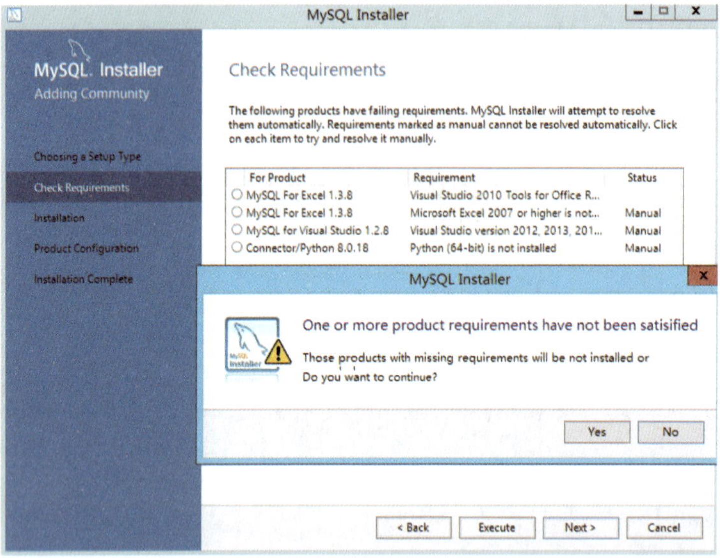

图 4-1-8　有一项产品没满足

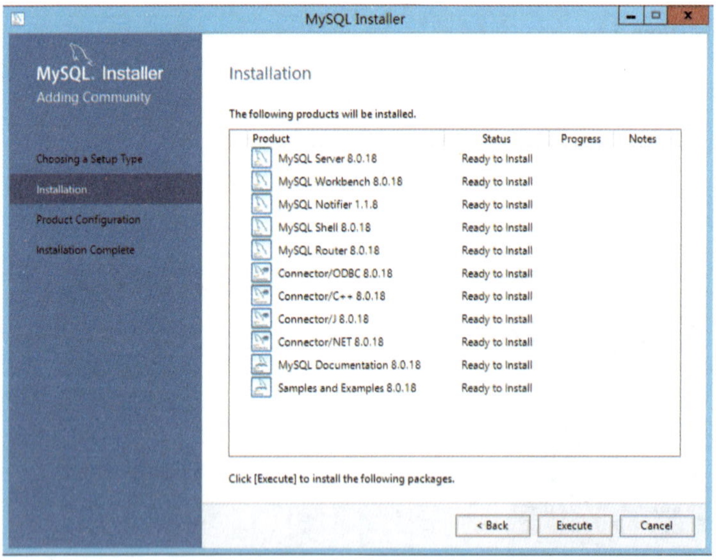

图 4-1-9　“Installation（安装）”界面

4. 单击“Execute（执行）”按钮执行安装，安装完成后如图 4-1-10 所示。然后单击“Next”按钮，进入“Product Configuration（产品配置）”界面，如图 4-1-11 所示。

5. 单击“Next”按钮，进入“High Availability（高可靠性）”界面，选中“Standalone MySQL Server/Classic MySQL Replication”单选框（图 4-1-12），进入“Type and Networking（类型和网络）”界面。

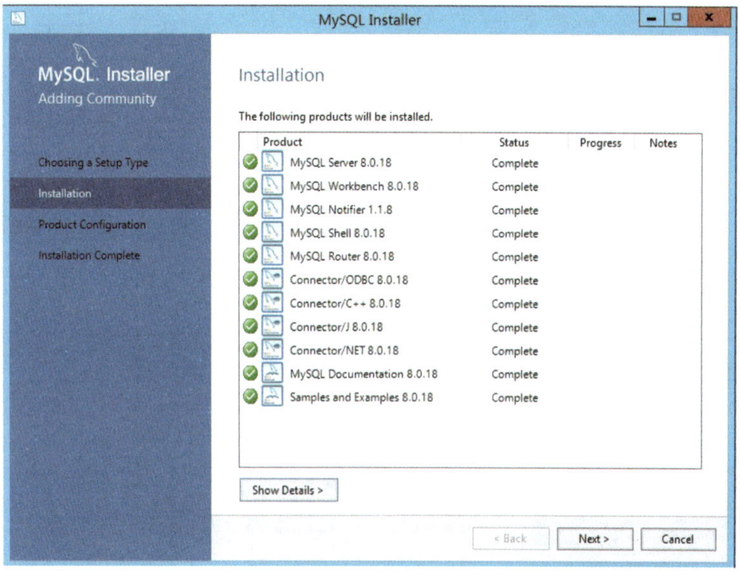

图 4-1-10 安装完成

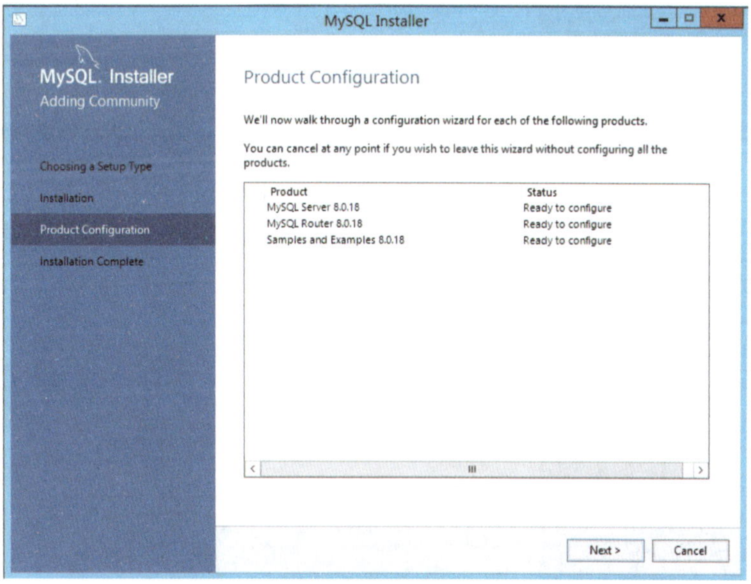

图 4-1-11 “Product Configuration（产品配置）”界面

6. 在“Config Type（配置类型）”下拉列表中选择“Dedicated Computer”（图 4-1-13），勾选“TCP/IP”复选框，填入端口号“3306”，如图 4-1-14 所示，单击“Next”按钮，进入“Authentication Method（身份验证方法）”界面（图 4-1-15），进行身份验证。

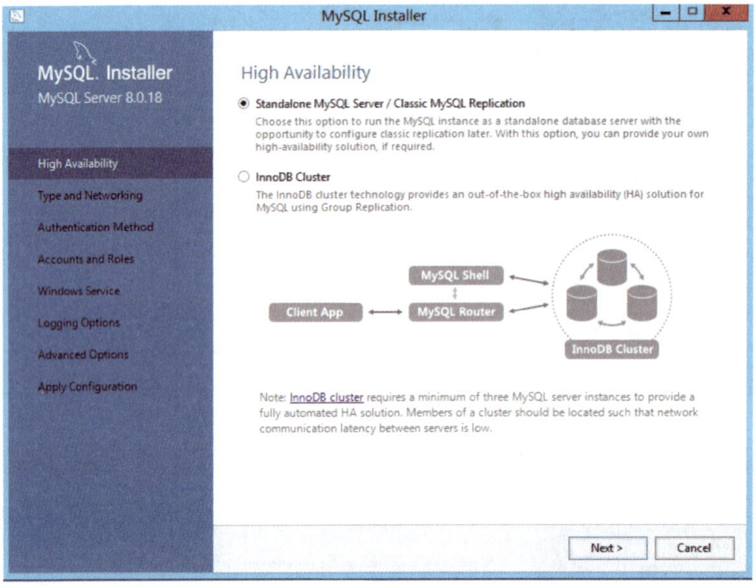

图 4-1-12　选择独立服务器

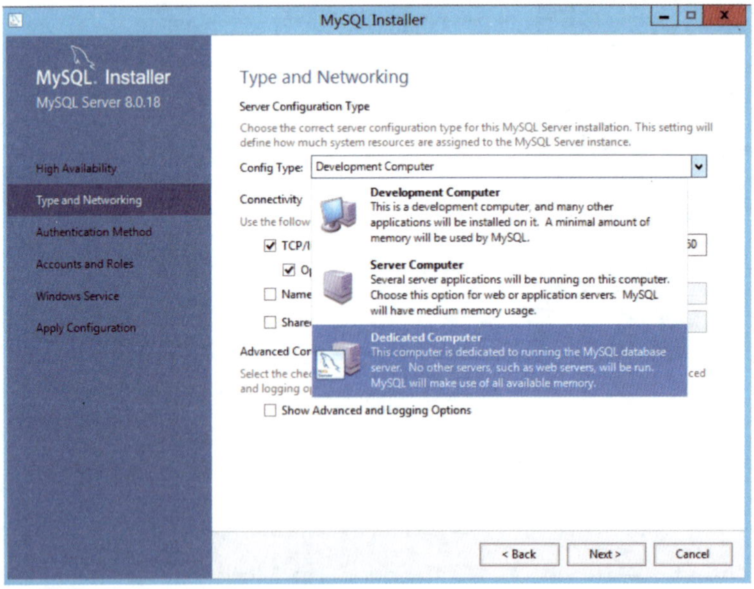

图 4-1-13　选择专用服务器

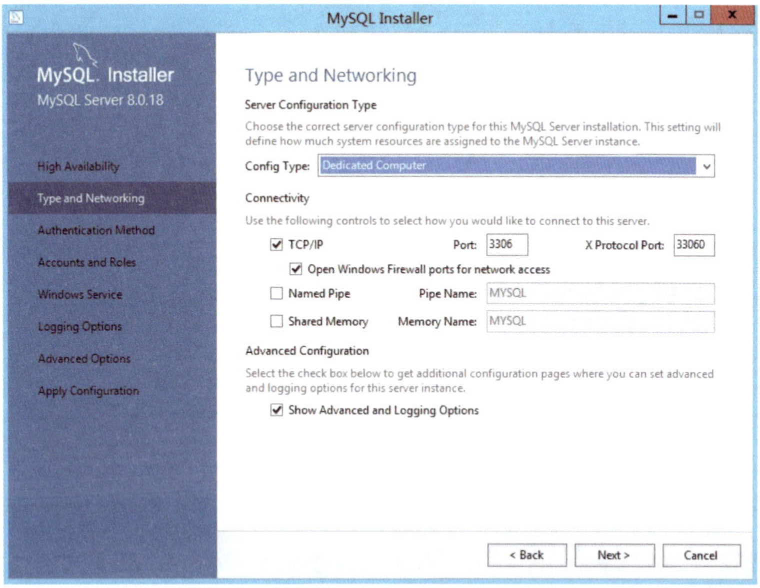

图 4-1-14　配置端口

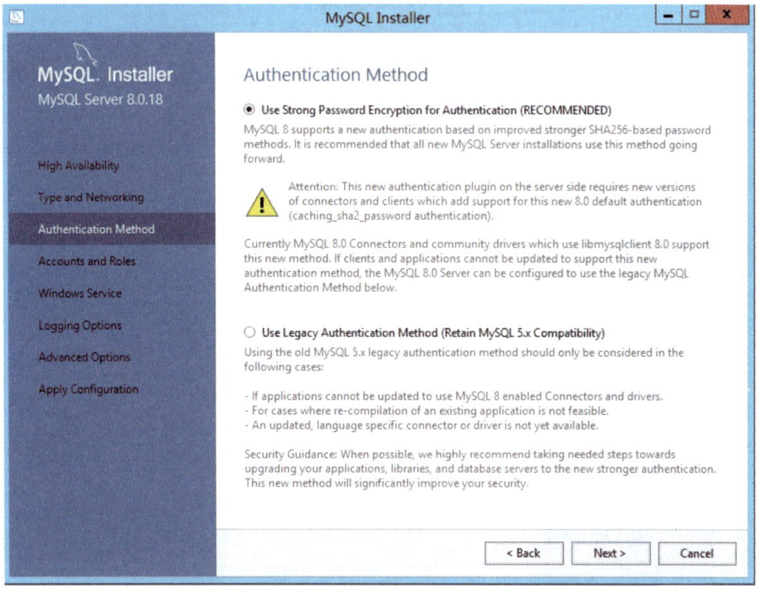

图 4-1-15　“Authentication Method（身份验证方法）”界面

小贴士

为 MySQL 服务器安装选择正确的服务器配置类型，不同的配置类型决定系统将分配多少资源给 MySQL 服务器。MySQL 提供了三种服务器类型：

1.【Development Computer】

开发者默认，该类型使用最小数量的内存资源用于个人用桌面工作站。作为初学者建议选本项，这样占用的内存资源较少，机器上还可运行其他多个桌面应用程序。

2.【Server Computer】

服务器，该类型使用中等大小的内存，选本项表示 MySQL 服务器可以与其他应用服务器一起运行，如 FTP、Web、E-mail 服务器等。

3.【Dedicated Computer】

专用服务器，该类型使用尽可能多的内存资源，选本项表示只运行 MySQL 服务器，而没有其他应用服务。

7. 单击“Next”按钮，进入“Accounts and Roles（账户和角色）”界面，输入数据库管理员 Root 密码，需要输入两次，如图 4-1-16 所示。若需创建其他用户，可以在界面下方单击“Add User（添加用户）”按钮进行添加。

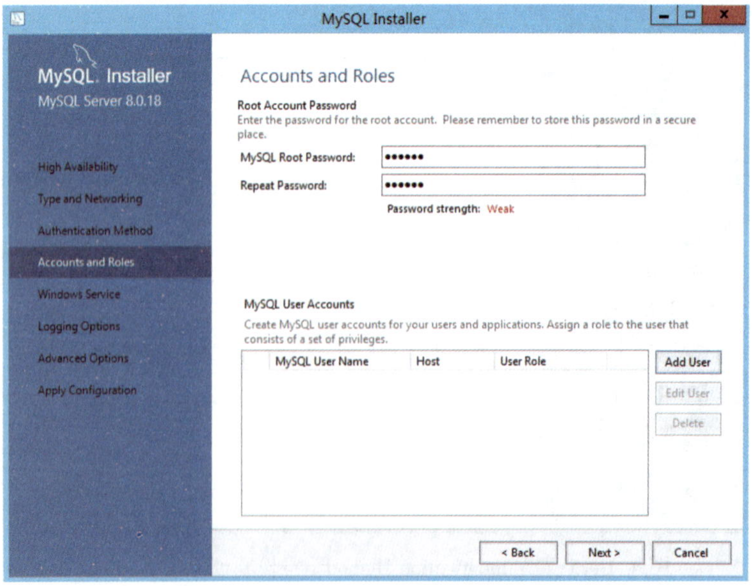

图 4-1-16　输入数据库管理员 Root 密码

8. 单击“Next”按钮，进入“Windows Service（Windows 服务）”界面（图 4-1-17）。在“Windows Service Name”编辑框中输入 Windows 服务名，这里输入“MySQL80”，其余项采用默认值。“Start the MySQL Server at System Startup”复选框用来选择是否开机启动 MySQL 服务，此处保持勾选。

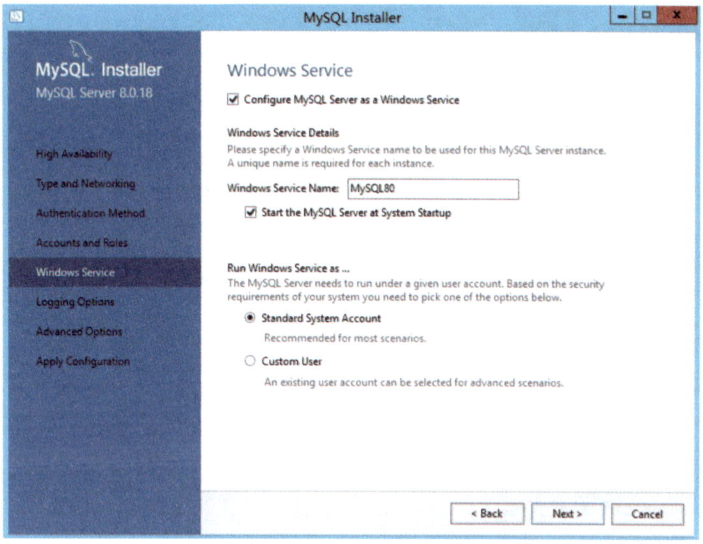

图 4-1-17 “Windows Service（Windows 服务）”界面

9. 单击“Next”按钮，进入“Logging Options（日志选项）”界面，此处采用默认值，如图 4-1-18 所示。单击“Next”按钮，进入“Advanced Options

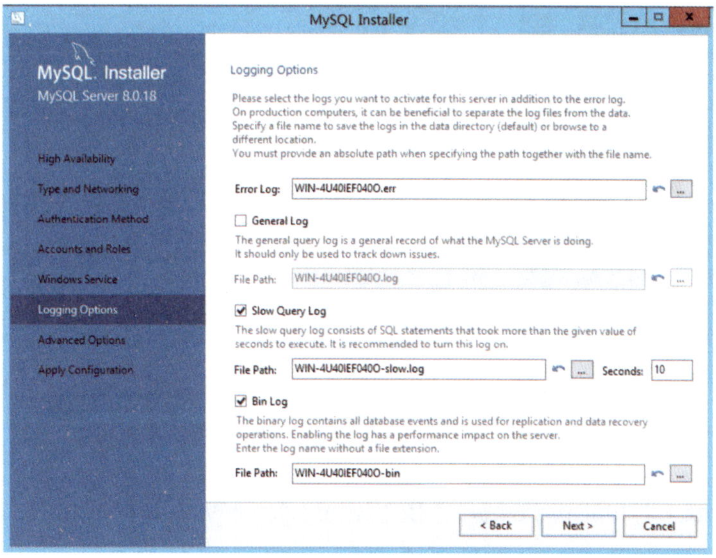

图 4-1-18 “Logging Options（日志选项）”界面

（高级选项）”界面，在“Server ID”编辑框中输入 MySQL 默认端口号“3306”（图 4-1-19），继续单击“Next”按钮，进入下一界面，然后单击“Execute（执行）”按钮进入“Apply Configuration（应用配置）”界面（图 4-1-20）。

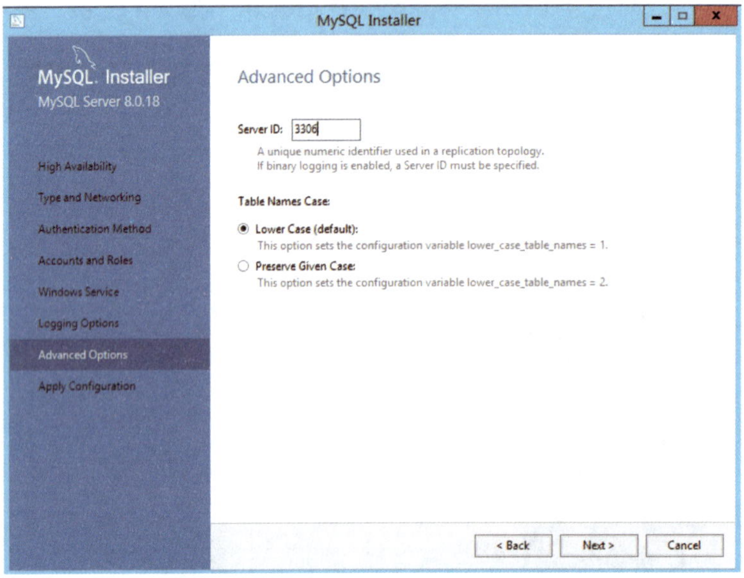

图 4-1-19　输入 MySQL 默认端口号

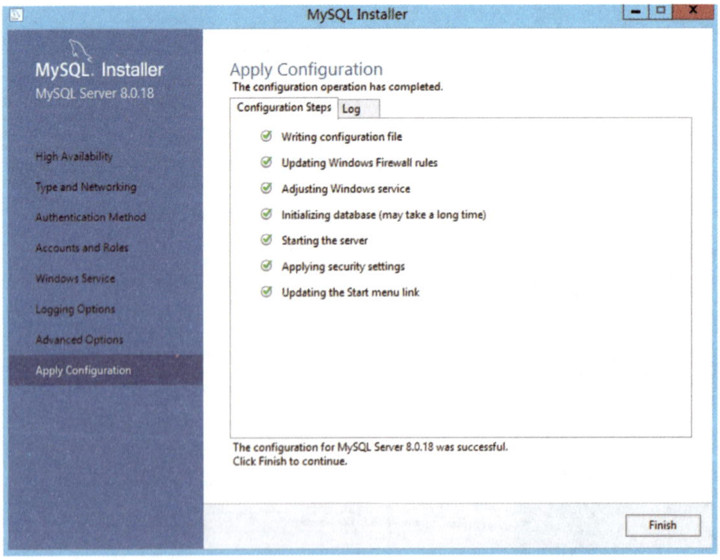

图 4-1-20　“Apply Configuration（应用配置）”界面

10. 单击“Finish（完成）”按钮，进入“MySQL Router Configuration（MySQL 路由配置）”界面，此处无须配置，如图 4-1-21 所示。

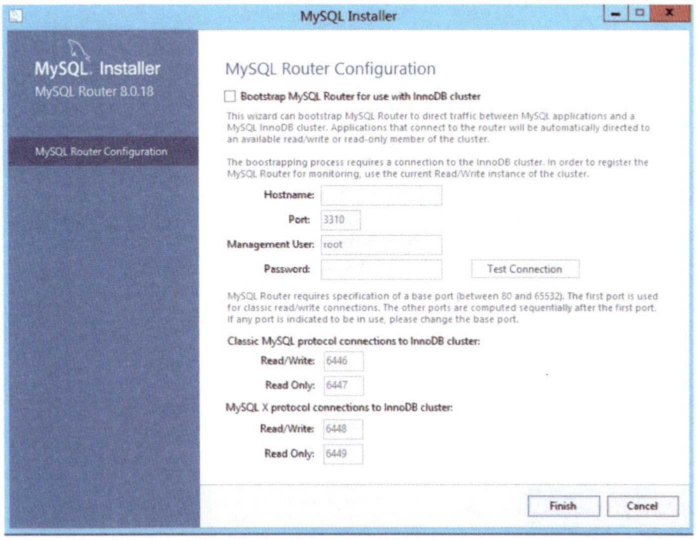

图 4-1-21 “MySQL Router Configuration（MySQL 路由配置）”界面

11. 单击“Finish（完成）”按钮，进入如图 4-1-22 所示的界面。在该界面中安装一个案例数据库，主要做测试用，用户名为“Root”，密码为前面输入的网络管理员密码。单击“Next”按钮进入如图 4-1-23 所示的“Apply Configuration（应用配置）”界面，然后单击“Execute（执行）”按钮进入如图 4-1-24 所示的“Product Configuration（产品配置）”界面。继续单击“Next”按钮进入如图 4-1-25 所示的界面，单击“Finish（完成）”按钮，至此，MySQL 8.0 社区服务版安装完毕。

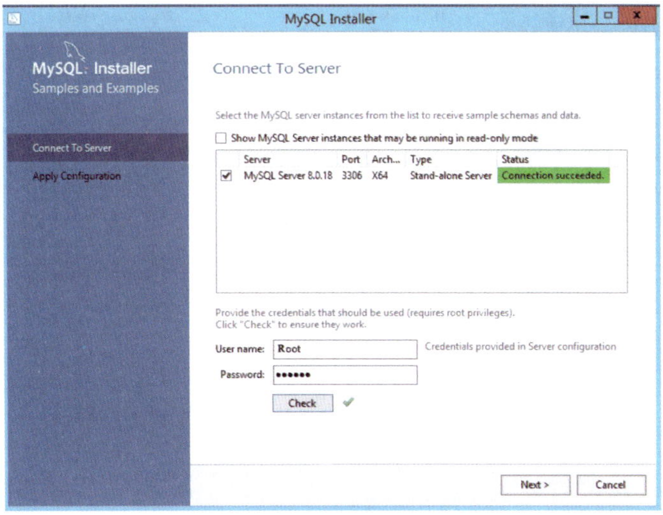

图 4-1-22 安装案例数据库

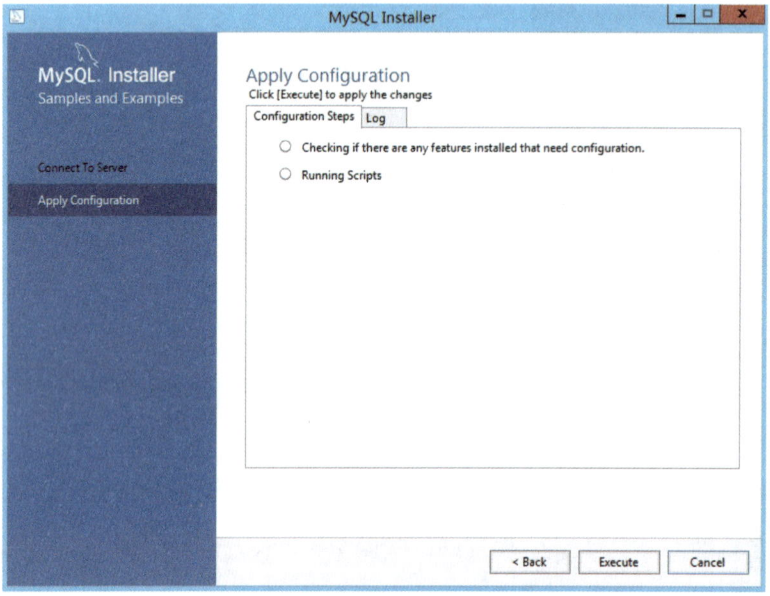

图 4-1-23 “Apply Configuration（应用配置）”界面

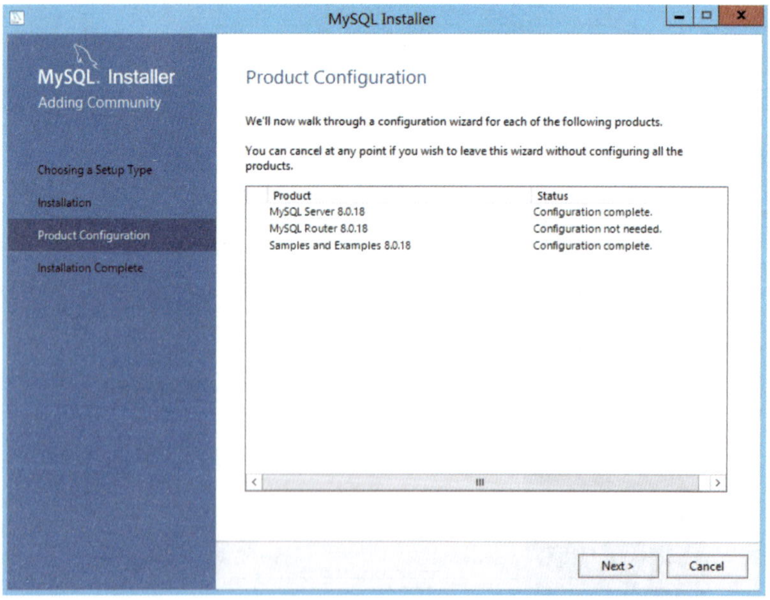

图 4-1-24 “Product Configuration（产品配置）”界面

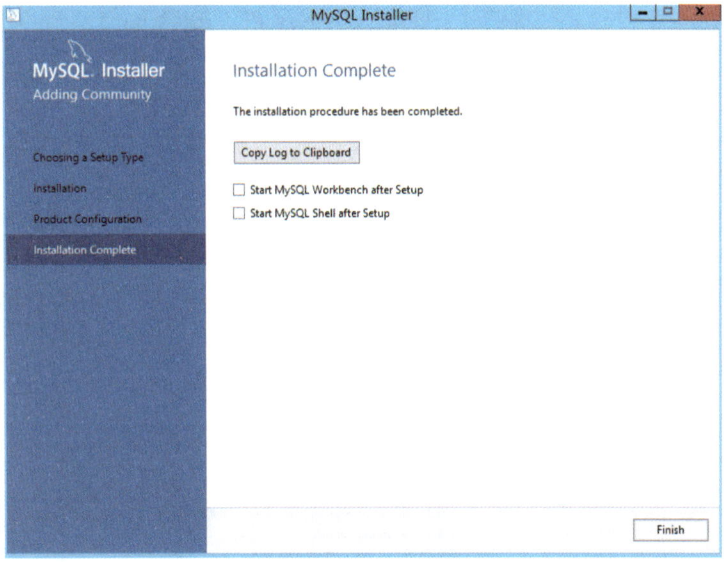

图 4-1-25　完成安装

二、MySQL 数据库基本配置

MySQL 数据库服务器安装完成后，必须启动这个服务器，用户才可以对 MySQL 数据库进行访问，一旦 MySQL 数据库服务器停止，数据库就无法访问。用户可以根据具体需要，通过系统服务器或者 DOS 命令提示符启动、停止 MySQL 数据库服务器。

启动、停止 MySQL 数据库服务器的方法有通过系统服务器和通过 DOS 命令提示符两种。

1. 通过系统服务器启动和停止 MySQL 数据库服务器，具体操作为：在 Windows 10 系统中，右击“此电脑”图标，在弹出的菜单中选择“管理”，双击“服务和应用程序”，双击“服务”，在右侧选项中找到“MySQL80”，确保该选项已启动，如图 4-1-26 所示。

2. 通过 DOS 命令提示符启动和停止 MySQL 数据库服务器，具体操作为：同时按下键盘上的【Windows+R】组合键打开“运行”对话框，在对话框中输入“cmd”，按【Enter】键进入命令提示符窗口，在命令提示符窗口输入“net start mysql 80”，将启动 MySQL 数据库服务器；在命令提示符窗口输入“net stop mysql 80”，将停止 MySQL 数据库服务器，结果如图 4-1-27 所示。如果输入“net start mysql 80”命令，提示“服务名无效”，是因为当前路径下没有 MySQL

服务，需要在系统中注册该服务，即在命令提示符下安装 MySQL，如图 4-1-28 所示。

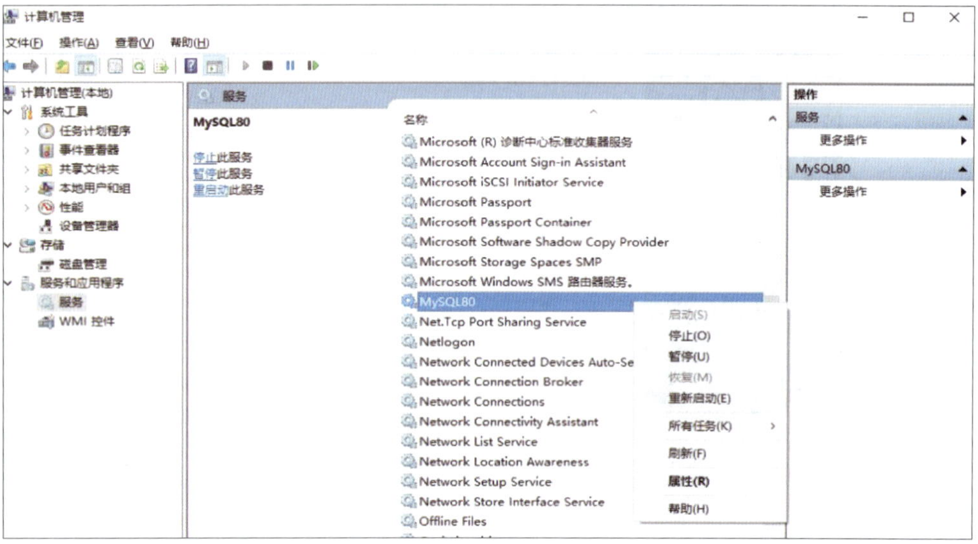

图 4-1-26　本地服务器 MySQL 服务

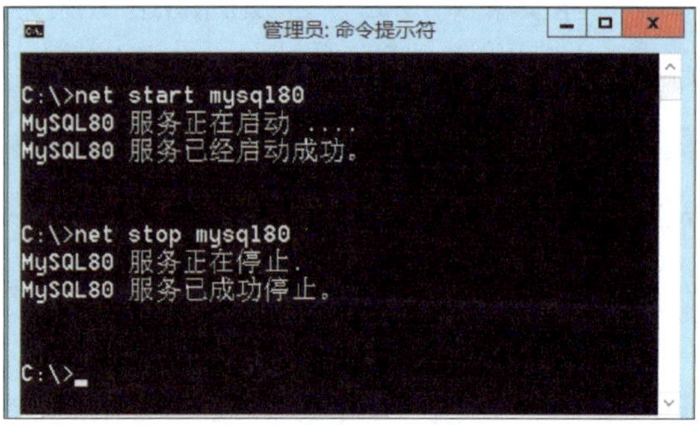

图 4-1-27　启动 / 停止 MySQL 数据库服务器

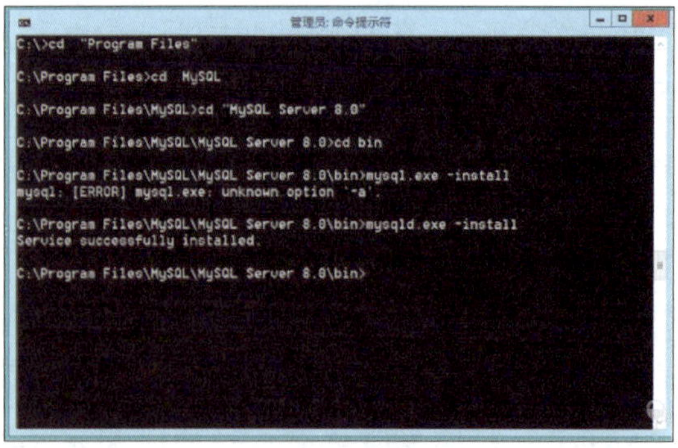

图 4-1-28　在命令提示符下安装 MySQL

工作评价

根据任务完成情况，进行学习任务综合评价，见表 4-1-3。

表 4-1-3　学习任务综合评价表

考核项目	评价内容	配分（分）	评价分数		
			自我评价	小组评价	教师评价
职业素养	安全和责任意识强，遵守健康及安全标准	10			
	团队合作意识强，能与同学分享知识及专业资料	10			
	现场管理符合 8S 标准，做好定期整理工作	10			
专业能力	能复述关系数据库的基本常识	10			
	能复述 MySQL 数据库安装所需的条件	10			
	能下载 MySQL 数据库	10			
	能复述 MySQL 数据库的安装方法	10			
工作成果	能正确安装 MySQL 数据库	10			
	能对 MySQL 数据库进行基本设置	10			
	能正确进行 MySQL 数据库的优化操作	10			
总分		100			
综合评分	综合评分 = 自我评价 ×20%+ 小组评价 ×30%+ 教师评价 ×50%	教师（签名）：			

思考与练习

一、选择题

1. MySQL 是目前最流行的开放源代码的小型（　　）。

A. 数据库　　B. 数据库管理系统

C. 数据库系统　　D. 应用软件

2. 以下选项中，（　　）是 MySQL 的主要特点。

A．速度快　　　　B．体积小

C．开放源代码　　　　D．以上都是

3．对于登录 MySQL 服务器的命令，如果 MySQL 服务器在本地计算机上，主机名可以写成（　　）。

A．Root　　　　B．local

C．localhost　　　　D．（localhost）

二、填空题

1．MySQL 由于具有__________、__________、__________、__________等特点，许多中小型网站为降低其成本而选择其作为网站数据库。

2．Navicat 可以用来对本机或远程的__________、__________、__________、__________及 PostgreSQL 数据库进行管理和开发。Navicat 适用于__________、__________及__________三种平台。

3．登录 MySQL 服务器的典型命令为“mysql–u Root–p”，命令中的“mysql”表示__________，“–u”表示__________，“Root”表示__________，“–p”表示__________。

三、操作应用题

1．如何查看 MySQL 的安装目录？

2．MySQL 中的 My.ini 文件有什么作用？如何找到该文件？

任务 2
MySQL 数据库的安全与管理

学习目标

1. 了解 MySQL 权限表的基本类型及 MySQL 访问控制权限。
2. 能进行 MySQL 数据库用户管理。
3. 能进行 MySQL 数据库权限管理。
4. 能进行 MySQL 数据库备份与恢复。

任务描述

某电子商务公司已部署 MySQL 数据库平台，随着该公司业务需求发生变化，公司电商平台有新用户注册添加和老用户注销退出等频繁操作。因此，该公司开发团队需要加强公司数据安全管理。现要求网络管理员完成 MySQL 数据库安全与管理相关内容，具体要求如下：

1. 添加新用户和删除老用户。
2. 修改 MySQL 的 Root 用户密码。
3. 对 MySQL 数据库用户进行权限管理、数据库备份与恢复。

相关知识

一、MySQL 权限表

MySQL 服务器通过 MySQL 权限表来控制用户对数据库的访问，MySQL 权限表存放在 MySQL 数据库中，由“mysql_install_db”脚本初始化。MySQL 权限表有 user、db、tables_priv、columns_priv、procs_priv 和 host 共 6 张表，记录了所有的用户及其权限信息，MySQL 就是通过这 6 张表控制用户访问的，最重要的表是 user 权限表，其次是 db 权限表，host 权限表在实际中使用很少。每张表都有用户列和权限列，权限列分为普通权限和管理权限，普通权限用来管理数据库内数据的操作，管理权限用来对数据库本身进行精选管理操作。

1. user 权限表

user 权限表记录允许连接到服务器的用户账号信息，里面的权限是全局级的。

使用“Desc”语句来查看“user”权限表中的结构数据：

```
mysql>Desc mysql.user;
```

2. db 权限表

db 权限表记录各个账号在各个数据库上的操作权限，用于决定哪些用户可以从哪些主机访问哪些数据库。使用如下语句来查看“db”权限表中的结构数据：

```
mysql>Desc mysql.db;
```

3. tables_priv 权限表

tables_priv 权限表记录数据表级的操作权限。该表与 db 表类似，不同之处是它用于数据表而不是数据库。这个数据表还包含一个其他字段类型，包括 Timestamp 和 Grantor 两个字段，分别用于存储时间戳和授权方。

使用如下语句来查看“tables_priv”权限表中的结构数据：

```
mysql>Desc mysql.tables_priv;
```

4. columns_priv 权限表

columns_priv 权限表记录数据列级的操作权限。该表的作用与 tables_priv 权限表几乎一样，不同之处是它提供的是针对某些表的特定字段的权限。这个表包括了一个 Timestamp 列，用于存放时间戳。

使用如下语句来查看“columns_priv”权限表中的结构数据：

```
mysql>Desc mysql.columns_priv;
```

5. procs_priv 权限表

procs_priv 权限表用于记录存储过程和函数的操作权限。

使用如下语句来查看“procs_priv”权限表中的结构数据：

```
mysql>Desc mysql.procs_priv;
```

6. host 权限表

host 权限表配合 db 权限表对给定主机上的数据库级操作权限做精细的控制。host 权限表不受 Grant 和 Rvoke 语句的影响。host 权限表是 db 权限表的扩展，很少使用。如果想在 db 权限表范围内扩展一个条目，就会用到 host 权限表。例如，如果某个 db 权限表允许通过多个主机访问，那么超级用户就可以在 db 权限表内将 host 列设为空，然后用必要的主机名填充 host 权限表。

二、MySQL 访问控制

MySQL 安全是指保证所有的访问和操作都是正确的用户发起的，进行的是正确的访问和操作，访问或操作的是正确的数据内容。

MySQL 对权限的描述分布在各个操作当中，包括了 13 种基本操作权限：

（1）Select 权限：用于控制用户对数据库表的查询操作。

（2）Delete 权限：用于控制用户对数据库表元素的删除操作。

（3）Insert 权限：用于控制用户对数据库表元素的插入操作。

（4）Drop 权限：用于控制用户删除数据库或表。

（5）Update 权限：用于控制用户对数据库表指定的数据进行更新。

（6）Index 权限：用于控制用户对数据库表建立或删除索引。

（7）Alter 权限：用于控制用户修改数据库表或修改数据库表中某列的属性。

（8）Create 权限：用于控制用户建立数据库、数据库表和索引。

（9）Grant Option 权限：用于控制用户向特定的用户授予各种权限。

（10）Reload 权限：用于控制用户对服务器的 Flush 操作。

（11）Shutdown 权限：用于控制用户关闭数据库服务器。

（12）Process 权限：用于控制用户查看和终止数据库上的线程。

（13）File 权限：用于控制用户是否能够存取系统服务器文件。

任务实施

一、MySQL 数据库用户管理

MySQL 是一个多用户管理的数据库，可以为不同用户分配不同的权限，主要有 Root 用户和普通用户，Root 用户为超级管理员，拥有所有权限，而普通用户只拥有指定的权限。初始情况下两者都需要进入 Root 账户进行操作，创建新用户后，才可以通过新账户进行各类操作。MySQL 数据库服务器在安装时创建了 MySQL 数据库，该数据库中存在 user 权限表，如果初始情况下需创建新用户，就需要用 Root 账户登录创建。

登录 MySQL 命令如下，密码为安装 MySQL 时输入的 Root 密码，如图 4-2-1 所示。

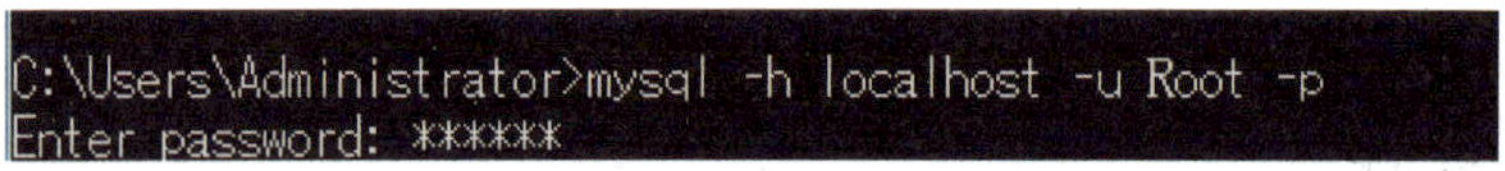

```
C:\Users\Administrator>mysql -h localhost -u Root -p
Enter password: ******
```

图 4-2-1　登录 MySQL

1. 查看 MySQL 用户，创建一个数据库“eastdb”、表“stuinfo”

在 MySQL 中有一个内置名为“mysql”的数据库，这个数据库中存储的是 MySQL 的一些数据，如用户、权限信息、存储过程等。对于安装 MySQL 之后内置的数据库和表，可以通过“show databases”和“show tables”命令来查看，如图 4-2-2 和图 4-2-3 所示。

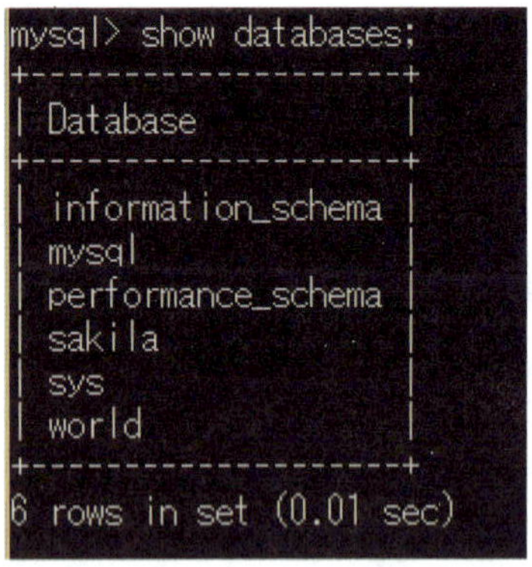

```
mysql> show databases;
+--------------------+
| Database           |
+--------------------+
| information_schema |
| mysql              |
| performance_schema |
| sakila             |
| sys                |
| world              |
+--------------------+
6 rows in set (0.01 sec)
```

图 4-2-2　查看 MySQL 默认数据库

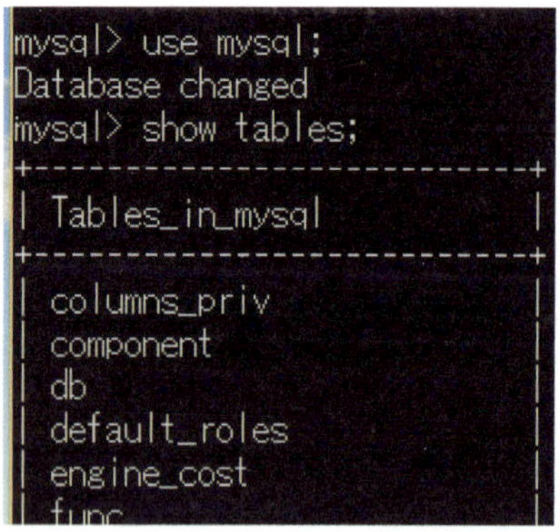

```
mysql> use mysql;
Database changed
mysql> show tables;
+---------------------------+
| Tables_in_mysql           |
+---------------------------+
| columns_priv              |
| component                 |
| db                        |
| default_roles             |
| engine_cost               |
| func
```

图 4-2-3　查看 MySQL 数据库中的表

（1）用查询语句来查看表中所有的用户信息

在 MySQL 中，查询默认的 MySQL 数据库 db 表所有用户信息的语句如下：

```
mysql> SELECT DISTINCT User FROM mysql.db;
```

其中，mysql.db 表示 MySQL 数据库中的 db 表。执行结果如图 4-2-4 所示。

```
mysql> SELECT DISTINCT User FROM mysql.db;
+---------------+
| User          |
+---------------+
| mysql.session |
| mysql.sys     |
+---------------+
2 rows in set (0.00 sec)
```

图 4-2-4　查看 MySQL 数据库中 db 表所有用户信息

（2）创建一个新的数据库“eastdb”

mysql>CREATE DATABASE eastdb;

创建新数据库后，可以使用“show databases”命令查看数据库，如图 4-2-5 所示，输入“select database ( ); ”命令可以查看当前所在的位置是 eastdb 数据库，如图 4-2-6 所示。

```
mysql> CREATE DATABASE eastdb;
Query OK, 1 row affected (0.01 sec)

mysql> show databases;
+--------------------+
| Database           |
+--------------------+
| eastdb             |
| information_schema |
| mysql              |
```

图 4-2-5　查看数据库

```
mysql> select database();
+------------+
| database() |
+------------+
| eastdb     |
+------------+
1 row in set (0.00 sec)
```

图 4-2-6　查看当前所在的位置

（3）在数据库 eastdb 中创建表“stuinfo”

mysql>CREATE TABLE stuinfo (id int,name varchar(20));

执行结果如图 4-2-7 所示，输入“Desc stuinfo; ”命令可以查看表的结构，如图 4-2-8 所示。

```
mysql> CREATE TABLE stuinfo (id int,name varchar(20));
Query OK, 0 rows affected (0.04 sec)
```

图 4-2-7　创建表“stuinfo”

```
mysql> Desc stuinfo;
+-------+-------------+------+-----+---------+-------+
| Field | Type        | Null | Key | Default | Extra |
+-------+-------------+------+-----+---------+-------+
| id    | int(11)     | YES  |     | NULL    |       |
| name  | varchar(20) | YES  |     | NULL    |       |
+-------+-------------+------+-----+---------+-------+
2 rows in set (0.00 sec)
```

图 4-2-8　查看表 stuinfo 的结构

（4）给表 stuinfo 添加数据“张三”和“李四”

mysql>INSERT INTO stuinfo(id,name) VALUES(1, “张三”);

mysql>INSERT INTO stuinfo(id,name) VALUES(2, “李四”);

执行结果如图 4-2-9 所示。

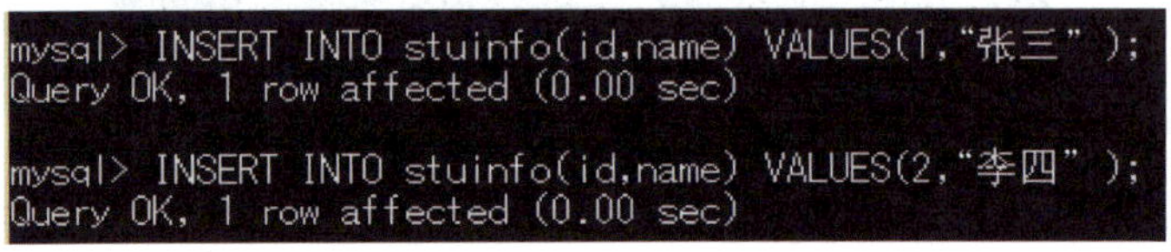

```
mysql> INSERT INTO stuinfo(id,name) VALUES(1,“张三” );
Query OK, 1 row affected (0.00 sec)

mysql> INSERT INTO stuinfo(id,name) VALUES(2,“李四” );
Query OK, 1 row affected (0.00 sec)
```

图 4-2-9　给表 stuinfo 添加数据

（5）修改表 stuinfo 内的数据“张三”为“张山”

mysql>UPDATE stuinfo SET name= “张山” WHERE id=1;

执行结果如图 4-2-10 所示。

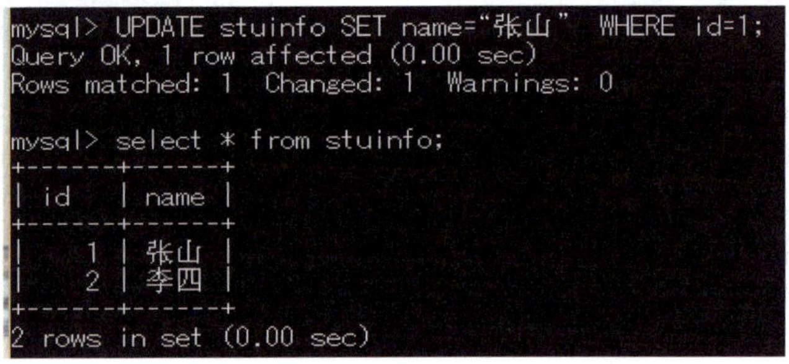

```
mysql> UPDATE stuinfo SET name=“张山”  WHERE id=1;
Query OK, 1 row affected (0.00 sec)
Rows matched: 1  Changed: 1  Warnings: 0

mysql> select * from stuinfo;
+------+------+
| id   | name |
+------+------+
|    1 | 张山 |
|    2 | 李四 |
+------+------+
2 rows in set (0.00 sec)
```

图 4-2-10　修改表内数据“张三”为“张山”

2. 添加 MySQL 新用户“east_test”

本任务涉及的数据库名称为“eastdb”，用户名为“zhuesat”。

用 CREATE USER 语句来创建 MySQL 用户，并设置相应的密码。其基本语法格式如下：

CREATE USER < 用户 > [IDENTIFIED BY (PASSWORD) ‘password’]
{ 用户 [IDENTIFIED BY (PASSWORD) ‘password’]}

参数说明如下：

（1）用户：指定创建用户账号，格式为 ‘user_name’@‘host_name’。这里的 user_name 为用户名，host_name 为主机名，即用户连接 MySQL 时所用主机的名字。如果在创建的过程中只给出了用户名，而没有指定主机名，那么主机名默认为“%”，表示一组主机，即对所有主机开放权限。

（2）IDENTIFIED BY 子句：用于指定用户密码。新用户可以没有初始密码，若该用户不设密码，可省略此子句。

（3）PASSWORD 和 password：PASSWORD 表示使用哈希值设置密码，该参数可选。如果密码是一个普通的字符串，则不需要使用 PASSWORD 关键字。password 表示用户登录时使用的密码，需要用单引号括起来。

每添加一个 MySQL 用户，会在 mysql.user 数据表中添加一条新记录，但是新创建的用户没有任何权限，需要对其进行授权操作。

例如，创建一个新用户 zhuesat，要求在同一网段内的主机都可以访问。需要注意的是，在 MySQL 数据库 5.7 以后的版本中要求密码包含至少一个大写字母、一个小写字母、一个数字和一个特殊字符，并且密码总长度至少为 8 个字符。其命令如下，执行结果如图 4-2-11 所示。

mysql> CREATE USER ‘zhuesat’@‘localhost’IDENTIFIED BY ‘East1234’;

```
mysql> CREATE USER 'zhuesat'@'localhost'
    -> IDENTIFIED BY 'East1234';
Query OK, 0 rows affected (0.01 sec)
```

图 4-2-11　创建用户 zhuesat、密码 East1234

执行该语句后，执行查看用户命令“SELECT DISTINCT User FROM mysql.user;”，执行结果如图 4-2-12 所示，刷新系统权限表“flush privileges”。

```
mysql> SELECT DISTINCT User FROM mysql.user;
+------------------+
| User             |
+------------------+
| zhuesat          |
| mysql.infoschema |
| mysql.session    |
| mysql.sys        |
| root             |
+------------------+
5 rows in set (0.02 sec)
```

图 4-2-12　查看用户 zhuesat 已创建

如果想查看数据库中的所有用户，命令如下，执行结果如图 4-2-13 所示。

mysql> SELECT DISTINCT CONCAT(‘User: ’‘’,user,‘’‘@’‘’,host,‘’‘;’) AS query FROM mysql.user;

```
mysql> SELECT DISTINCT CONCAT('User: ''',user,'''@''',host,''';') AS query FROM mysql.user;
+--------------------------------------+
| query                                |
+--------------------------------------+
| User: 'eastuser1'@'%';               |
| User: 'zhuesat'@'loaclhost';         |
| User: 'mysql.infoschema'@'localhost';|
| User: 'mysql.session'@'localhost';   |
| User: 'mysql.sys'@'localhost';       |
| User: 'root'@'localhost';            |
+--------------------------------------+
6 rows in set (0.00 sec)
```

图 4-2-13　查看数据库中的所有用户

3. 删除 MySQL 普通用户

在 MySQL 系统中删除普通用户有两种方式，分别是使用 DROP USER 语句删除和使用 DELETE 语句删除。这里主要介绍使用 DROP USER 语句删除用户。

使用 DROP USER 语句删除用户时，需要具有 DROP USER 的权限。DROP USER 的语法格式如下：

DROP USER 'user_name'@'host_name';

其中 host_name 为主机名，user_name 为用户名。

例如，使用 DROP USER 语句删除数据库 eastdb 中的 zhuesat 用户。执行语句如下，执行结果如图 4-2-14 所示。

mysql> DROP USER 'zhuesat'@'localhost';

```
mysql> DROP USER 'zhuesat'@'localhost';
Query OK, 0 rows affected (0.00 sec)
```

图 4-2-14　删除用户

使用以上语句删除用户之后，可以使用“SELECT DISTINCT User FROM mysql.user; ”语句验证是否删除成功。

4. 修改 MySQL 的 Root 用户密码

在 MySQL 数据库系统中，用户密码至关重要，一旦密码泄露给非法用户，非法用户就可能获得或者破坏数据库中的数据，因此，密码一旦丢失，就应该修改密码。默认用户 Root 是超级管理员，Root 用户不仅可以修改自己的密码，还可以修改普通用户的密码，而普通用户只能修改自己的密码。正是因为 Root 用户拥有最高权限，因此，必须保证 Root 用户的密码安全。Root 用户可以通过多种方式来修改密码，但需要注意的是，mysql 5.7.6 以后的版本放弃了 user 权限表中的 Password 字段和 Password（ ）方法，如 mysql 8.0 就是使用“ALTER USER ‘root’@‘localhost’ IDENTIFIED BY ‘新密码’;”语句来修改 Root 用户的密码，如图 4-2-15 所示。

ALTER USER ‘root’@‘localhost’ IDENTIFIED BY ‘zhuesat’;

```
Type 'help;' or '\h' for help. Type '\c' to clear the current input statement.

mysql> ALTER USER 'root'@'localhost' IDENTIFIED BY 'zhuesat';
Query OK, 0 rows affected (0.07 sec)

mysql> ■
```

图 4-2-15　修改 Root 用户密码

二、MySQL 数据库权限管理

数据库的安全关系到整个应用系统的安全，而数据库的安全很大程度上是依赖用户权限的管理，数据库管理员应该为每个数据库的普通用户设置相应的权限。如对数据库 eastdb 中的用户 east_test 进行权限管理，包括权限的查看、权限的授予和权限的回收。

1. MySQL 权限的查看

在 MySQL 数据库中查询用户名权限的方法很简单，可以直接用“show grants”语句查看用户权限，其中 Root 用户需要用“for”指定需要查看的用户，而普通用户查看自己的权限则不需要指定。

例如，查看 Root 用户及上一节创建的 zhuesat 用户的权限，执行语句如下，执行结果如图 4-2-16 所示，zhuesat 只有一个默认的 USAGE 权限。

mysql> show grants for ‘Root’@‘localhost’;

mysql> show grants for ‘zhuesat’@‘localhost’;

```
mysql> show grants for 'zhuesat'@'localhost';
+-----------------------------------------+
| Grants for zhuesat@localhost            |
+-----------------------------------------+
| GRANT USAGE ON *.* TO `zhuesat`@`localhost` |
+-----------------------------------------+
1 row in set (0.00 sec)
```

图 4-2-16　查看用户权限

也可以使用下面的语句查询，只是查询的条件不同。

mysql> show grants for ‘zhuesat’@‘%’;

2. MySQL 权限的授予

MySQL 数据库中除了 Root 用户默认拥有权限外，普通用户默认不具有对数据库进行增加、删除、修改、查询用户的权限。

例如，给 zhuesat 用户授予权限。

（1）给 zhuesat 用户赋予“select，insert”权限。执行语句如下，执行结果如图 4-2-17 所示，zhuesat 获得了“select，insert”权限。

grant select，insert on *.* to ‘zhuesat’@‘%’;

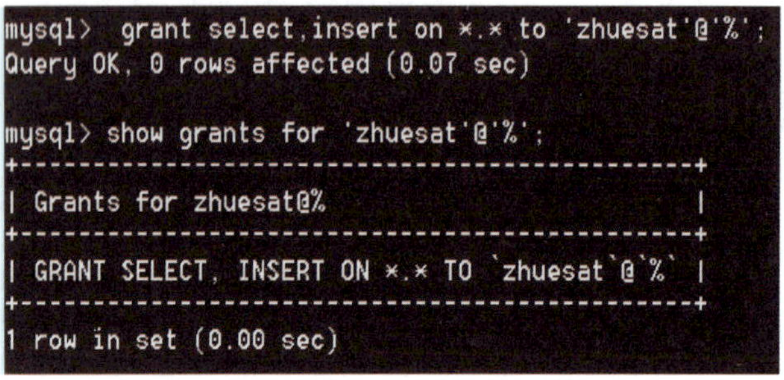

```
mysql>  grant select,insert on *.* to 'zhuesat'@'%';
Query OK, 0 rows affected (0.07 sec)

mysql> show grants for 'zhuesat'@'%';
+------------------------------------------+
| Grants for zhuesat@%                     |
+------------------------------------------+
| GRANT SELECT, INSERT ON *.* TO `zhuesat`@`%` |
+------------------------------------------+
1 row in set (0.00 sec)
```

图 4-2-17　赋予用户“select，insert”权限

（2）给 zhuesat 用户赋予“all privileges”权限。执行语句如下，执行结果如图 4-2-18 所示，zhuesat 和 Root 一样拥有所有权限。

grant all privileges on *.* to ‘zhuesat’@‘%’;

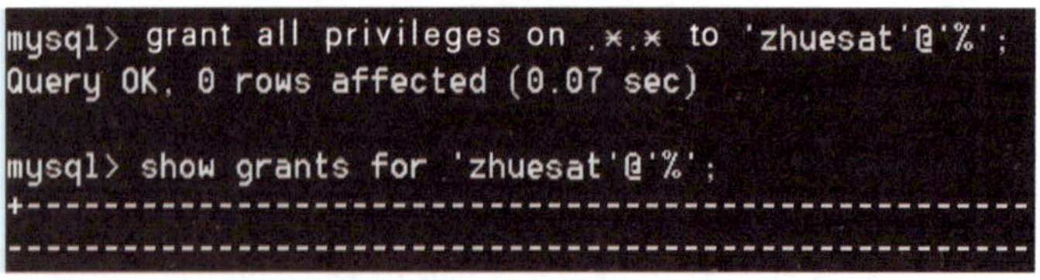

```
mysql> grant all privileges on *.* to 'zhuesat'@'%';
Query OK, 0 rows affected (0.07 sec)

mysql> show grants for 'zhuesat'@'%';
+--------------------------------------------------
--------------------------------------------------
```

图 4-2-18　赋予用户“all privileges”权限

也可以使用下面两条语句查询，只是查询的条件不同。

grant all privileges on eastdb.* to ‘zhuesat’@‘%’ with grant option;

grant all privileges on *.* to ‘zhuesat’@‘%’ with grant option;

3. MySQL 权限的回收

将权限授予某个用户之后，还可以根据具体需要回收一部分或者全部权限，可以使用 revoke 语句实现权限回收的功能。利用 revoke 语句一次性把所有权限进行回收，具体语法格式如下：

revoke all privileges，grant option from ‘user_name’@‘host_name’;

例如，回收 zhuesat 用户权限 all privileges（所有权限），执行语句如下，执行结果如图 4-2-19 所示，zhuesat 权限只剩下一个默认的 USAGE 权限。

mysql> revoke all privileges on *.* from ‘zhuesat’@‘%’;

```
mysql> revoke all privileges on *.* from 'zhuesat'@'%';
Query OK, 0 rows affected (0.01 sec)

mysql> show grants for 'zhuesat'@'%';
+-------------------------------------+
| Grants for zhuesat@%                |
+-------------------------------------+
| GRANT USAGE ON *.* TO `zhuesat`@`%` |
+-------------------------------------+
1 row in set (0.00 sec)
```

图 4-2-19　回收用户权限

三、MySQL 数据库备份与恢复

1. 备份的分类

（1）按备份数据量或公司业务划分，可分为完全备份、增量备份和差异备份。

1）完全备份：对整个数据库的数据和数据结构进行备份。这种备份方式的好处就是很直观，容易被人理解。而且当发生数据丢失时，只要用数据丢失之前的备份文件，就可以恢复丢失的数据。

2）增量备份：每次备份的数据只是相当于上一次备份后增加的和修改过的数据。这种备份的优点是没有重复的备份数据，既节省了空间，又缩短了备份时间。但它的缺点在于当发生数据丢失时，恢复数据比较麻烦。

3）差异备份：每次备份的数据是相对于上一次完全备份之后新增加的和修改过的数据。例如，网络管理员先在星期日进行一次系统完全备份，然后在接下来的几天里，再将当天所有与星期日不同的数据（新的或经过改动的）备份到存储器里。

因此，完全备份所需的时间最长，但恢复的时间最短，操作最方便。当系统中的数据量不大时，采用完全备份最可靠。

（2）按照数据库状态划分，可分为热备份、冷备份和温备份。

1）热备份：在数据库运行中直接备份，对正在运行的数据库没有任何影响。

2）冷备份：在数据库停止的情况下进行备份，这种备份最为简单，一般只需要复制相关的数据库物理文件即可。

3）温备份：备份同样是在数据库运行时进行的，但会对当前数据库的操作有所影响，可加一个全局读锁以保证备份数据的一致性。

（3）按照备份方式划分，可分为物理备份和逻辑备份。

1）物理备份：直接复制数据文件进行的备份。

2）逻辑备份：从数据库中导出数据另存而进行的备份。

2. MySQL 数据库备份文件目录

为了确保能够成功备份所有重要的数据，可以通过查询 MySQL 配置变量来获得各种文件的位置，找到相关文件备份。可以通过使用“show variables like ‘%dir’;”语句来查看 MySQL 数据库所在的目录，执行该语句后，执行结果如图 4-2-20 所示。

```
mysql> use eastdb;
Database changed
mysql> show  variables like '%dir';
+-----------------------------+----------------------------------------------------+
| Variable_name               | Value                                              |
+-----------------------------+----------------------------------------------------+
| basedir                     | C:\Program Files\MySQL\MySQL Server 8.0\           |
| character_sets_dir          | C:\Program Files\MySQL\MySQL Server 8.0\share\charsets\ |
| datadir                     | C:\ProgramData\MySQL\MySQL Server 8.0\Data\        |
| innodb_data_home_dir        |                                                    |
| innodb_log_group_home_dir   | .\                                                 |
| innodb_temp_tablespaces_dir | .\#innodb_temp\                                    |
| innodb_tmpdir               |                                                    |
| lc_messages_dir             | C:\Program Files\MySQL\MySQL Server 8.0\share\     |
| plugin_dir                  | C:\Program Files\MySQL\MySQL Server 8.0\lib\plugin\ |
| slave_load_tmpdir           | C:\Windows\SERVIC~2\NETWOR~1\AppData\Local\Temp    |
| tmpdir                      | C:\Windows\SERVIC~2\NETWOR~1\AppData\Local\Temp    |
+-----------------------------+----------------------------------------------------+
```

图 4-2-20　MySQL 数据库所在的目录

3. MySQL 数据库一般备份内容

（1）数据文件。

（2）日志文件（如事务日志）。

（3）存储过程、存储函数、触发器。

（4）各个配置文件。

（5）用于实现数据库备份的脚本。

4. MySQL 数据库备份策略

（1）直接复制数据库文件（适合小型数据库，10 GB 以内数据量，可靠性较高）。

（2）mysqldump 备份数据库（通常采用完全备份和增量备份，10 ~ 100 GB 以内数据量，适合中小型数据库）。

（3）Xtrabackup&lvs 快照（从物理角度实现几乎热备的完全备份，100 GB 以上数据量，配合二进制日志备份实现增量备份，速度快，适合比较繁忙的数据库）。

有了备份文件之后，还需要对其定期恢复验证，不然真正需要进行数据恢复时，有可能无法恢复。因此，建议每周在备用机上进行一次恢复测试，模拟某个时间点主机数据全部丢失、要求恢复到丢失时间点前的所有数据。

5. MySQL 数据库备份恢复实例

实例：用 mysqldump 备份数据库 eastdb。

mysqldump 命令语法：

```
mysqldump [OPTIONS] database [table];
mysqldump [OPTIONS]-databases [OPTIONS][DB1][DB2]…… ;
mysqldump [OPTIONS]-all-databases [OPTIONS];
```

以上三条语法格式分别对应备份单个数据库、备份多个数据库、备份所有数据库。其中在备份单个数据库的过程中，支持对数据库中的某个数据表进行备份。[OPTIONS] 代表命令的参数，如 -u、-h 等。

（1）备份数据库

首先连接数据库，使用“show databases”命令查看，执行结果如图 4-2-21 所示。

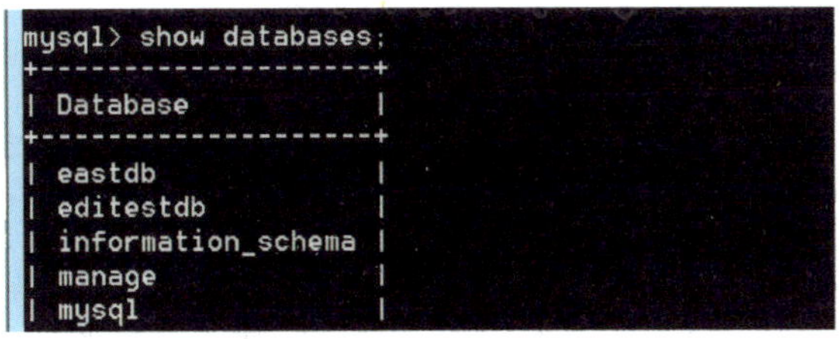

图 4-2-21　查看数据库

1）备份单个数据库 eastdb。备份单个数据库的简单语法为：

```
mysqldump-h[host_name]-u[user_name]-p[password]db_name
[table1][table2]……>file_name.sql;
```

其中 host_name 表示主机名；user_name 表示用户名；password 表示登录密码；db_name 表示需要备份的数据库名称；table1 表示需要备份的数据表，可以是多个表；> 表示 mysqldump 将备份数据表的定义和数据写入备份文件；file_name.sql 表示包含了路径的备份文件名称。

下面对 eastdb 数据库中的 shoes 数据表进行备份。

```
mysqldump -u Root -p123456 eastdb shoes >file.sql;
```

2）备份多个数据库。下面示例备份 eastdb 和 manage 两个数据库。

```
mysqldump -u Root -p123456 eastdb manage >file2.sql;
```

3）备份所有数据库。下面示例备份。

```
mysqldump -u Root -p123456-all-databases >file3.sql;
```

需要注意的是，上述命令中 all 与 -databases 之间没有空格，如果加入空格则会报错。

以上 3 个例子备份的都是使用 mysqldump 默认方式，即 SQL 导出的方式。支持 SQL 导出的逻辑备份工具有 mydumper、phpMyAdmin 等。

（2）逻辑备份的恢复

前面使用 mysqldump 备份方式时导出的数据都是由一条条 SQL 语句构成的，恢复的过程相对简单，直接执行这些 SQL 语句即可。因为有很多条语句，不适合逐条进行执行，下面提供两种操作方法。

1）使用 MySQL 命令行工具。借助命令行工具和重定义输入 / 输出，将 SQL 脚本作为条件输入 MySQL 命令。下面对 eastdb 数据库中的 shoes 数据表进行恢复，导入前先删除 eastdb 数据库中的数据表 shoes。

```
mysql-u Root -p123456 eastdb </users/admin/file.sql;
```

file.sql 文件就是前面导出备份的 eastdb 数据库中的数据表 shoes，使用“show tables”命令可以查看 eastdb 下面的数据表。

2）使用 MySQL 命令行模式提供的 source 命令。source 命令不是标准的 MySQL 语句，而是由 MySQL 命令行工具提供的客户端命令，该命令可以执行指定的 MySQL 脚本。其命令如下：

```
mysql>source / users/admin/file.sql;
```

工作评价

根据任务完成情况，进行学习任务综合评价，见表 4-2-1。

表 4-2-1 学习任务综合评价表

考核项目	评价内容	配分（分）	评价分数		
			自我评价	小组评价	教师评价
职业素养	安全和责任意识强，遵守健康及安全标准	10			
	团队合作意识强，能与同学分享知识及专业资料	10			
	现场管理符合 8S 标准，做好定期整理工作	10			
专业能力	能复述 MySQL 权限表的常见类型	15			
	能复述 MySQL 的基本操作权限	15			
工作成果	能对 MySQL 数据库进行用户管理操作	15			
	能对 MySQL 数据库进行权限管理操作	15			
	能正确进行 MySQL 数据库备份和恢复操作	10			
总分		100			
综合评分	综合评分 = 自我评价 ×20%+ 小组评价 ×30%+ 教师评价 ×50%	教师（签名）：			

思考与练习

一、选择题

1．查看 MySQL 安装时，系统自动创建的数据库命令是（　　）。

A．show table　　B．show databases

C．show host　　D．show mysql

2. 以下选项中，(　　) 是登录 MySQL 服务器的正确命令。

A. mysql –u Root –p　　B. mysql –h 127.0.0.1 –u Root –p

C. mysql –h localhost –u Root –p　　D. 以上都是

二、填空题

1. 对于登录 MySQL 服务器的命令，如果 MySQL 服务器在本地计算机上，主机名可以写成__________，也可以为__________________。

2. 在 MySQL 中，SQL 语句以__________、__________或__________结束，3 种结束符的作用相同。

3. 在命令行提示符“mysql>”后输入__________或__________命令即可退出 MySQL 的登录状态。

三、操作应用题

写出实现以下操作的语句或命令，上机进行操作，并查看语句或命令的运行结果。

(1) 创建一个名为“manage”的数据库，并指定其默认字符集为“UTF8”。

(2) 查看 MySQL 服务器主机上的数据库。

(3) 创建用户“zhangsan”。

(4) 选择当前数据库为“manage”，查看数据库 manage 的相关信息。

(5) 修改数据库 manage 的默认字符集为“gb2312_GB2312 Simplified Chinese”，排序规则为“gb2312_chinese_ci”。

(6) 给 zhangsan 用户赋予“select，insert”权限。

(7) 备份数据库 manage。

(8) 删除数据库 manage。

(9) 恢复数据库 manage。